三酷猫学编程丛书

Linux

从入门到应用部署实战

（视频教学版）

刘瑜 刘勇 安义◎编著

北京理工大学出版社

BEIJING INSTITUTE OF TECHNOLOGY PRESS

图书在版编目（CIP）数据

Linux 从入门到应用部署实战：视频教学版 / 刘瑜,
刘勇，安义编著. -- 北京：北京理工大学出版社,
2023.5
（三酷猫学编程丛书）
ISBN 978-7-5763-2338-2

Ⅰ．①L… Ⅱ．①刘… ②刘… ③安… Ⅲ．①Linux 操
作系统 Ⅳ．①TP316.85

中国国家版本馆 CIP 数据核字(2023)第 078977 号

出版发行 / 北京理工大学出版社有限责任公司
社　　　址 / 北京市海淀区中关村南大街5号
邮　　　编 / 100081
电　　　话 / （010）68914775（总编室）
　　　　　　（010）82562903（教材售后服务热线）
　　　　　　（010）68944723（其他图书服务热线）
网　　　址 / http：//www.bitpress.com.cn
经　　　销 / 全国各地新华书店
印　　　刷 / 文畅阁印刷有限公司
开　　　本 / 787毫米×1020毫米　1 / 16
印　　　张 / 25
字　　　数 / 547千字
版　　　次 / 2023年5月第1版　　2023年5月第1次印刷
定　　　价 / 99.80元

责任编辑 / 钟　博
文案编辑 / 钟　博
责任校对 / 刘亚男
责任印制 / 施胜娟

图书出现印装质量问题，请拨打售后服务热线，本社负责调换

随着大数据、人工智能、物联网、5G 和移动开发等技术的发展，Linux 操作系统日趋重要，被越来越多的商业环境采用。另外，Linux 具有开源的特性，它有多个可以免费使用的产品，如 CentOS、Ubuntu、Debian GNU、Android 和中标麒麟等，这使得它在国内外越来越受追捧。可以说，熟练掌握 Linux 的基本操作并解决实际问题已经成为软件开发人员的一项基本技能。

写作缘由

写作本书的起因是笔者的 Python 图书群里有很多读者希望看到一本像 Python 的"三酷猫"图书风格的 Linux 图书："小白"们一边听着 *Three Cool Cats*（电影《九条命》的主题曲），一边与三酷猫一起学习 Linux，一定是件快乐的事。

另外，Linux 是商业环境下的主流操作系统，掌握其操作将非常有利于程序员求职就业。笔者在编写 Python、NoSQL、数据分析和机器学习等方面的图书时，深刻地感受到了学习 Linux 的重要性。Java、Python、MongoDB、Redis、Anaconda、TensorFlow 和 PyTorch 等主流开发语言和工具推荐的运行环境都是 Linux，因此编写一本面向"小白"和程序员的 Linux 图书非常必要，可以帮助他们快速上手，进而解决生活和工作中的一些实际问题。

在筹划写作本书的过程中，笔者认识了皖江工学院的刘勇老师，他在高校里主讲 Linux 操作系统，对 Linux 非常熟悉，愿意一起写作。而笔者的老搭档安义，更是长期在软件公司里基于 Linux 系统进行项目开发部署和运维，他也愿意加入写作队伍。就这样，我们三人经过充分的沟通，决定发挥各自的优势，编写一本具有鲜明特色的 Linux 入门图书。

本书特色

1. 由浅入深，循序渐进

本书的内容编排经过深思熟虑，讲解由浅入深，循序渐进，学习梯度平滑，符合读者学习和认知的规律，可以帮助读者在较短的时间里理解和掌握新知识。

2. 体例丰富，风格活泼

本书采用文、图、表、脚注、注意、说明、提示、示例和案例等多种体例相结合的方式讲解，从多个角度帮助读者学习，从而更好地理解和吸收所学知识。另外，本书还引入"三酷猫"角色，用三酷猫学 Linux 的故事引导读者探究 Linux 的世界，生动而有趣，让学习不再乏味，从而增强读者学习的兴趣和动力。

3．示例丰富，案例典型

本书结合 320 个示例对 Linux 的常用命令、文本编辑器、文件管理、系统管理和 Shell 编程等相关知识做详细讲解，帮助读者夯实基础。另外，本书充分体现笔者已经出版的"三酷猫"图书的特色——实战性强，提供了 12 个典型案例帮助读者提高实战水平。

4．给出多个"避坑"提醒小段落

本书在讲解的过程中穿插了 46 个诸如"注意""说明""提示"类的"避坑"提醒小段落，帮助读者绕开学习中的各种"陷阱"，让他们少走弯路，顺利学习。

5．视频教学，高效、直观

本书特意为每章的重点和难点内容配备了教学视频（共 306 分钟），以方便读者更加高效、直观地学习。读者结合这些教学视频进行学习，效果更好。

6．提供课后练习题和实验题

本书特意在每章后安排了练习题和实验题（全书共有 142 个练习题和 26 个实验题），以帮助读者巩固和提高，并方便老师在教学时使用。这些配套练习题和实验题的参考答案以电子书的形式提供。

7．提供教学课件

本书特意提供了完善的教学课件（PPT），既方便相关院校的老师教学，也可以帮助读者梳理知识点，从而取得更好的教学和学习效果。

本书内容

本书以 CentOS 7 为基础，从初学者的角度介绍 Linux 的基础知识，并从程序员的角度介绍 Linux 的进阶知识，以及在 Linux 环境下常用软件的安装和部署等相关知识。本书共 14 章，分为以下 3 篇。

第1篇　基础知识

本篇包括第 1～7 章，主要从 Linux 的历史、Linux 的安装、终端命令、远程登录、文本编辑器、系统目录、文件操作、文件系统管理、系统权限管理和系统管理等方面介绍 Linux 的相关基础知识。通过学习本篇内容，读者可以熟练掌握 Linux 的常用操作命令，为后续学习打下扎实的基础。

第2篇　进阶提高

本篇包括第 8～10 章，主要从 Shell 基础知识、Shell 脚本编程基础和函数等方面详细介绍 Linux 的进阶知识。通过学习本篇内容，读者可以综合运用 Linux 的常用命令并掌握相关的编程方法。

第3篇　实战演练

本篇包括第 11～14 章，主要从软件安装、常用软件部署、图形用户界面、CentOS Stream 和 Rocky Linux 等方面介绍 Linux 的相关知识，以满足软件开发人员测试部署的需求，以及项目工程人员实际商业部署的需求。

读者对象

- Linux 系统入门与进阶人员；
- 想从事 Linux 系统运维的人员；
- 想从事 Linux 环境编程与部署的人员；
- 想在 Linux 系统中部署业务系统的人员；
- 其他 Linux 系统爱好者；
- 培训机构的相关学员；
- 大中专院校相关专业的师生。

配书资源

本书提供以下超值配套资源：
- 配套教学视频；
- 配套习题和实验题参考答案；
- 配套教学课件（PPT）。

读者可以通过本书学习交流和资料下载 QQ 群（群号：809482456）下载配套资源，也可以搜索并关注微信公众号"方大卓越"，然后回复"linux 入门 ly"获取下载地址。

本书作者

刘瑜：高级信息系统项目管理师、软件工程硕士、CIO、硕士企业导师。有 20 余年的编程经验，熟悉 C、Java、Python 和 C#等多种编程语言。开发过 20 余套商业项目，承担了省部级（千万元级）项目 5 个，在国内外学术期刊上发表了 10 余篇论文。曾经主笔编写并出版了《战神——软件项目管理深度实战》《NoSQL 数据库入门与实践（基于

MongoDB、Redis）》《Python 编程从零基础到项目实战》《Python 编程从数据分析到机器学习实践》《算法之美——Python 语言实现（微课视频版）》《Python Django Web 从入门到项目开发实战》等技术图书。

刘勇：本科就读于天津大学电子工程学院，硕士研究生就读于南京理工大学经济管理学院。获得 MCP、MCSE 和 MCDBA 认证证书。曾经在大型通信运营企业工作多年，具有丰富的网络通信和计算机通信工作经验。现为皖江工学院信息中心副主任，具有多年的 C 语言、Python 语言、操作系统、信息技术基础和数据库技术应用等教学经验。

安义：目前任职于某软件公司，担任 CTO 和架构师职务。熟悉多种开发语言和开发框架，拥有 20 多年的软件开发实战经验，主导过多个行业（包括医疗、教育、互联网、地产、游戏、汽车和餐饮等）的软件系统开发。曾经负责研发了腾讯袋鼠跳跳应用。

致谢

在本书的编写过程中，我们得到了大量读者的鼓励，也得到了家人和朋友们的大力支持，还得到了国内 IT 领域的一些技术人员与高校老师的关心与支持，在此一并表示感谢。尤其需要感谢北京某软件公司的刘永康工程师，他为本书提出了很好的建议，并贡献了部分案例代码。

售后服务

本书提供以下完善的售后服务方式：
- 读者学习交流和资料下载 QQ 群（群号：809482456）；
- 为各院校的老师定向提供技术咨询和帮助的 QQ 群（群号：651064565）；
- 问题反馈与资料下载微信公众号——方大卓越；
- 经验和知识传播微信公众号——三酷猫的 IT 书；
- 答疑电子邮箱（bookservice2008@163.com）。

虽然笔者与其他参编作者都对本书内容进行了多次核对，但由于水平所限，在编写的过程中恐有考虑不周之处，敬请广大读者批评与指正。

刘瑜

| 目录 |

第 2 篇　进阶提高

第 3 篇　实战演练

第1篇
基础知识

磨刀不误砍柴工。从来没有接触过 Linux 的小白，必须踏踏实实地认真学

习基础知识。本篇主要包括以下内容：

- ▶▶ 第 1 章　接触 Linux

- ▶▶ 第 2 章　初次使用 Linux

- ▶▶ 第 3 章　文本编辑器

- ▶▶ 第 4 章　目录和文件

- ▶▶ 第 5 章　文件系统管理

- ▶▶ 第 6 章　系统权限管理

- ▶▶ 第 7 章　系统管理

第 1 章　接触 Linux

大多数读者熟悉的计算机操作系统为 Windows 和 macOS（苹果），他们虽然对 Linux 操作系统有所耳闻，但是实际接触并不多。这是因 Windows 和 macOS 是以面向个人计算机为主的操作系统，而 Linux 操作系统主要是在企业商业环境中使用。

本章是为 Linux 零基础读者准备的，主要内容包括：

- 三酷猫讲 Linux 的历史；
- Linux 版本；
- Linux 应用；
- 安装 CentOS（CentOS 为 Linux 的一个主流发行版本）。

1.1　三酷猫讲 Linux 的历史

三酷猫准备带小白学习 Linux 操作系统，需要先讲讲 Linux 的历史，让小白对它的发展有个初步认识。

1973 年，贝尔实验室的里奇（Ritchie）和汤普森（Thompson）两位"大牛"联合用 C 语言开发了 UNIX 操作系统。虽然开发人员根据不同的计算机硬件，开发出了不同的 UNIX 操作系统版本，如 BSD（Berkeley Software Distribution，伯克利软件发布版）和 SystemV 等，但是 UNIX 存在不对外免费授权——要付费使用，受不同计算机硬件设备厂家的约束——可移植性差，主要支持大型主机——不支持个人计算机（Personal Computer，PC）等问题。

1991 年，芬兰人林纳斯·本纳第克特·托瓦兹（Linus Benedict Torvalds）在参考 UNIX 和 Minix（支持 Intel x86 CPU 的一种类 UNIX 操作系统）代码及 POSIX 标准[①]的基础上，用 C 语言编写了第一版的 Linux 系统。它的优点是程序小巧，开源免费，可以兼容主流的计算机（大型机、小型机和 PC），支持互联网，具有多任务、多用户、多线程、多 CPU 运行的功能，并拥有全世界范围的强大社区技术支持能力。

Linux 全称为 GNU/Linux。这个 GNU 是什么好东西呢？1984 年，理查德·马修·斯

---

① POSIX（Portable Operating System Interface of UNIX，可移植操作系统接口）标准为 UNIX 定义了操作系统应该为应用程序提供的接口标准，后来 Linux 也遵守该标准，以方便 UNIX 和 Linux 操作系统的应用软件之间进行无缝对接。

托曼（Richard Matthew Stallman）因嫌弃 UNIX 的不开源而发起了 GNU（GNU's Not UNIX!）计划，希望开发出一款免费、开源的操作系统来替代 UNIX。一开始，他一个人势单力薄，只能借助网友们的力量先开发并开源了大名鼎鼎的 C 语言编译器 GCC（GNU C Compiler）、Emacs 程序编辑器、Nano 文本编辑器、Bash 命令操作 Shell①程序（许多 Linux 发行版的默认 Shell）等。1992 年，Linux 与其他 GNU 应用程序结合，从此完全自由的操作系统正式诞生。该操作系统被称为 GNU/Linux，简称 Linux。而林纳斯写的 Linux 程序被称为 Linux 内核。GNU/Linux、Linux 内核和应用程序之间的关系如图 1.1 所示。

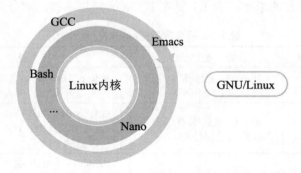

图 1.1　GNU/Linux、Linux 内核和应用程序之间的关系

　　Linux 内核的维护官网主界面如图 1.2 所示。截至 2021 年 3 月，Linux 内核的最新版本为 5.11.4。

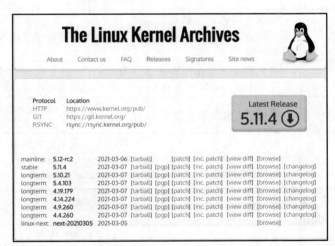

图 1.2　Linux 内核的维护官网主界面

---

　　① Shell 俗称"壳"，它在操作系统内核程序基础上运行，为操作人员提供命令执行界面和命令解析器，实现对应用程序的调用。在 Linux 下，很多默认的 Shell 为 Bash。

1.2　Linux 版本

Linux 自诞生就定位为免费、开源的项目，即允许全世界的公司、团体和个人在现有开源的 Linux 系统上自行开发，并发布自己的版本。不同的发行版解决问题的方法各异：有支持区域语言的，如发行基于中文使用环境的 Linux 版本；有支持特殊计算机结构的，如支持嵌入式应用开发的版本。表 1.1 罗列了 Linux 操作系统的部分常见发行版本。

表 1.1　部分常见的Linux发行版本

序号	发行版本名称	特　征　词	说　　明
1	Fedora	开放的、创新的、前瞻性的操作系统和平台	从Red Hat Linux发展而来的免费Linux系统，面向开发者和个人用户
2	RHEL	著名的商业收费版，具有极高的稳定性	红帽（Red Hat）公司推出的一款商业版Linux产品，从Red Hat Linux发展而来，采用付费订阅的方式
3	CentOS	与RHEL完全兼容的免费发行版，广泛用于商业环境	CentOS于2003年底推出，是一个社区项目。CentOS基于RHEL的重新编译版本，使用开源软件替代RHEL中的商业软件。红帽公司宣布2021年将结束对CentOS 8的技术支持，CentOS 7会被维护到2024年，后续开源版本转为支持CentOS Stream
4	Debian	全球使用者最多的免费发行版，大量用于商业服务器环境中	由社区开发者提供支持和维护，以稳定著称
5	Ubuntu	著名的桌面端图形操作系统，由Debian发展而来	是Linux中最受欢迎的桌面端操作系统之一，操作风格类似于Windows的图形界面
6	SUSE Linux	提供个人版和服务器版	德国的SUSE Linux AG公司发布的Linux版本，在欧洲有大量的企业用户
7	Gentoo	高度定制化	可以非常灵活地定制自己的Linux系统
8	FreeBSD	以性能稳定著称	不属于Linux系统，提供了Linux兼容程序，可运行Linux上的软件
9	Embedix	嵌入式	主要的应用领域有数字家电、PDA和机顶盒等
10	Android（安卓）	手机端	开源手机操作系统
11	银河麒麟	中文桌面	安全、高可靠、高可用、跨平台、中文操作
12	红旗	中文桌面	发布于1999年8月，是国内较早的中文Linux操作系统之一
13	Deepin（深度）	提供了优秀的桌面环境	是中国第一个具备国际影响力的Linux发行版本

无论是商业版的 Linux，还是社区免费版的 Linux，都遵循 GPL 协议。GPL（GNU General Public License，GNU 通用公共许可证）协议由策划 GNU 计划的理查德·马修·斯托曼制定，用于保证开源的 Linux 产品都可以共享开源并自由修改，而且声明在使用中不做担保，不应该损害原作者的声誉，不受专利威胁。

种类繁多的 Linux 发行版本会不会发生功能差异过大的问题呢？这个问题 Linux 开源设计者早就替我们考虑到了。所有的 Linux 产品内核版本统一，可以保证基础框架和基本命令的一致性，也就是学习一种 Linux 操作命令，也可以在其他 Linux 操作系统上使用。另外，为了避免 Linux 差异化过大的问题，GNU 计划组织者还特地为此制定了 Linux Standard Base（LSB）、File System Hierarchy（FSH）等标准来规范开发者。

考虑到国内大量的企业采用 CentOS 7 版本的 Linux 用于业务运行，而 CentOS 8 于 2021 年底停止维护，因此本书采用 CentOS 7 进行介绍，最后一章对 CentOS 7、CentOS 8、CentOS Stream 及 Rocky Linux 做一些必要的介绍。

1.3　Linux 应用

从使用环境和发布版本来说，Linux 应用可以分为企业商业环境应用、个人环境应用及云平台环境应用。

1．企业商业环境应用

在企业商业环境中，Linux 应用主要分为服务器端和嵌入式端两个方向。

- 服务器端应用：在大量的商业环境中，主流的服务器大多选择 Linux 操作系统，这也是诸多读者学习 Linux 的动力之一。

由于 Linux 内核小巧，在网络环境中运行稳定，并且功能强大，相对而言更加安全，再加上是开源免费的，所以成为大多数企业的首选。其应用领域包括银行、电力、电信、交通、电商和跨国企业等。由此可以看出，Linux 操作系统是非常实用的。

自然，服务器端应用类的 Linux 发行版本主要是基于服务器版本，如 CentOS，这也是本书选择 Linux 版本的重要考量之一。

- 嵌入式端应用：主要用于智能家电（如控制彩色电视的机顶盒内嵌 Linux 操作系统）、网络专用控制设备（如用于网络通信管理的交换机、路由器和硬件防火墙等）、工业控制（如汽车专用控制芯片、机器人控制和自动流水线控制）等，应用范围非常广。嵌入式的 Linux 系统一般有专用的发行版本，如 Embedix 操作系统。

2．个人环境应用

在个人环境中，Linux 应用主要分 PC 端应用和智能手机端应用。

- PC 端应用：PC 版本的操作系统主要面向个人，自然希望操作界面"友好"一些，少用一些命令，通过鼠标就可以完成相应的操作。在这个方面，Windows 操作系统一直占据 PC 端操作系统的主流市场，也为普通大众所熟悉。但是，近年来不同国家一直在倡导使用自己国家所研发的操作系统，很多操作系统都是基于 Linux 内核进行的再开发系统。例如，Ubuntu 的桌面端操作功能也很优秀，很多国家自主研发的 Linux 操作系统都是基于该版本的操作系统进行的再次开发。国产的银河麒麟操作系统早期是在 FreeBSD 基础上进行的二次开发，后来也更改为基于 Linux 内核开发。

- 智能手机端应用：一些手机操作系统也是基于 Linux 系统开发的，如大名鼎鼎的安卓系统，显然 Linux 操作系统距离我们很近。

3．云平台环境应用

最近几年，随着大数据、人工智能等技术的兴起，云平台也被推到了众人面前。目前，很多云平台底层都采用了 Linux 系统，如亚马逊云平台的 Amazon Linux 2、阿里云的 Alibaba Cloud Linux 2 和腾讯云的 Tencent Linux，都属于 Linux 的云端应用发行版。

📋说明：随着时间的推移，不同发行版的 Linux 系统也会进入新的发展领域，如 Ubuntu 也发布了服务器版本和云平台版本。

1.4　安装 CentOS 7

为了方便读者学习，本书采用 Windows 10 操作系统和虚拟机软件 VirtualBox 作为运行环境。首先需要安装 CentOS 7。如果计算机具备 Linux 安装环境，读者可以直接跳过本节内容进入第 2 章的学习。

1.4.1　安装准备

为了保证 CentOS 7 顺利安装和运行，需要对安装环境进行统一规划并准备好 CentOS 7 安装包。

1．检查计算机的安装配置

CentOS 7 系统对计算机的硬件配置要求很低，一些较老的计算机也可以安装。但是，在 64 位操作系统中通过虚拟机进行安装时，建议满足如下安装要求，以方便读者学习和相关系统顺畅执行。

分配给虚拟机的资源要求：2GB～4GB 内存，2CPU～4CPU，显卡显存 1GB 及以上，可以使用的磁盘分区空间为 40GB～150GB。其中，虚拟机的磁盘分区安排如表 1.2 所示。

表 1.2　磁盘分区安排

序　号	运 行 软 件	磁盘空间要求	说　明
1	MySQL	2GB	
2	Oracle	10GB	
3	MongoDB	2GB	
4	Redis	1GB	
5	其他	10GB	安装包等
6	桌面环境	10GB	
7	CentOS 7运行空间	2GB	
合计		37GB	一个磁盘分区内

2. 下载CentOS 7安装包

国内的镜像下载地址为 http://mirrors.aliyun.com/centos/7/isos/x86_64/。

官方下载地址为 https://www.centos.org/download/。

读者通过国内镜像地址下载 CentOS 7 安装包的网速更快。如图 1.3 所示为 CentOS 7 安装包在阿里云上的镜像下载地址。

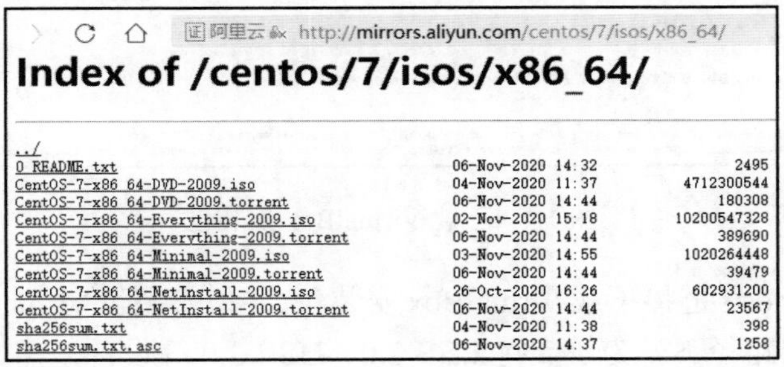

图 1.3　CentOS 7 在阿里云上的国内镜像下载地址

如图 1.3 所示的各个版本的 ISO 镜像安装包说明如下:

- CentOS-7-x86_64-DVD-2009.iso: 标准安装版, 是本书讲解的版本, 包大小为 4.38GB。
- CentOS-7-x86_64-Everything-2009.iso: 完整版, 集成所有应用软件, 其安装包最大, 为 9.5GB。
- CentOS-7-x86_64-Minimal-2009.iso: 精简版, 只包含自带的应用软件, 包最小可达 0.95GB。
- CentOS-7-x86_64-NetInstall-2009.iso: 网络安装版, 需要从网络上在线安装系统或者原系统崩溃时进行系统救援, 包大小为 0.56GB。

本书下载的版本为 CentOS-7-x86_64-DVD-2009.iso, 在图 1.3 中单击对应的下载地址,完成安装包的下载。

1.4.2　安装虚拟机软件

常见的虚拟机软件有 VMware、Hyper-V、Oracle VirtualBox 和 Virtual PC 等。考虑性能的稳定性，以及免费和使用方便等因素，本书使用的虚拟机软件为 VirtualBox。通过搜索引擎搜索"VirtualBox 官网下载"，单击英文官网地址，进入如图 1.4 所示的下载页面。

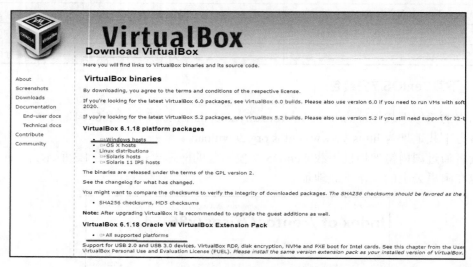

图 1.4　下载 VirtualBox 安装包

单击 Windows hosts 链接下载 VirtualBox 安装包，并把安装包 VirtualBox-6.1.18-142142-Win.exe 存放到指定路径下。为了支持 USB 2.0、USB 3.0 等设备，在如图 1.4 所示的页面中继续单击 All supported platforms 链接，下载 VirtualBox Extension Pack 补充包，并把下载的 Oracle_VM_VirtualBox_Extension_Pack-6.1.18.vbox-extpack 存放到与 VirtualBox 安装包相同的路径下。

在 64 位的 Windows 中安装 VirtualBox 安装包及扩展包的步骤如下。

1. 安装Virtual Box安装包

1）双击 VirtualBox-6.1.18-142142-Win.exe 安装包，弹出如图 1.5 所示的欢迎对话框，单击"下一步"按钮进入如图 1.6 所示的安装路径设置对话框（这里采用默认的安装路径，即 C:\Program Files\Oracle\VirtualBox），单击"下一步"按钮。

2）进入如图 1.7 所示的安装选项对话框，这里选择默认的选项，单击"下一步"按钮进入如图 1.8 所示的安装网络中断警告对话框，单击"是"按钮。

图 1.5 安装欢迎对话框

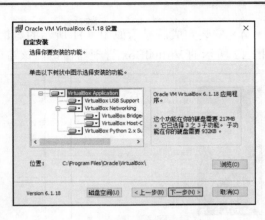

图 1.6 安装路径设置对话框

图 1.7 安装选项对话框

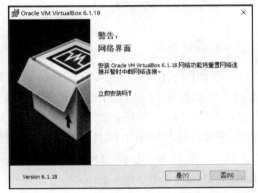

图 1.8 安装网络中断警告对话框

3）进入如图 1.9 所示的开始安装对话框，单击"安装"按钮，进入如图 1.10 所示的安装进度对话框。

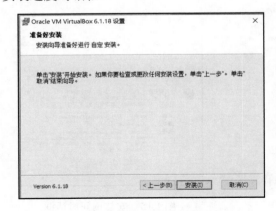

图 1.9 开始安装对话框

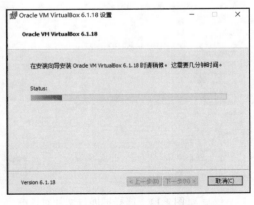

图 1.10 安装进度对话框

4）安装完成后显示如图 1.11 所示的对话框，在对话框中单击"完成"按钮，弹出如图 1.12 所示的 VirtualBox 管理器窗口，该窗口主要用于管理虚拟机的设置及运行。

<table>
<tr><td>图 1.11　安装完成</td><td>图 1.12　VirtualBox 管理器窗口</td></tr>
</table>

2. 安装扩展包

1）在如图 1.12 所示的 VirtualBox 管理器窗口中单击"全局设定"，进入如图 1.13 所示的对话框。

2）单击"扩展"项，然后再单击右上角的添加新包图标，进入如图 1.14 所示的选择扩展包文件对话框，在其中选择 Oracle_VM_VirtualBox_Extension_Pack-6.1.18.vbox-extpack 所在路径，单击该包名，再单击"打开"按钮，进入如图 1.15 所示的安装询问对话框，单击"安装"按钮开始安装扩展包。

图 1.13　扩展包设置界面

图 1.14　选择扩展包文件对话框　　　　图 1.15　安装询问对话框

3）扩展包安装完成后，进入如图 1.16 所示的授权许可确认对话框，从上往下阅读完英文许可文件后，单击"我同意"按钮，弹出如图 1.17 所示的扩展包安装成功提示框。

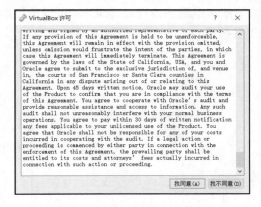

图 1.16　授权许可确认对话框

图 1.17　扩展包安装成功提示框

4）单击"确认"按钮，再单击 OK 按钮，完成所有的扩展安装操作。

1.4.3　安装虚拟机

虚拟机（Virtual Machine）也叫虚拟电脑，它是借助虚拟机软件在计算机现有的操作系统里虚拟出来的新的计算机。虚拟机也有内存、CPU、磁盘、光盘和显卡等，具有物理计算机的所有功能，可以为在虚拟机中安装 CentOS 7 等操作系统提供虚拟环境。

利用已安装的 VirtualBox 软件在 Windows 操作系统里创建一个虚拟计算机，为 CentOS 7 在该虚拟计算机里运行提供条件。

1．虚拟机的安装

启动 VirtualBox 管理器（见 1.4.2 小节的图 1.12）。

（1）新建虚拟机

在 VirtualBox 管理器的主界面上单击"新建"按钮，弹出新建虚拟电脑设置对话框，如图 1.18 所示。在该对话框中需要设置以下几项：

- 名称：虚拟机的名称，输入容易识别的计算机名称即可，如"CentOS7"。
- 文件夹：就是在 1.4.1 小节中所讲的磁盘预估空间的磁盘分区所在的空间，建立一个虚拟机电脑运行的文件夹"CentOS7"，如图 1.18 所示。
- 类型：虚拟机所要安装的操作系统类型，这里选择 Linux。
- 版本：这里指 Linux 的发行版本，由于 CentOS 7 就是 RHEL（Red Hat Enterprise Linux，红帽企业 Linux）的再次编译版本，所以选择 Red Rat。

上述几项设置完成后，单击"下一步"按钮。

（2）设置内存大小

进入如图 1.19 所示的内存大小设置对话框，其中默认的内存为 1024MB（1GB），在物理计算机内存容量足够的情况下（如笔者的笔记本电脑的内存是 8GB），可以适度增大内存空间，如设置为 2GB，然后单击"下一步"按钮。

图 1.18　设置虚拟电脑名称等

图 1.19　设置内存大小

注意：不能设置为物理计算机的最大内存值，因为需要给物理操作系统运行留有适当的内存空间。

（3）设置虚拟磁盘

进入如图 1.20 所示的虚拟磁盘创建方式对话框，有以下 3 种方式可以选择：

- 不添加虚拟磁盘。
- 现在创建虚拟磁盘，多数情况下会选择该项，这里也选择这个默认项。
- 使用已有的虚拟磁盘。

在如图 1.20 所示的对话框中单击"创建"按钮，进入如图 1.21 所示的虚拟磁盘文件类型选择对话框，选择默认的 VDI 选项，然后单击"下一步"按钮。

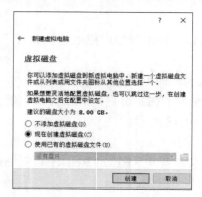

图 1.20　选择虚拟磁盘

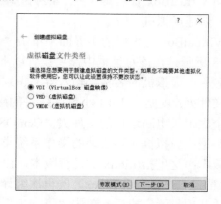

图 1.21　选择虚拟磁盘文件类型

进入如图 1.22 所示的对话框，其中有以下两个选项：

- 动态分配：动态分配的优点是创建速度快，实际占用的物理磁盘分区空间根据使用情况动态扩充，可以节省物理磁盘分区空间的存储资源；缺点是，由于它是动态扩充使用空间，因此会影响虚拟机中的操作系统的运行速度。

- 固定大小：虚拟磁盘空间在物理磁盘分区空间里一次性分配到位，其优点是安装完成后操作系统运行速度更加流畅，缺点是虚拟磁盘安装时需要等待一些时间。

这里选择"动态分配"选项，单击"下一步"按钮，进入如图 1.23 所示的设置文件位置和大小对话框。虚拟磁盘产生的文件（扩展名为.vdi）需要保存在物理磁盘指定的安装虚拟电脑的那个磁盘分区的文件夹里，如这里继续选择"F:\CentOS7"；默认的虚拟磁盘空间为 8GB，考虑 1.4.1 小节提到的磁盘空间的预测使用要求，结合作者磁盘 F 分区空余 200GB 空间的实际情况，这里选择 100GB，然后单击"创建"按钮。

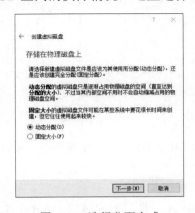

图 1.22　选择分配方式

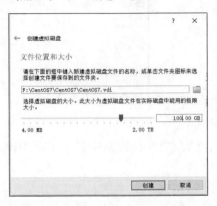

图 1.23　选择虚拟磁盘空间的最大值

（4）初步完成虚拟电脑的安装

虚拟磁盘安装完成后，回到如图 1.24 所示的窗口，其中已经增加了 CentOS7 虚拟电脑。

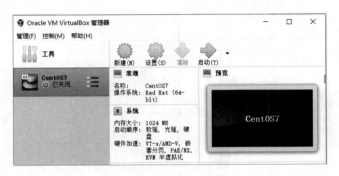

图 1.24　初步完成虚拟电脑的安装

2．设置存储介质

虚拟机安装完成后，在如图 1.24 所示的对话框中选择"设置"选项，弹出"CentOS 7
设置"对话框，如图 1.25 所示。可以在设置对话框中修改一些配置项，如常规、系统、
显示、存储、声音、网络、串口、USB 设备和共享文件等，以调整虚拟电脑的运行环境。

在图 1.25 所示的对话框的左侧列表中选择"存储"选项，进行光驱的分配。注意，
必须先设置存储介质，才能在其上安装 CentOS 7 操作系统。

图 1.25　分配光驱

在"存储介质"列表框中显示了两类控制器。其中，IDE 用来管理光驱，SATA 用来
管理虚拟磁盘。

（1）分配光驱

分配光驱类似于在物理计算机的光盘驱动器中插入一张需要安装的 CentOS 7 的安装
光盘。在如图 1.25 所示的对话框中选择"没有盘片"，然后单击右边的光盘图标。

在光盘图标处弹出如图 1.26 所示的选择项，选择"选择虚拟盘"选项，进入如图 1.27
所示的选择一个虚拟光盘文件对话框，在打开的文件目录对话框中找到 CentOS-7-x86_64-
DVD-2009.iso 镜像安装文件并选中，然后单击"打开"按钮，完成对虚拟光盘的设置。

图 1.26　选择虚拟盘

图 1.27　选择 CentOS 7 镜像安装文件

（2）设置和安装虚拟磁盘

在安装虚拟机软件的过程中，已经设置和安装了虚拟磁盘，见图 1.20 至图 1.24，因此在如图 1.25 所示的"控制器：SATA"列表中自动加载了 CentOS7.vdi 虚拟磁盘文件。

至此，完成了虚拟机的设置。

1.4.4　安装 CentOS

完成虚拟机的安装之后，可以开始安装 CentOS 7。

1. 启动CentOS 7安装程序

在 VirtualBox 管理器中单击"启动"按钮（见图 1.24），进入如图 1.28 所示的窗口，选择启动盘，这里采用默认的虚拟光驱安装文件（CentOS-7-x86_64-DVD-2009.iso）。

单击"启动"按钮，进入如图 1.29 所示的 CentOS 7 安装窗口，需要等 1min 左右，安装系统需要做一些初始化工作。

📖提示：在等待期间，仔细观察一下图 1.29 的底部，有一个 Right Ctrl 提示。这个就是指计算机物理键盘右边的 Ctrl 按键，可以方便地切换鼠标和键盘的状态：按一下鼠标或键盘，可以在物理机的桌面上使用鼠标和键盘；再按一下，只能在虚拟机桌面上使用鼠标和键盘。Right Ctrl 又叫主机键或 HOST 键。

图 1.28　选择启动盘

图 1.29　CentOS 7 安装窗口

2. 自动安装检测及语言设置

此时自动进入如图 1.30 所示的系统自动检测窗口，等待检测完成后就会进入如图 1.31 所示的语言设置对话框。拖动滚动条查看语言列表里的记录，一直到出现"中文"选项，选择"中文"选项，再单击"继续"按钮。

图 1.30　系统自动检测

3. 查检虚拟机的设置

在如图 1.32 所示的对话框中，需要检查虚拟机的设置是否正常。

在图 1.32 中若显示红色字体、棕红色感叹号图标以及明显的设置未完成的文字提示，则需要进一步处理。例如，在图 1.32 的"网络和主机名"下提示"未连接"，在"安装位置"下显示红色的"已选择自动分区"提示信息，其他项显示正常。

（1）设置网络和主机名

在如图 1.32 所示的对话框中单击"网络和主机名"，进入如图 1.33 所示的网络和主机名设置对话框。

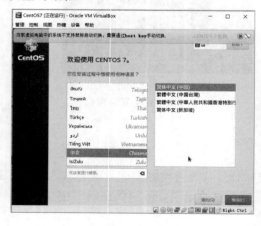

图 1.31　设置语言

图 1.32　检查虚拟机的设置

单击如图 1.33 所示的对话框右上角的滑块，打开网络连接，结果如图 1.34 所示。窗口下方可以设置主机名，也可以使用默认的主机名，这里未修改此配置项。单击如图 1.34 所示对话框左上角的"完成"按钮，完成对网络和主机名的设置。

图 1.33　设置网络和主机名 1　　　　　　　　图 1.34　设置网络和主机名 2

（2）设置安装位置

在图 1.32 所示的对话框中单击"安装位置"，进入如图 1.35 所示的对话框，本地标准磁盘就是虚拟机安装时设置的虚拟磁盘，用来安装 CentOS 7，因此该对话框中的选项无须调整，直接单击左上角的"完成"按钮即可。

设置完上述两个异常项后，进入如图 1.36 所示的对话框，可以发现，"开始安装"按钮变成可以单击的状态。

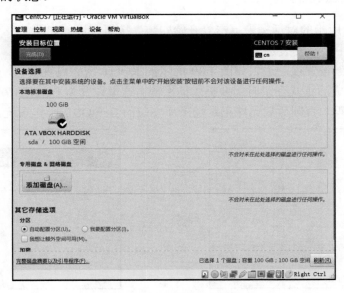

图 1.35　安装位置设置

（3）软件选择

本书选择的是安装标准版镜像文件，镜像中包含多种 CentOS 安装环境，默认为最小安装方式。单击如图 1.36 所示的对话框中的"软件选择"按钮，打开"软件选择"对话框，如图 1.37 所示。

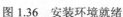

图 1.36　安装环境就绪

图 1.37　软件选择

在如图 1.37 所示的对话框中，可以在左侧的列表框中选择所需的环境，以安装不同的软件。例如，在第 13 章中会讲图形界面的相关内容，如果在此步骤中选择"GNOME 桌面"或"KDE Plasma Workspaces"选项，那么后续就无须再手动安装图形界面了。

这里选择默认的"最小安装"方式，在如图 1.37 所示的对话框中单击左上角的"完成"按钮，回到如图 1.36 所示的对话框。

4．正式安装CentOS 7

在如图 1.36 所示的对话框中单击"开始安装"按钮，进入如图 1.38 所示的正式安装界面。安装过程中会有安装进度条，整个安装过程估计需要 10min 左右。在此期间可以选择"ROOT 密码"设置项，进入如图 1.39 所示的 ROOT 密码设置窗口，在其中可以设置 CentOS 7 安装完成后正式登录时需要提供的密码。这里设置为"cat123.?"，读者一定要记住自己设置的密码，否则后续无法正常登录新安装的 CentOS 7 操作系统。

图 1.38　正式安装 CentOS 7

图 1.39　设置 ROOT 密码

5～10min 后单击"重启"按钮，系统重启后即可完成安装，如图 1.40 所示。

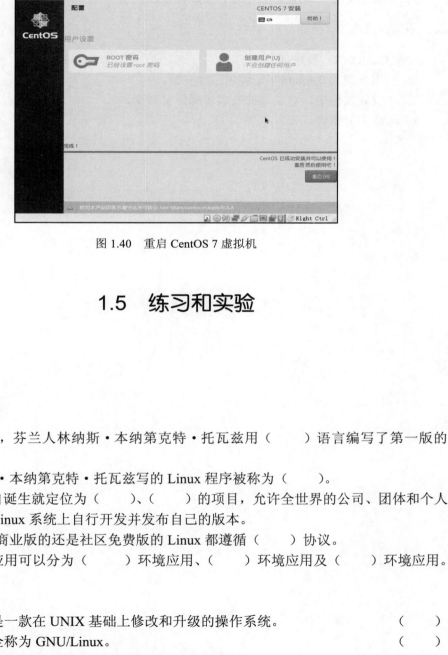

图 1.40　重启 CentOS 7 虚拟机

1.5　练习和实验

一．练习

1．填空题

1）1991 年，芬兰人林纳斯·本纳第克特·托瓦兹用（　　　）语言编写了第一版的
（　　　）系统。

2）林纳斯·本纳第克特·托瓦兹写的 Linux 程序被称为（　　　）。

3）Linux 自诞生就定位为（　　　）、（　　　）的项目，允许全世界的公司、团体和个人
在现有开源的 Linux 系统上自行开发并发布自己的版本。

4）无论是商业版的还是社区免费版的 Linux 都遵循（　　　）协议。

5）Linux 应用可以分为（　　　）环境应用、（　　　）环境应用及（　　　）环境应用。

2．判断题

1）Linux 是一款在 UNIX 基础上修改和升级的操作系统。　　　　　　　　　　（　　　）

2）Linux 全称为 GNU/Linux。　　　　　　　　　　　　　　　　　　　　　　（　　　）

3）CentOS、RHEL 和 Ubuntu 都是 Linux 操作系统。　　　　　　　　　　　（　　　）

4）所有的 Linux 产品内核版本统一，以保证基础框架和基本命令的一致性。也就是说，学习了一种 Linux 操作命令，也可以在其他 Linux 操作系统中使用。　　（　　）

5）Embedix 操作系统主要应用于服务器端。　　　　　　　　　　　（　　）

二．实验

安装 CentOS 7。要求如下：

1）利用下载的 CentOS 7 安装包进行安装。

2）在安装过程中，对主要的安装步骤需要截图。

3）形成实验报告。

第 2 章　初次使用 Linux

读者只有登录 Linux 操作系统，才能在实际环境中操作并学习 Linux 的相关知识。以日常工作或学习环境来讲，常见的 Linux 登录方式有两种：本机终端命令登录和远程终端登录。另外，初学者需要借助帮助功能来更好地学习 Linux。本章的主要内容如下：

- 终端命令；
- 帮助功能；
- 远程登录；
- 其他操作。

2.1　终　端　命　令

终端命令（Terminal）登录又叫控制台（Console）登录，它是登录 Linux 操作系统最常用的一种方式。

2.1.1　终端命令登录界面

所谓的终端命令，是指用户通过键盘输入的指令，计算机接收到指令后予以执行，并显示执行的结果，其操作界面也称为控制台或字符用户界面。

本书采用以虚拟机启动 Linux 操作系统的方式，在 Windows 操作系统中启动 VM VirtualBox 虚拟机管理器软件，如图 2.1 所示。双击"CentOS 7"或单击"启动"按钮，CentOS 7 操作系统开始从磁盘引导启动，启动及自检完成后就会进入终端命令登录界面。如图 2.2 所示的终端命令界面就是大名鼎鼎的 Bash Shell（外壳）终端。如果在安装时选择了图形界面，则启动后会进入图形化登录界面。图形化登录的相关内容将在 13.2.3 小节中进行介绍。

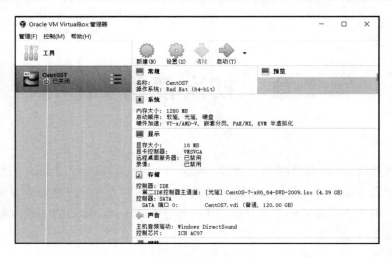

图 2.1　在虚拟机中启动 CentOS 7 操作系统

图 2.2　终端命令登录界面

在如图 2.2 所示的终端命令登录界面中，有如下几项需要说明。

- CentOS Linux 7（Core）：提示信息表示运行的是 CentOS 7 版本的 Linux 操作系统，Core 表示启动的是 Linux 内核程序。
- Kernel 3.10.0-1160.el7.x86_64 on an x86_64：基于 Linux 内核程序的发行版本号为 3.10.0-1160.el7.x86_64，运行在 x86_64 硬件架构的主机上。
- localhost login：用于输入 Linux 操作系统的用户名，由于是第一次登录，这里只能输入权限最大的 root 用户（参见 1.4.4 小节的图 1.40），输入 root 后回车。
- Password：用于输入登录用户的密码，这里输入"cat123.?"，然后回车。

📖提示：第一次使用密码输入功能时，会发现输入密码时没有任何反应，这是正常现象。根据设置的密码依次输入每个字符后回车即可。

- [root@localhost ~]#：如果身份验证通过，则出现英文提示信息，最右边有一个白色的光标，可在光标所在的位置输入 Linux 命令。

其中：root 代表所使用的用户名；@后的 localhost 代表本地主机名；~代表该用户登录成功后的 home 路径；#是 root 用户的命令提示符，在提示符右边输入命令后回车就会执行该命令。

📋 说明：

- root 用户的当前目录是/root，一般用户登录成功后的当前目录为/home/用户名。
- root 用户的命令提示符#，一般用户的命令提示符是$。
- root 用户在 Linux 中具有最大权限，以 root 身份进行操作风险很大，因此日常工作使用一般权限的用户身份即可。账户配置详见第 5 章的相关内容。

2.1.2　初识终端命令

CentOS 7 中有多少个命令呢？在如图 2.2 所示界面中连续按键盘上的 Tab 键，将显示如下信息：

```
Display all 1203 possibilities? (y or n)     #按 y 分屏显示 1203 个命令
```

从上述信息中可以知道，作者所安装的 CentOS 7 会提供 1203 个 Linux 命令。由此，初学者会感觉压力很大，这么多命令要学，不容易啊！但是不用担心，作为入门读者或满足程序员日常工作需要，只要熟悉常用的 30～100 个命令即可，这些命令也是本书将要重点介绍的内容。

本小节先让初学者体验一下如何使用 Linux 命令。在如图 2.2 所示的终端命令登录界面中输入 ls 后回车，再输入 ls -a 后回车，显示结果如图 2.3 所示。

（1）执行第一个命令

执行以下命令：

```
#ls                                          #回车，显示当前目录下的文件名
```

上面的 ls 命令只显示当前目录下存在的文件名（不含隐藏的文件名）。下面的 ls 命令带选项-a 用于显示所有的文件名（含隐藏文件）。

```
#ls -a                                       #回车，显示当前目录下的所有文件名
```

图 2.3　ls 命令的执行结果

在图 2.3 中，以"."开头的如".cshrc"等都是隐藏的文件名，anaconda-ks.cfg 是正常

文件名。

（2）命令格式

Linux 命令的通用格式如下：

```
命令名称 [-option1 -option2 -option3 ... ] param1 param2 ...
```

使用说明如下：

- 命令名称，是 Linux 内核自带的命令，或后续第三方可执行程序（或读者自己编写并编译、安装的可执行程序或脚本，详见第 9 章和第 11 章等）的名称。
- []，表示里面的选项是可选项，如果[]里没有选项，也可以执行相关的命令，但是执行结果不一样。
- 可选项，如 option1、option2 和 option3 都表示可选项，代表命令执行时附加的功能。如 ls 命令的-a 表示显示当前目录下的全部文件，不加这个选项只能显示正常的文件名，而不能显示隐藏的文件名。
- 选项前若加 "-"，则后面跟一个选项的首字母，若加 "--"，则跟选项的全称。例如，命令帮助选项可以用-h 表示，也可以用--help 表示。
- 参数，如 param1 和 param2 等都为参数，参数与选项的区别是，参数前面没有符号，也可选。
- 命令名称、选项和参数之间必须加一个空格，也允许加多个空格，不过 Linux 都视为一个空格。
- Linux 命令严格区分大小写，若把 ls 写成 LS，则 Linux 无法识别该命令，会显示出错提示信息-bash:LS: command not found。

所有的 Linux 命令都可以通过 "帮助" 菜单获得其使用方法，详见 2.2 节。

2.1.3　退出 Linux

Linux 的退出方式有注销、重启和关机 3 种。

1．注销

注销 Linux，使用 exit 命令。

```
#exit                              #终止当前 Shell 界面的任务，回到 Shell 登录状态
```

执行 exit 命令只是让 Linux 的当前 Shell 任务退出，返回到登录前的状态（见图 2.2），而 Linux 本身还在持续运行。再次使用 Linux 时，需要再次输入用户名和密码进行登录。这是短时间离开时可以采取的最简单的退出方式。可以设想一下，如果不注销而直接离开，要是有人偷偷地做一些破坏性的操作，就会非常麻烦。

2. 重启

重启就是重新启动 Linux 操作系统。在商业环境下，需要考虑操作系统的内存中是否还缓存着重要的数据（还没有写入磁盘），考虑是不是有其他用户也在使用（要知道 Linux 是多用户系统，在自己使用操作系统的同时，还需要考虑别人是否也在使用），因此不能强制重启，需要做如下操作：

1）who 命令，查看使用用户，看看有多少用户在使用该操作系统。

```
#who                                    #查看有多少用户在使用操作系统
root    tty1      2021-03-16 05:49      #显示 root 用户在 tty1 模式下使用
```

查找结果是只有一个账号为 root 的用户在使用。

2）sync 命令，强制把内存里缓存的数据写入磁盘，以确保数据的安全。

3）reboot 命令，确认上述两个步骤安全后，就可以用 reboot 命令重启 Linux 操作系统，默认情况下会马上重启。该命令还提供如下可选项：

```
reboot [-n] [-w] [-d] [-f] [-i] [-p] [-h]
```

- **-n**：在重启前将数据保存到磁盘文件中。
- **-w**：仅用于测试，并不会真正地重启系统，而只是把重启数据写入/var/log/wtmp 记录文件里。
- **-d**：不把数据写入/var/log/wtmp 记录文件里（-n 选项包含-d 选项的功能）。
- **-f**：强制重启，不调用 shutdown 指令。
- **-i**：在重启前先关闭网络设置的相关功能。
- **-p**：在关闭操作系统时同步关掉电源。
- **-h**：在系统关机或执行 poweroof 命令之前，让所有的磁盘处于待机模式（poweroff 命令也是重启命令）。

3. 关机

在商业环境下，运行 Linux 操作系统的服务器很少关机，除非该服务器发生故障需要维修或者闲置不用，否则都处于运行状态。

在关闭 Linux 操作系统之前，需要通过 who 和 sync 命令反复确认，确保没有问题才能做关机操作。Linux 关机命令为 shutdown，其使用格式如下：

```
shutdown [-t seconds] [-rkhncfF] time [message]
```

- **-t seconds**：设定在 seconds 秒之后启动关机程序，默认 60 秒后正式关机。
- **-k**：模拟关机，仅将警告信息传送给所有登录操作系统的用户。
- **-r**：关机后重新开机，类似于物理计算机上的冷重启按钮。
- **-h**：关机后停机，相当于在物理计算机上关闭操作系统后同步关掉电源，是一个常用的选项。

- -n：不采用正常程序来关机，而是强制关机。
- -c：设置该选项，按"+"键时可取消当前正在执行的关机动作。
- -f：关机时，不进行磁盘检测（fcsk）。
- -F：关机时，强制进行磁盘检测（fsck）。
- time：设定关机的时间，如-h +2 表示 2min 后关机，-h 12:30 表示中午 12 点 30 分后关机。
- message：传送给所有使用者的警告信息，如"5 分钟后关机！"。

示例如下：

```
#shutdown -k -t 2 'I will shutdown after 2Sec!'      #回车，将显示关机提醒信息
```

除了 shutdown 命令以外，还可以使用 halt 和 poweroff 命令执行关机操作。在一些比较老的计算机中，没有配备 ACPI（Advanced Configuration and Power Interface，高级配置和电源管理接口）系统，halt 命令仅关闭计算机，不会切断电源。poweroff 命令则给 ACPI 系统发送关闭电源的信息。现在的计算机都配备了 ACPI 系统，因此这几个关机命令的执行效果是一样的。

2.1.4　常用热键

熟悉 Windows 的读者都知道，该系统提供了一些组合热键，用于处理特殊情况。例如，在 Windows 10 里常用的 Ctrl+Alt+Del 组合热键，用于切换到登录选择界面。Linux 操作系统也提供类似的功能。如图 2.4 所示为 CentOS 7 热键设置选择项，选择"热键"|"热键设置"命令，就可以进入热键设置界面，了解有哪些热键可以使用。

图 2.4　设置 CentOS 7 的热键

下面罗列一些常用的热键，以方便读者进行 Shell 操作。
- Tab 键：命令或路径等补全键。

例如，在如图 2.5 所示的 Shell 提示符窗口中输入字母 l（小写），按 Tab 键显示以字母 l 开始的所有命令。

图 2.5　命令补全操作

- Ctrl+a：光标快速回到行首。
- Ctrl+e：光标快速回到行尾。
- Ctrl+k：剪切光标处到行尾的所有字符。
- Ctrl+u：剪切光标处到行首的所有字符。
- Ctrl+y：将复制或剪切的字符粘贴到当前光标处。
- Ctrl+d：退出当前 Shell，类似于执行 exit 命令。
- Ctrl+l：清屏，开启一个新的行。
- Ctrl+s：锁屏，使 Shell 无法输入。
- Ctrl+q：解屏，可以继续对 Shell 进行操作。
- Ctrl+c：强制中断正在执行的命令或程序。
- Shift+PgUp：上翻显示的内容（在显示内容太多时使用该组合键非常方便）。
- Shift+PgDn：下翻显示的内容（在显示内容太多时使用该组合键非常方便）。

2.2　帮 助 功 能

Linux 内核提供的命令很多，很多命令无法记住，可以借助 Linux 系统提供的帮助功能来解决。

2.2.1　帮助命令

所有的 Linux 命令都可以通过后面跟-h（--help）选项来获取对应的功能介绍。如图 2.6 所示，执行 ls --help 命令回车后，显示的命令说明如下（若发生滚屏，可以按 Shift+PgUp 往上翻）。

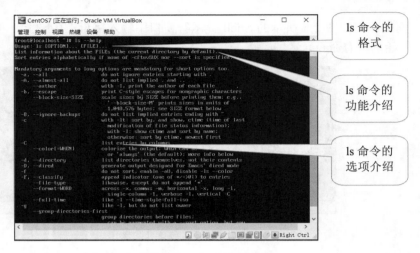

图 2.6　通过--help 选项查看 ls 命令的选项及功能介绍

2.2.2　操作说明

Man Page 的全称为 Manual Page，指 Linux 的手册页，是内容全面的标准手册工具。在终端命令界面中，可以借助 man 命令查询所有命令和程序的帮助信息。例如，在命令提示符处输入如下命令：

```
#man ls
```

用 man 命令查看 ls 命令的帮助信息，如图 2.7 所示。相对来说，无论是显示格式还是功能解释的细节，man 命令比--help 命令的功能更强大一些。

图 2.7　用 man 命令查看 ls 命令的帮助信息

2.3　远程登录

在商业环境下，Linux 系统运行在机房的服务器或者云服务器上，系统维护人员可以通过远程登录的方式操作 Linux 系统，无须直接操作服务器。

SSH 的全称为 Secure Shell（安全外壳），它是建立在网络应用层基础上的安全协议，用于提供远程登录等功能。

如果服务器正在运行 Linux 操作系统，那么只需要通过身边的 Windows 操作系统进行远程登录访问，也可以实现对 Linux 的操作。登录时，只需要事先知道 Linux 操作系统所在服务器的 IP 地址和登录的用户名与密码即可。这里采用 ssh 命令来实现远程登录。

要实现远程登录，必须在 Linux 服务器端安装登录应用服务端的程序，同时 Windows 客户端也需要提供对应的登录客户端程序，此外还要保证 Windows 客户端与 Linux 服务器端之间的网络互通。

2.3.1　设置虚拟机网络

前面在虚拟机上安装 CentOS 7 时，VirtuablBox 中的网络选项使用的是默认配置，即网络地址转换（NAT）。在此配置条件下，宿主机（Windows）是不能访问虚拟机的，需要对虚拟机进行一定的设置，才能使用宿主机的 Windows 客户端访问虚拟机中的 Linux 服务器端。具体的设置步骤如下：

1）在虚拟机窗口顶部的菜单栏中找到"设备"选项，选择"设备"|"网络"|"网络"命令，如图 2.8 所示。

图 2.8　选择"设备"|"网络"|"网络"命令

打开设置窗口，如图 2.9 所示。在左侧列表中选中"网络"选项，右侧的"连接方式"的默认选项为"网络地址转换"，从下拉框中选中"桥接网卡"选项，再单击 OK 按钮关闭网络设置窗口。

图 2.9　网络设置窗口

2）在虚拟机的终端命令界面中使用命令重新加载网络。重新加载网络的命令为：

```
#service network restart
Restarting network (via systemctl):    [  OK  ]
#
```

命令执行成功后，使用 ifconfig 命令查看虚拟机的 IP 地址。这里采用的是最小安装方式，没有提供 ifconfig 命令，因此需要先安装网络工具包 net-tools。安装命令如下：

```
# yum install -y net-tools
```

等待安装完成后，在终端命令界面中执行如下命令：

```
# ifconfig
```

执行结果如下：

```
[root@localhost ~]# ifconfig
enp0s3: flags=4163<UP,BROADCAST,RUNNING,MULTICAST>  mtu 1500
        inet 192.168.3.125  netmask 255.255.255.0  broadcast 192.168.3.255
        inet6 fe80::27de:267b:25ec:a270  prefixlen 64  scopeid 0x20<link>
        ether 08:00:27:60:1c:d3  txqueuelen 1000  (Ethernet)
        RX packets 504  bytes 66370 (64.8 KiB)
        RX errors 0  dropped 0  overruns 0  frame 0
        TX packets 380  bytes 38684 (37.7 KiB)
        TX errors 0  dropped 0 overruns 0  carrier 0  collisions 0

lo: flags=73<UP,LOOPBACK,RUNNING>  mtu 65536
        inet 127.0.0.1  netmask 255.0.0.0
        inet6 ::1  prefixlen 128  scopeid 0x10<host>
        loop  txqueuelen 1000  (Local Loopback)
        RX packets 80  bytes 6928 (6.7 KiB)
        RX errors 0  dropped 0  overruns 0  frame 0
        TX packets 80  bytes 6928 (6.7 KiB)
        TX errors 0  dropped 0 overruns 0  carrier 0  collisions 0
```

命令的执行结果有两段：第一段名称为 enp0s3，是虚拟网卡的名称，第 3 行代码 inet

后面的值就是虚拟网卡对应的 IP 地址，本例为 192.168.3.125；第二段名称为 lo，是回路网络接口的名称，其下的 inet 是回路网络的接口地址。

因为虚拟机使用了桥接网络，所以虚拟机与宿主机在同一个网段下。如果宿主机的 IP 地址以 192.168.3.开头，那么虚拟机的 IP 地址也以 192.168.3.开头。有关 IP 地址的知识请查阅相关文档，此处不再展开介绍。

2.3.2　远程登录虚拟机

远程登录 Linux 服务器在实际工作中经常碰到。在 CentOS 7 服务器端登录程序的配置步骤见 7.4.7 小节。这里先介绍在 Windows 10 系统下进行远程登录的步骤：

1）通过 PowerShell 客户端登录。在 Windows 10 的"运行"对话框中输入"powershell"，如图 2.10 所示。

2）进入操作界面。按"回车"键，打开如图 2.11 所示的 PowerShell 窗口。

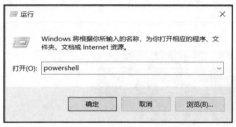

图 2.10　运行 PowerShell 客户端　　　　　图 2.11　PowerShell 窗口

PowerShell 是 Windows 10 内置的 Windows 平台终端命令工具，在 PowerShell 提示符后输入命令"ssh root@远程服务器 IP 地址"，再输入 root 用户的登录密码，回车，进入 Linux 提示符（#）状态。

```
PS C:\Users\taotao>ssh root@192.168.3.125
The authenticity of host '192.168.3.125 (192.168.3.125)' can't be
established.
ECDSA key fingerprint is SHA256:xjO6YLQJtAoTd3W3R3JkL033YtcMtpOjfUXPG2B
Gd6A.
Are you sure you want to continue connecting (yes/no/[fingerprint])? yes
Warning: Permanently added '192.168.3.125' (ECDSA) to the list of known
hosts.
root@192.168.3.125's password:
Last login: Mon Jul 19 14:25:58 2021
[root@localhost ~]#
```

除了使用 PowerShell 工具以 SSH 方式登录 Linux 服务器以外，Windows 平台上还有其他一些流行的 SSH 工具，如 SecureCRT、Putty、SSH Secure Shell 和 XShell 等，它们均提供丰富的操作功能，读者可以根据使用习惯和喜好自行选择。

2.4　其　他　操　作

在登录 Linux 时会碰到一些问题，如忘记密码、切换到不同的用户操作端等，这里统一介绍其解决方法。

2.4.1　忘记 Linux 登录密码的解决方法

对于 Linux 初学者，他们往往不会提前把 root 登录密码保存到一个容易找到的地方，时间一长就容易忘记登录密码。这就需要有办法获得新密码，以重新登录账户。

启动 Linux（或关掉 Linux 后再启动进入 Linux，不能通过 reboot 命令重启），进入终端命令界面，如图 2.12 所示，使用下箭头（↓）快速选择第 2 个选项，即救援模式，然后按键盘上的 E 键，就进入救援编辑模式，在该模式下可以重置密码。

图 2.12　选择救援模式

在救援模式下，重置密码的过程如下：

1）进入救援编辑模式，使用键盘上的下箭头（↓）键向下移动记录，直至如图 2.13 所示的救援编辑模式。

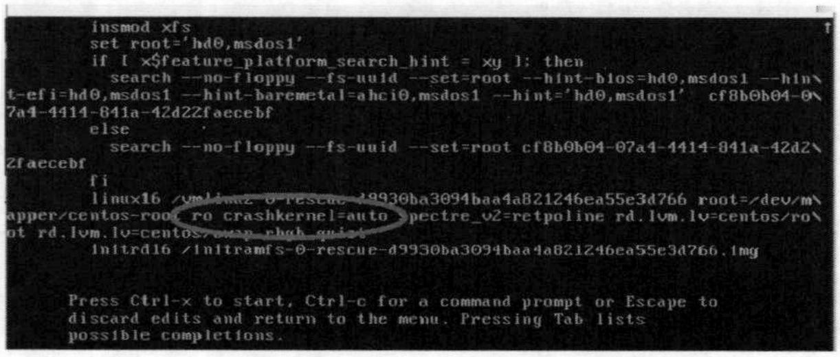

图 2.13　救援编辑模式

2）如图 2.13 所示，在标注出的椭圆框里修改 ro 为 rw init=sysroot/bin/sh，然后按 Ctrl+x 启动单用户模式，修改结果如图 2.14 所示。

在#提示符后输入 chroot /sysroot/，进入原始系统目录 sysroot。

输入 passwd root，回车，然后输入新密码（New password:），如 "cats123.?"，回车再输入确认密码（Retype new password:），回车，当显示 "passwd: all authentication tokens updated successfully."，就完成了新密码的设置。

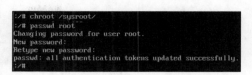

图 2.14　修改 root 用户的密码

3）按 Ctrl +d 或输入 exit 命令，再输入 reboot 重启 Linux，就可以输入 root 账户的新密码进行登录了。

💬 **注意**：如果使用远程登录的方式，则没有修改密码的权限，只能在服务器上进行操作。

2.4.2　Linux 系统运行级别

Linux 系统有 7 个运行级别：
- 运行级别 0：系统停机状态，系统默认的运行级别不能设为 0，否则不能正常启动。
- 运行级别 1：单用户工作状态，具有 root 权限，用于系统维护，禁止远程登录。
- 运行级别 2：多用户状态（没有 NFS）。
- 运行级别 3：完全的多用户状态（有 NFS），登录后进入控制台命令行模式。
- 运行级别 4：系统未使用，保留。
- 运行级别 5：X11 控制台，登录后进入图形用户界面（GUI）模式。
- 运行级别 6：系统正常关闭并重启，默认运行级别不能设为 6，否则不能正常启动。

📖 **说明**：在 Linux 系统中，可以使用 init 命令更改运行级别。例如，执行以下命令：

```
#init 6
```

Linux 系统会立即重起，该命令等价于 2.1.3 小节介绍的重启系统的命令 reboot。同理，如果在命令终端输入以下命令：

```
#init 0
```

系统会立即关机，该命令等价于 2.1.3 小节介绍的命令 shutdown - h now 或 poweroff。

2.5　案例——三酷猫进"大观园"

三酷猫打开 Linux 系统，被这个陌生又熟悉的世界所吸引，就像走进另一个世界。三酷猫怀着欣喜的心情谨慎地打开终端界面，开始了它的"大观园"探索之旅。

进入界面之后，里面空白一片。在白色的界面里缓缓敲下 "ls"，显示当前目录下的内容，如图 2.15 所示。

图 2.15　查看当前目录下的内容

　　三酷猫比较喜欢上网冲浪，因此它尝试连接网络，输入命令"ping www.baidu.com"出现如图 2.16 所示的情况，可以看到得到了字节回复。

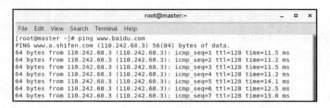

图 2.16　ping 命令执行结果

　　这时三酷猫又在想，能不能在家里登录"大观园"上网呢？经过思索，它决定尝试远程登录。首先，三酷猫在搜索框中搜索远程登录工具 PowerShell，如图 2.17 所示，然后打开该界面，如图 2.18 所示。

图 2.17　搜索 PowerShell 工具

　　接着在 PowerShell 命令行里输入"大观园"的 IP 地址、用户名和密码，如图 2.19 所示。

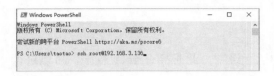
图 2.18　PowerShell 登录界面

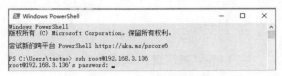
图 2.19　输入 IP 地址、用户名和密码

进入"大观园"，如图 2.20 所示。

图 2.20　进入远程 Linux 服务器端

输入命令 ls，查看有没有走错房间，如图 2.21 所示。

图 2.21　显示服务器端当前目录下的内容

之后，三酷猫就开心地在家里继续探索"大观园"的世界。

🔔 注意：
- 以上网络测试和连接操作是在网络环境配置正确的情况下完成的。
- 远程登录操作需要在同一个局域网内。

2.6　练习和实验

一．练习

1．填空题

1）（　　）又叫控制台登录，是 Linux 操作系统在工作环境下最常用的一种登录方式。

2）借助（　　）命令可以查询所有命令和程序的帮助信息。

3）root 用户的命令提示符是（　　），一般用户的命令提示符是（　　）。

4）SSH 的全称是（　　），它是建立在网络应用层基础上的（　　）协议，用于提供远程登录等功能。

5）命令或路径等补全键为（　　）。

2．判断题

1）Linux 系统进入救援模式后拥有最高的运行级别，此时拥有 root 权限，可以进行系统维护和远程登录。　　　　　　　　　　　　　　　　　　　　　　　（　　）

2）Windows 10 系统默认提供了远程登录工具连接 Linux 服务。

（　　）

3）运行命令 helpcommand（其中，command 为命令名称），可以获得 command 命令的帮助信息。　　　　　　　　　　　　　　　　　　　　　　　　　　　　　　（　　）

4）当启动 Linux 系统时，如果进入单用户模式，则可以重置用户的密码。　（　　）

5）Linux 系统的 7 个运行级别都可以设置为默认的启动级别。　　　（　　）

二．实验

实验 1：在本地安装远程连接工具。

实验 2：远程连接 Linux 并进行网络测试。

第 3 章　文本编辑器

在 Linux 操作系统里必须借助文本编辑器来设置相应的配置文件，编写脚本代码，以及编辑文本文件的内容。Linux 默认的纯文本编辑器是 Vi，它也是 UNIX 的标准文本编辑器。本章将重点介绍 Vi 扩展功能的编辑器 Vim，它是初学者需要重点掌握的编辑器工具之一。本章最后的部分将简要介绍 Nano 编辑器。本章的主要内容如下：

- Vi 编辑器；
- Vim 编辑器；
- Nano 编辑器。

📑说明：纯文本编辑器是指内容主要由 ASCII 和 Unicode 编码组成，除了换行符等极少数格式符外，不具有丰富格式控制符的文本编辑器。例如 Windows 的"记事本"就是纯文本编辑器，它不具有字体粗细、字体颜色、字型、文字段前/后对齐、首行缩进等格式控制功能；而 Word 则是带格式控制符的文本编辑器。纯文本编辑器适用于程序代码的编辑，而带格式控制符的文本编辑器不适用于代码编写。ASCII 和 Unicode 编码分别为单字节编码和多字节编码，读者可以通过百度进行搜索，查看 ASCII 和 Unicode 编码的使用规则。

3.1　Vi 编辑器

Vi 编辑器是 Linux 和 UNIX 的经典编辑器。大多数 Linux 发行版都会默认安装 Vi 编辑器。Vi 编辑器的功能非常强大，熟练地使用该编辑器可以高效地编辑代码和配置系统文件等，它是程序员和运维人员必须掌握的一个工具。

3.1.1　使用 Vi 编辑器的基本功能

Vi 编辑器在使用时主要有 4 种模式状态：

- 普通模式（Normal Mode）：用 Vi 新建文件或打开文本文件时的状态，在该模式下可通过键盘移动光标，也可复制和粘贴内容，以及查找替换内容或输入命令字符（详见 3.1.2 小节）。

- 编辑模式（Insert Mode）：在该模式下可以输入数字、字母和汉字等内容，并可以修改或插入内容。
- 命令行模式（Command-line Mode）：在该模式下可以执行保存编辑结果和退出 Vi 等操作。
- 可视模式（Visual Mode）：在该模式下可进行批量选择、修改、删除和插入等操作。

1．普通模式

在 Linux 中执行如下命令，就可以利用 Vi 编辑器创建一个新的文本文件。

```
#vi one.txt              #要确保当前目录下没有one.txt，否则会变成打开该文件
```

如图 3.1 所示，左上角闪动的小矩形为默认的输入光标，"~"为空行，[New File]代表刚建立的新文件 one.txt 的状态。

2．编辑模式

在普通模式下，Vi 编辑器将输入的字符都视为命令，例如输入 i（代表 Insert 命令），则 Vi 进入编辑模式，如图 3.2 所示。在该模式下，编辑窗口的最下面显示"--INSERT--"，从输入光标开始处可以连续输入需要的内容。

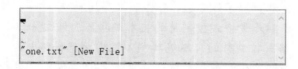

图 3.1　Vi 编辑器的普通模式

图 3.2　Vi 编辑器的编辑模式

3．命令行模式

在编辑模式下，输入完相关内容后先按 Esc 键进入普通模式，再按"："键即可进入命令行模式，在冒号后面输入 wq 后保存并退出 Vi 编辑器，如图 3.3 所示。

4．可视模式

在普通模式下按"："键，再按 V 键即可进入如图 3.4 所示的可视模式。

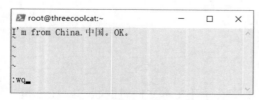

图 3.3　Vi 编辑器的命令行模式

图 3.4　Vi 编辑器的可视模式

3.1.2　Vi 编辑器的常用命令

要想顺畅地使用 Vi 编辑器，需要掌握 4 种主要模式下的常用命令。

1．普通模式下的常用命令

普通模式下的常用命令可以分为移动光标和翻页类命令（如表 3.1 所示），查找和替换内容类命令（如表 3.2 所示），复制和删除类命令（如表 3.3 所示）。

表 3.1　移动光标和翻页类命令

命　令　键	功　　能	是否常用
h或向左键（←）	光标向左移动一个字符	是
j或向下键（↓）	光标向下移动一个字符	是
k或向上键（↑）	光标向上移动一个字符	是
l或向右键（→）	光标向右移动一个字符	是
Ctrl+f、Page Down	屏幕向下翻页	是
Ctrl+b、Page Up	屏幕向上翻页	是
0或功能键Home	数字0，表示移动到这一行的第一个字符处	是
$或功能键End	移动到这一行的最后一个字符处（常用）	是
gg	移动到这个文件的第一行	是
n<Enter>	n为数字，表示光标向下移动n行	是

表 3.2　查找与替换类命令

命　令　键	功　　能	是否常用
/word	自光标位置向下查找匹配word（实际操作时word替换为要查找的内容，以下叙述中word的作用与此类似）。例如，要在文件内查找cat123这个字符串，就输入/cat123	是
?word	从光标位置向上查找匹配word内容的字符串	是
n	小写字母n的按键，用于重复上一次的查找动作，相当于"查找下一个"的意思。例如，执行/cat123命令向下查找cat123这个字符串，那么按n键后会继续查找下一个cat123字符串。如果执行?cat123，那么按n键后会继续向上查找下一个cat123字符串	否
:$n1,n2$s/word1/word2/g	$n1$与$n2$为数字，表示在第$n1$与$n2$行之间查找word1这个字符串，并将该字符串替换为word2。例如，在第100～200行之间查找cat123并将其替换为CAT123，则命令为":100,200s/cat123/CAT123/g"	是
:1,$s/word1/word2/g或 :%s/word1/word2/g	从第一行开始查找word1字符串直到最后一行，并将该字符串替换为word2	是
:1,$s/word1/word2/gc或 :%s/word1/word2/gc	从第一行开始查找word1字符串直到最后一行，并将该字符串替换为word2，并且在替代前显示提示字符,让用户确认（confirm）是否需要替换	是

表 3.3　删除、复制与粘贴类命令

命　令　键	功　　　能	是否常用
x、X	在当前光标下，x表示向后删除一个字符（相当于在编辑模式下按Del键），X表示向前删除一个字符（相当于在编辑模式下按Backspace键，也就是退格键）	是
dd	删除光标所在的那一行	是
ndd	n为数字，表示删除光标所在行向下的n行。例如，20dd表示删除20行	是
yy	复制光标所在行的内容	是
nyy	n为数字，表示复制光标所在行向下的n行。例如，20yy表示复制20行	是
p、P	p表示将已复制的数据粘贴在光标的下一行，P则表示粘贴在光标的上一行。举例来说，目前光标在第20行且已经复制了10行数据，则按p键后，这10行数据会粘贴在原来的20行之后，即从第21行开始粘贴。如果按P键，那么原来的第20行会变成第30行	是
J	将光标所在行与下一行的数据合并成同一行	
c	重复删除多个数据。例如，向下删除10行，命令为10cj	
u	意思是撤销前一个操作	是
Ctrl+r	意思是恢复上一个操作	是
.	重复前一个操作，可以用来重复执行删除和粘贴等操作，也可以执行重复输入等功能	是

2. 编辑模式下的命令

编辑模式下的命令如表 3.4 所示。按 Esc 键可从编辑模式切换到普通模式。

表 3.4　编辑模式下的命令

命　令　键	功　　　能	是否常用
i、I	i表示从当前光标所在位置开始输入，I表示从当前光标所在行的第一个非空格字符处开始输入	是
a、A	a表示从当前光标所在位置的下一个字符处开始输入，A表示从光标所在行的最后一个字符处开始输入	是
o、O	小写字母o表示在当前光标所在行的下一行输入，大写字母O表示在当前光标所在位置的上一行输入	是
r、R	r只会替换光标所在的那一个字符一次，R会一直替换光标所在的文字，直到按Esc键为止	是
Esc	从编辑模式切换到普通模式	是

3. 命令行模式下的命令

在普通模式下按 ":" 键就可以进入命令行模式，该模式下常用的命令如表 3.5 所示。

表 3.5　命令行模式下的常用命令

命　令　键	功能及选项设置	是否常用
:w	将编辑的数据写入磁盘	是
:q	退出 Vi 编辑器	是
:q!	如果对文件修改过但又不想保存，使用该命令强制退出即可	是
:wq	保存并退出，如果是 :wq!，则表示强制保存并退出	是
:set nu	显示行号，设定之后会在每一行的前面显示该行的行号	否
:set nonu	与 :set nu 相反，表示取消行号	否

4．可视模式下的常用命令

在命令模式下输入 v 或 V 即可进入可视模式（也可按 ctrl+v 进入）。可视模式下的常用命令如表 3.6 所示。

表 3.6　可视命令模式下的常用命令

命　令　键	功能	是否常用
v	一个字符一个字符地选择，光标所经过处的内容都会被选中	是
V	一行一行地选择，光标所经过处的所有行都会被选中	是
Ctrl+v	选中编辑区域为一个矩形范围，以按 Ctrl+v 的位置为起始角处，光标移动停止的位置为结束对角处	是
d	删除选中的内容	是
D	删除以行为单位的内容，即使选中的是空行也删除	是
c	删除选中的部分并切换到编辑模式	是
C	删除选中部分对应行的所有内容，并切换到编辑模式	是

3.2　Vim 编辑器

Vim 编辑器相较于 Vi 编辑器的功能更强大。Vim 继承了 Vi 的所有功能，并且在此基础上还增加了额外的功能。目前，流用户一般都使用 Vim 编辑器作为文本编辑器。因此，作为 Linux 的初学者，应该掌握其基本的使用方法。

3.2.1　安装 Vim 编辑器

在 Linux 中想要使用 Vim 编辑器，则需要先安装 Vim 编辑器，下面进行介绍。

1．安装前的检查

在安装前，可以先试一下 Vim 编辑器是否已经安装。在 CentOS 7 操作系统的命令提示符后输入如下命令：

```
[root@localhost~]# vim one.txt                    #回车，执行创建命令或打开 one.txt
```

如果给出如下提示，则意味着需要安装 Vim 编辑器。

```
-bash:vim:command not found
```

2．在线安装

在线安装比较简单，在 Linux 操作系统已连接网络的情况下，输入如下命令即可完成在线安装。

```
[root@localhost ~]# yum -y install vim        #回车并开始安装
```

在安装过程中会给出一些安装信息，最后提示"Complete!"，表示完成了 Vim 编辑器的在线安装。

3．验证安装

在命令提示符后输入 vim one.txt，如果进入该文件的普通模式（跟 Vi 编辑器类似），则意味着可以使用 Vim 编辑器了。

📋说明：在 Linux 中也可以采用下载 Vim 源码的方式来安装，安装过程相对复杂，详细安装方法见第 11 章。不同发行版的 Linux 操作系统的安装命令存在差异，如 Ubuntu（乌班图）使用的安装命令为 apt install vim。

3.2.2　基本操作

Vim 编辑器的基本操作继承了 Vi 编辑器的操作模式及相关模式下的所有操作命令。打开 Vim 编辑器，可以像使用 Vi 编辑器一样使用 Vim。

在 CentOS 7 的终端命令界面中输入如下命令：

```
[root@threecoolcat ~]# vim one.txt
```

在存在 one.txt 文件的情况下，用 Vim 编辑器打开该文件，如图 3.5 所示。在该编辑器窗口中可以执行 Vi 编辑器的所有命令，如用键盘上的左右方向键移动光标。从窗口上看，Vim 与 Vi 的区别是前者有行数和列数提示。如图 3.5 所示，把光标右移 5 格，则同步在右下角有 1，5 的提示，显然 1 代表第

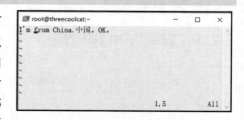

图 3.5　用 Vim 编辑器打开 one.txt 文件

一行，5 代表第一行的第 5 个字符（这里指字母 f）。

对于 Vim 的基本操作命令这里不再重复介绍，读者可以对照 3.2.2 小节的命令自行操作和验证。下面将重点介绍 Vim 编辑器常用的其他功能。

3.2.3　高亮语法

Vim 编辑器具有代码编辑器的美誉，它提供了辅助代码编程的一些高级功能，如代码语法的高亮显示。如图 3.6 所示，左图用 Vim 编辑器打开 one.txt 文件，输入"(1975)"，用右方向键把光标移到左括号处，此时括号将成对地被高亮显示，这有利于开发者马上发现小括号的匹配情况，右图通过 Vi 编辑器打开同样的 one.xt 文件，但它不支持高亮语法显示。

```
I'm from China. 中国。OK。          I'm from China. 中国。OK。
import numpy as np                  import numpy as np
np. random. seed(1975)              np. random. seed(1975)
```

图 3.6　左边用 Vim 显示高亮语法，右边的 Vi 没有提供高亮语法功能

在纯文本文件（Text）格式下高亮语法显示不明显，需要通过移动光标才能查看和确认。这里用 Vim 编辑器编写一段简单的 Python 代码，观看一下高亮语法的显示情况。在 Linux 终端命令提示符处输入如下命令：

```
#vim hello.py                    #注意，扩展名为 Python 语言源代码的.py
```

在新创建的 hello.py 文件里，按 i 键进入编辑模式，依次输入如图 3.7 所示的 Python 源代码。此时会发现 Python 代码的注释和函数都表现为不同的颜色，对开发者更加友好，这就是 Vim 编辑器编写代码的优势。

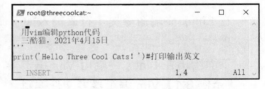

图 3.7　编辑 Python 源代码

由此可以想到在 Vim 中编写 C 语言和 Java 语言代码时，也会给出不同颜色的高亮显示。唯一需要注意的是，在创建文件时需要准确指定不同编程语言的扩展名。

📓说明：Vim 编辑器提供了开关高亮语法显示的命令，在命令行模式下执行如下命令：
- 打开高亮语法显示，用:syntax enable 命令。
- 关闭高亮语法显示，用:syntax clear 命令。

3.2.4　编译代码

在 Linux 环境下，用 Vim 编辑器编辑代码后自然希望能直接编译代码，这才算得上是一款好的代码编辑器。Vim 编辑器提供了相应的编译操作功能。

以 Python 语言为例，在 Vim 编辑器的命令行提示符后输入如下编译命令：

```
:!python %
```

编译执行结果如图 3.8 所示。

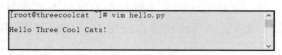

其他常用的编程语言在 Vim 编辑器里的编译执行命令如表 3.7 所示。

图 3.8　Python 代码的编译执行结果

表 3.7　Vim编辑器里的编译命令

序　号	编程语言	编 译 命 令	说　　明
1	C	!gcc %	需要安装GCC编译器
2	C++	!gcc %	需要安装GCC编译器
3	Perl	!perl %	需要安装Perl解释器
4	Go	!go %	需要安装GO编译器
5	Java	!java %	需要安装Java运行环境

3.2.5　多文件和多窗口编辑

在 Linux 里经常需要打开两个或两个以上的文件。Vim 编辑器提供了同时打开多个文件以及多文件切换编辑和多窗口编辑的功能。

1．多文件切换编辑

在 Linux 终端命令提示符后输入如下命令，就可以进入多文件切换的编辑模式。

```
#vim file1 file2 file3 ...
```

下面给出在 Linux 终端用 Vim 编辑器一次打开多个文件的示例。

【示例 3.1】Vim 编辑器多文件编辑。

```
[root@threecoolcat ~]# ls -a
.                   .hello1.c.swp    one.java
..                  hello2.java      one.pl
.bash_history       .hello2.java.swp one.txt
[root@threecoolcat ~]# vim hello2.java one.java one.txt
```

最后一行表示用 Vim 编辑器一次打开 hello2.java、one.java 和 one.txt 3 个文件，显示如图 3.9 所示的编辑界面。按 ":" 进入命令行模式，输入小写的 n，回车，窗口中的内容将自动向后翻动到第 2 个代码文件上；如果需要向前翻，则需要在 ":" 后输入大写的 N，回车即可。

如果忘记了打开过多少个文件，那么可以在 ":" 后用 files 来查看。

2．多窗口编辑

一个界面翻动显示多个文件的方式还不够方便，我们更希望能在多个窗口中显示并编辑不同的文件。Vim 编辑器为此提供了多窗口编辑功能,可以分为多窗口编辑多个文件和多窗口编辑一个文件的不同部分。

（1）多窗口编辑多个文件

多窗口编辑的实现方式有两种,分别是水平分割窗口和垂直分割窗口。

```
#vim  -o  file1 file2 ...                #水平分割窗口
#vim  -O  file1 file2 ...                #垂直分割窗口
```

下面在 Linux 中实现多窗口编辑多个文件的示例。

【示例 3.2】多窗体编辑多个文件。

```
# vim -o hello2.java one.java
```

执行上面的命令,显示结果如图 3.10 所示。通过水平分割将窗口分为上下两个窗口,分别显示代码文件。

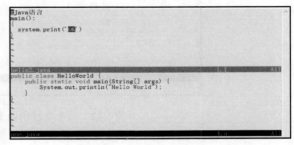

图 3.9　多文件编辑　　　　　　　　图 3.10　水平分割窗口

如果需要在两个窗口之间移动光标,则需要按如下快捷键:

```
Ctrl+w                                   #按住 Ctrl,再按 w 键,光标会移到另外一个窗体中
```

使用大写的 O 作为 vim 命令打开多个文件的参数,如执行如下命令,则显示如图 3.11 所示的垂直分割的窗口。

```
# vim -O one.java hello2.java
```

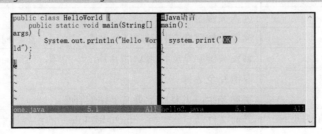

图 3.11　垂直分割的窗口

显然,一个窗口一个文件,可以更加方便地编辑内容。

（2）多窗口编辑一个文件的不同部分

如果文件很大，则可以采用多窗口的方式分别显示和编辑。在 Linux 终端命令提示符后输入如下命令并执行：

```
#vim /etc/services
```

此时进入单窗口普通模式，输入“:”，然后再输入 sp，回车，就可以把当前的文件分成上下两个窗口，如图 3.12 所示。然后可以通过键盘的上下方向键浏览一个窗口中的内容，而另外一个窗口中的内容保持不动，这样就具有对照查看、编辑的功能。

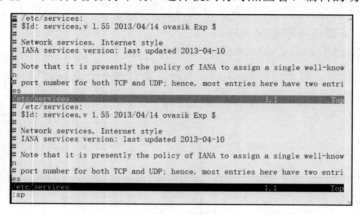

图 3.12　一个文件用两个窗口来显示

3.2.6　关键字补全功能

利用 Vim 编辑器编写代码时，利用其提供的关键字补全功能可以加快代码编写的效率。Vim 编辑器提供的常用关键字补全组合键如表 3.8 所示。

表 3.8　常用关键字补全组合键

序　号	组　合　键	功　能　说　明
1	Ctrl+x	进入关键字模式
2	Ctrl+p	触发关键字全文检索功能并补全下拉项，然后向前检索
3	Ctrl+n	触发关键字全文检索功能并补全下拉项，然后向前检索
4	Ctrl+e	取消补全选择
5	Ctrl+k	字典补全，主要用于英文单词的补全
6	Ctrl+l（L的小写）	当前文件及包含文件（Included File）的内容搜索补全
7	Ctrl+o	全能补全，根据文件的扩展名确定编程语言，进行语法关键字补全

在 Vim 编辑器里，绝大多数关键字补全操作都是先按 Ctrl+x 键进入补全状态，然后再按其他补全组合键。下面给出关键字补全示例。

1．编程语言的关键字补全

在 Linux 终端命令提示符后输入如下命令：

```
#vim one.html
```

在编辑模式下输入如图 3.13 所示的 HTML 代码，然后在 h1 后输入 s，按 Ctrl+x 键进入补全模式，继续按 Ctrl+o 键显示和 s 相关的 HTML 关键字，然后通过上下方向键选择需要的关键字后回车即可。

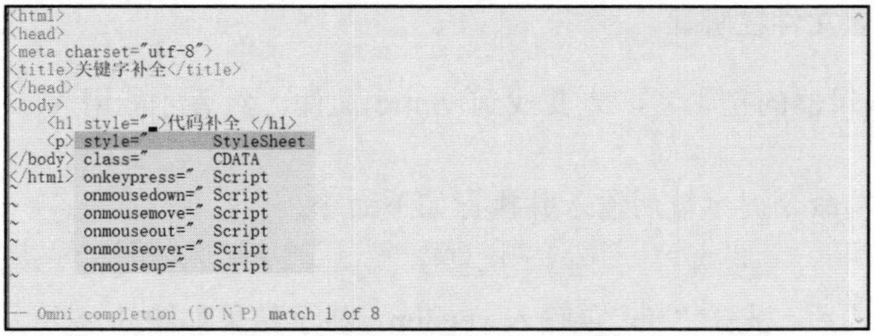

图 3.13　在 HTML 文件中进行语法关键字补全操作

2．英文单词补全

在 Vim 编辑器里，普通英文单词的补全有两种操作方式：一种是用 Ctrl+k 组合键实现字典补全；另外一种是用 Ctrl+n 或 Ctrl+p 实现全文检索补全。

在如图 3.14 所示的编辑模式中输入 c，先按 Ctrl+x 键进入补全状态，再按 Ctrl+n 或 Ctrl+p 键，根据当前以 c 开头的所有英文单词形成下拉选项，用上下方向键进行选择，然后回车即可。

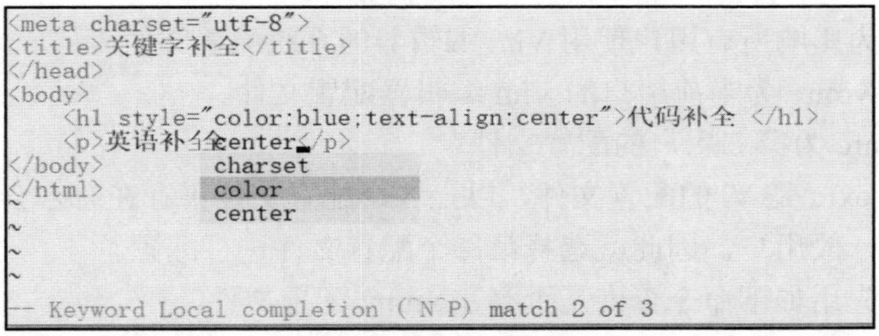

图 3.14　在 HTML 文件里进行英文单词补全操作

📖 提示：Vim 编辑器对 HTML 提供了相对友善的关键字补全功能，而其他编程语言（如 Python）如果需要具有关键字补全功能，则需要安装相应的插件。相关操作可以参考 Vim 编辑器官网的使用手册。

3.2.7　环境设置

Vim 编辑器提供了很多强大的代码编辑功能，如高亮语法、编译代码、关键字补全，以及不同颜色的字体和格式自动缩进等，其部分功能前几节已经进行了介绍。其实 Vim 编辑器的这些功能统一由 vimrc 的配置文件通过参数设置进行管理。读者需要了解 vimrc 的基本设置方法和一些常用的设置项。

1．vimrc配置文件在哪里

作为 Vim 编辑器的初学者，先要找到 vimrc 文件，然后才能用 Vim 编辑器打开该文件进行设置。

在 Linux 终端命令提示符后输入并执行如下命令：

```
#vim                                          #不带文件名
```

进入普通模式后，先按“:”，再输入 version，显示结果如图 3.15 所示，在最下面可以看到 vimrc 文件所在目录的位置。

```
:version
VIM - Vi IMproved 7.4 (2013 Aug 10, compiled Dec 15 2020 16:44:08)
Included patches: 1-207, 209-629
Modified by <bugzilla@redhat.com>
Compiled by <bugzilla@redhat.com>
Huge version without GUI.  Features included (+) or not (-):
+acl             +dialog_con      +insert_expand   +mouse_sgr       +ruby/dyn        +vertsplit
+arabic          +diff            +jumplist        -mouse_sysmouse  +scrollbind      +virtualedit
   system vimrc file: "/etc/vimrc"
     user vimrc file: "$HOME/.vimrc"
 2nd user vimrc file: "~/.vim/vimrc"
     user exrc file: "$HOME/.exrc"
  fall-back for $VIM: "/etc"
```

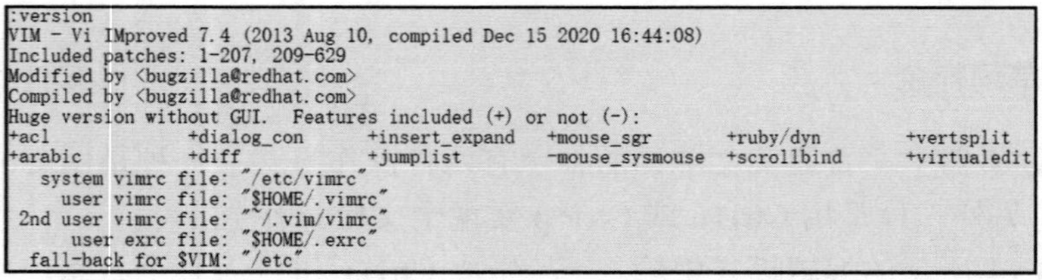

图 3.15　查看 vimrc 文件所在目录的位置

从图 3.15 中可以看出，vimrc 共有 4 个配置文件：

- /etc/vimc 为影响所有用户使用 Vim 编辑器的系统配置文件。
- /$HOME/.vimrc 为当前用户的 Vim 编辑器配置文件。
- ~/.vim/vimrc 为第二用户的配置文件。
- /$HOME/.exrc 是 Vi 的配置文件，以上 3 个配置文件不存在时才会使用本文件。

由于这里是一般用户，因此就选择第二个配置文件进行配置。

配置前可以先用如下命令查询是否存在 vimrc 配置文件。

```
#cd /home
#ls -al                        #vimrc 是隐藏文件，因此 ls 要加参数 l，以显示所有的文件
```

如果在当前目录下不存在 vimrc 文件，则可以在/etc 下将 vimrc 文件复制到/home 下，采用如下命令：

```
#cp /etc/vimrc /home           #把/etc 下的 vimrc 复制到/home 下
```

2．vimrc配置文件设置

在 Linux 下用如下方式打开 vimrc 配置文件。

```
#cd /home
#vim vimrc                                        #打开 vimrc 配置文件
```

打开当前目录下的 vimrc 配置文件，显示结果如图 3.16 所示。

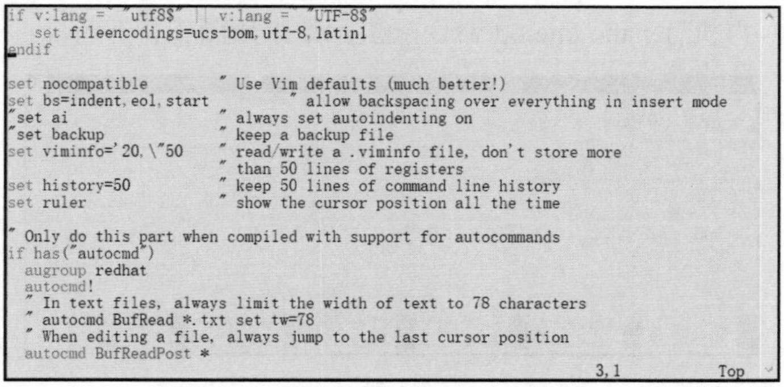

图 3.16　vimrc 默认的配置文件内容

下面对图 3.16 中的配置参数功能举例说明，其他的参数请参考 Vim 编辑器官方网站上的参考手册。

- set ai：set autoindent 配置参数的简写，指定 Vim 编辑器的自动缩进格式。
- set fileencodings=ucs-bom,utf-8,latin1：指定 Vim 编辑器显示内容的字符编码方式。其中：
    - ucs-bom 编码方式：文件必须以 Byte Order Mark（BOM）开始，可以检测 16 位、32 位和 UTF-8 Unicode 编码。
    - utf-8 编码方式：针对 Unicode 的一种可变长度字符编码，如果在 utf-8 中有非法的字节序列，此设定将被拒绝。
    - latin1 编码方式：用于保证有效的经典 8 位编码。

3.3　Nano 编辑器

Nano 编辑器是一个比 Vi 和 Vim 编辑器更加简单和小巧的文本编辑器，在部分 Linux 发行版中已默认安装。

1．测试安装Nano编辑器

在第一次使用 Nano 编辑器时，可以试着打开或创建一个文件，执行如下命令：

```
# nano one.txt
-bash: nano: command not found
```

如果上述命令执行后出现错误，则说明当前 Linux 没有安装 Nano 编辑器，需要通过如下命令安装：

```
# yum -y install nano
```

2. 使用Nano编辑器

安装完成后，再执行 nano one.txt 命令，执行结果如图 3.17 所示。

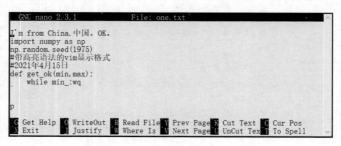

图 3.17 Nano 编辑器窗口

Nano 编辑器窗口分为三部分，最上面用于显示打开文件的名称和 Nano 的版本号，中间是文本编辑区，最下面是操作命令提示菜单。

下面介绍快捷键的含义。

- ^：代表 Ctrl 键，后面跟随的字母不区分大小写。
- ^g：获取帮助内容。
- ^x：退出编辑文件。
- ^o：保存编辑内容到磁盘，按 Ctrl +o 键后再按回车键即可。
- ^j：对齐段落。
- ^r：以只读方式打开文件。
- ^w：在文本内搜索指定的文字，先按 Ctrl + w 键，然后输入需要搜索的内容回车即可。
- ^p：光标上移一行。
- ^n：光标下移一行。
- ^k：剪切一行内容。
- ^u：粘贴到光标处。
- ^c：取消最近一次保存，恢复保存修改前的内容。
- ^t：拼写检查。
- ^6：精确选择剪切，先把光标移动到开始剪切的位置，然后按 Ctrl + 6 键，接着移动光标到需要剪切的文本末尾（选中内容会产生反白现象），最后按 Ctrl + k 键完成精确剪切。

3.4　案例——三酷猫编辑账单

三酷猫想把自己平时销售海鲜的账单存放到 Linux 目录下，以供自己随时调用和查看。
账单名称：seafood.txt
账单内容：销售店号 1000 海鲜一号店
销售日期：2021 年 4 月 17 日星期六
销售数量：黄鱼 120 斤，带鱼 289 斤
销售金额：黄鱼 10 080 元，带鱼 11 560 元
销售记录员：三酷猫

1）使用 PowerShell 远程登录 CentOS 7 操作系统。

2）查看当前目录下是否存在 seafood.txt，执行如下命令：

```
# ls -a
```

3）创建新记账单，执行如下命令：

```
vim seafood.txt
```

4）按“i”键进入编辑模式。

5）按 Esc 键进入普通模式，然后执行“:wq”命令保存记账单，如图 3.18 所示。

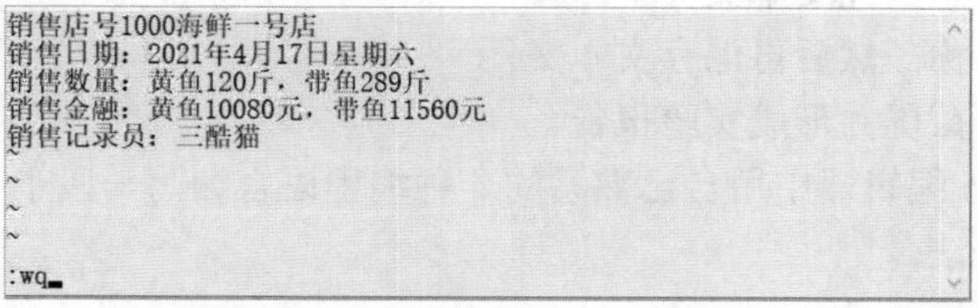
```
销售店号1000海鲜一号店
销售日期：2021年4月17日星期六
销售数量：黄鱼120斤，带鱼289斤
销售金融：黄鱼10080元，带鱼11560元
销售记录员：三酷猫
~
~
~
~

:wq
```

图 3.18　保存记张单

3.5　练习和实验

一．练习

1．填空题

1）Vi 主要有（　　）、（　　）、（　　）和（　　）4 种模式。

2）Vi 从编辑模式切换到普通模式需要按（　　）键。

3）在 Vim 多窗口编辑模式下，按（　　　）键可以实现窗口间的切换。

4）在 Vim 编辑器里，按（　　　）键进入补全状态，按（　　　）键启动全能补全。

5）（　　　）为当前用户 Vim 编辑器的配置文件。

2. 判断题

1）在 Vi 普通模式下，按 e 键进入编辑模式，在编辑模式下，按 Ctrl+p 键粘贴已复制到缓存里的内容。　　　　　　　　　　　　　　　　　　　　　　　　　　　（　　　）

2）/etc/vimc 是 Vim 全局配置文件，其配置会影响所有用户使用 Vim 编辑器。

（　　　）

3）使用 Vim 进行多文件编辑时，在命令行模式下，按 n 键翻动到前一个文件，按 N 键翻动到后一个文件。　　　　　　　　　　　　　　　　　　　　　　　　　　　（　　　）

4）使用 Vim 编辑器对 HTML 和 Python 等代码文件进行编辑时，需要安装相应的插件才能拥有关键字补全功能。　　　　　　　　　　　　　　　　　　　　　　　（　　　）

5）Vi 进入编辑模式后，就可以进行粘贴、删除和复制等操作了。　　　　（　　　）

二．实验

实验 1：用 Vi 编辑器编写个人信息。

1）个人信息包括姓名、英文名字、班级、学号、学校和专业。

2）保存上述信息到纯文本文件中。

3）增加课程名称，然后再保存文本文件。

4）对上述过程截屏并形成实验报告。

实验 2：在 Vim 编辑器中用自己熟悉的一种编程语言编写一段小程序。要求：

1）使用高亮语法。

2）补全关键字。

3）编译代码。

4）对上述过程截屏并形成实验报告。

第 4 章　目录和文件

Linux 系统目录（Directory）用于分类存放各种文件，这和 Windows 系统目录有很大的不同。Linux 系统目录的结构为树状结构，像一棵倒置的树，顶级目录是根目录，往下是其他不同的目录，像是树的枝丫，直到最末梢的叶子就是文件。"一切皆文件"是 Linux 的基本哲学。Linux 中的所有资源都是以文件的形式保存和管理的，普通文件是文件，目录（Windows 下称为文件夹）是文件，硬件设备（键盘、监视器、磁盘、打印机）是文件，网络通信等资源也是文件。掌握目录结构与文件的使用在 Linux 学习中非常重要。本章的主要内容如下：

- 系统目录；
- 文件；
- 查看文件内容；
- 遍历查找；
- 链接文件。

4.1　系　统　目　录

系统目录用于存放文件，因此我们需要先了解系统目录的结构，掌握目录的基本操作命令，熟悉路径的类型。

4.1.1　系统目录结构

Linux 的所有资源都保存在"/"（根目录）之下。为了避免不同 Linux 版本的目录结构有差异，让用户能够清楚地了解每个目录应该存储什么类型的文件，Linux 基金会发布了文件系统层次化标准（Filesystem Hierarchy Standard，FHS），用来规定 Linux 系统中所有的一级目录及部分二级目录的保存规则，因此几乎所有的 Linux 发行版的目录结构都是相同的。

使用 tree 命令可以看到整个目录的结构树。CentOS 7 默认未提供 tree 命令，可以使用 yum install tree 命令在线安装 tree，然后在命令提示符后输入如下命令，即可生成如图 4.1 所示的目录树。

```
#tree - L 1
```

以上目录大致可以分为两类，一类是 FHS 要求必须存在的目录，一类是 FHS 建议可以存在的目录。

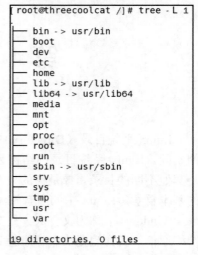

```
[root@threecoolcat /]# tree -L 1
├── bin -> usr/bin
├── boot
├── dev
├── etc
├── home
├── lib -> usr/lib
├── lib64 -> usr/lib64
├── media
├── mnt
├── opt
├── proc
├── root
├── run
├── sbin -> usr/sbin
├── srv
├── sys
├── tmp
├── usr
└── var

19 directories, 0 files
```

图 4.1　输入 tree 命令显示目录树

1．必须存在的目录

FHS 定义的必须存在的目录有如下几种：

（1）"/" 根目录

根目录是整个系统中最重要的目录，没有根目录就如无源之水和无本之木，整个目录系统就不复存在，其他目录都是根目录的衍生物。

（2）/bin 二进制目录

bin 是 Binary 的缩写。二进制目录保存的是系统的基本程序，即以二进制（Binary）形式保存的可执行文件。该目录中保存的是在单人维护模式下还能被操作的指令，如 cat、date、mkdir 和 cp 等。

（3）/boot 开机系统引导目录

开机系统引导目录主要存放开机时会使用的文件，包括 Linux 的核心文件、开机菜单和开机所需要的配置文件等。

（4）/dev 设备目录

dev 就是 Device 的缩写，表示设备的意思，设备目录下存放的是装置与接口设备文件。操作该目录下的这些文件就相当于操作某个设备。

（5）/etc 配置目录

etc 是 Editable Text Configuration 的缩写，也有人认为是 Etcetera（诸如此类）这一单词的缩写。不管是哪种说法，可以确定的是配置目录存放的是系统的主要配置文件。对于该目录下的文件，普通使用者只有读的权限，只有 root 用户才有写的权限。

（6）/lib 函数库目录

lib 是 Library（库文件）的缩写，库文件是可执行的二进制文件的基础代码。函数库目录保存位于/bin 和/sbin 目录下的基本程序所需的库文件，这里的库文件相当于 Windows 下的 dll 文件。需要注意的是，/usr/bin 和/usr/sbin 目录下的程序所需的库文件位于/usr/lib 目录下，而 FHS 还要求必须要有/lib/modules/这个目录，用于存放部分模块驱动程序。

（7）/media 媒体目录

Media 的中文意思是媒体，是移动介质的挂载点，一些诸如 DVD 和 U 盘等即插即用的移动设备被系统识别后，所识别的设备就会作为/media 子目录挂载在系统里。例如，在 Linux 系统里插入一个 U 盘，然后在 "/media" 目录下会自动创建一个子目录，此时就可以在这个子目录里打开 U 盘里的内容。

（8）/mnt 挂载目录

mnt 是 Mount（挂载）的缩写，/mnt 目录用于挂载临时文件系统。/media 自动挂载文件系统，而/mnt 需要管理员手动挂载。

（9）/opt 辅助目录

opt 是 Optional（可选）的缩写，/opt 目录用于安装或保存用户自选的第三方应用程序。

（10）/run 运行信息存放目录

运行信息存放目录是一个新目录，用于存放 Linux 操作系统启动后所产生的状态信息文件。早期的 FHS 规定系统开机后所产生的状态信息文件保存在"/var/run"目录下，而新版的 FHS 规定其保存在/run 目录下。

（11）/sbin 超级用户命令存放目录

这里的 s 是 SuperUser（超级用户）或者 Sudo（超级权限操作）的意思。/sbin 和/bin 目录类似，它保存一些用于系统管理的程序，二者的区别是/bin 目录保存只能由 root 或 sudo 用户运行的可执行的二进制文件，如 fdisk、ifconfig 和 reboot 等。/sbin 目录下存放的是在开机过程中所需要的开机、修复和还原系统的指令。某些服务器程序一般保存在/usr/sbin 目录下，本机自行安装的软件所产生的系统执行文件则保存在/usr/local/sbin 目录下。

（12）/srv 网络服务目录

srv 是 Service（服务）的缩写。在/srv 目录下保存的是系统提供服务的数据。例如，使用 Apache 服务器软件为网站提供 HTTP 服务，那么可以把网站的文件存储在/srv 目录的一个子目录下。再如，WWW 服务器所需要的网页资料可以放在/srv/www 目录下。

（13）/tmp 临时文件目录

tmp 是 Temporary（暂时）的缩写。按照 FHS 标准，/tmp 目录用于保存应用程序的临时文件。和/run 目录相比，Linux 系统在下一次启动时会清空/run 目录下的数据，但是对于/tmp 目录不一定需要这么做。但 FHS 建议在开机时应清空/tmp 目录下的数据，并且不要将重要的数据放在该目录下。同时，/run 里的数据不是公共可写的，而/tmp 里的数据是公共可写的，因此/run 下的数据更加安全。也有人认为，既然有了/run，那么就不一定再需要/tmp 了。

（14）/usr 用户资源目录

usr 是 User（用户）的缩写。最初，/usr 是放置用户主目录的地方，现在已经变成/home。但是这个目录的名称并没有改变，其含义已经从"所有与用户相关的数据"变为"用户可用的程序和数据"，因此现在有些人可能会将此目录称为用户系统资源（User System Resource），而不是最初预期的"用户"。/usr 目录用于存放用户的应用程序和文件，其下包含系统中迄今为止规模最大的共享数据。/usr 是系统最重要的目录之一，它保存所有用户的二进制文件、用户文件、库文件、头文件，X-Windows 及其支持库也可以在这里找到，如 Telnet 和 FTP 等用户程序也放在这里。

（15）/var 可变数据文件目录

var 是 Variable（变量）的缩写。/var 目录相当于/usr 目录的可写副本，在正常操作时必须是只读的，那些经常被修改的目录和文件会保存在/var 目录下，例如可以在/var/log中找到日志文件。

这里需要强调一下的是，在/var 下面也有一个 tmp，这和/tmp 有什么区别呢？/var/tmp用于保存那些在系统重新启动之前需要保留的临时文件或目录，它所保存的临时文件的生命周期比/tmp 要长一些。在默认情况下，/tmp 下的数据会 10 天被清理一次，而/var/tmp下的数据是每 30 天被清理一次，同时/tmp 下的数据在每次启动系统时会被删除。

2．可以存在的目录

FHS 定义的可以存在的部分常用目录有如下几种：

（1）/home 家目录

家目录下有每个用户的个人目录，该目录用于存放用户的个人数据和用户的特定配置文件，这些目录是用户在 Linux 系统中的主目录，以用户的登录名命名。例如，三酷猫的登录名是 cat123，那么三酷猫的主目录为/home/cat123。在通常情况下，用户只能对属于自己的家目录进行写入访问，就像住在自己的家里是合法的，而没有经过别人的允许是不能随便去别人家里一样，只有权限提升为 root 用户后，才能修改系统中的其他文件。

（2）/root 根用户的主目录

根用户的主目录 root 是根用户 root 的家目录，不要把它和"/"混淆了，"/"是系统的根目录。root 用户的家目录不在/home/root 下，而是位于/root 下。

（3）/proc 内存虚拟目录

proc 是 Process（进程）的缩写。/proc 是一个虚拟目录，该目录下存放的数据都在内存中，是系统内存的映射。可以通过直接访问这个目录来获取系统的运行信息，如系统核心、进程和网络状态等。因为该目录下的数据都是存放在内存中，因此不占用任何磁盘空间。

（4）/sys 硬件虚拟目录

sys 是 System（系统）的缩写。/sys 目录其实跟/proc 目录非常类似，也是一个虚拟的文件系统，主要用于记录核心信息以及与系统硬件相关的信息，包括目前已加载的核心模块与侦测到的硬件装置信息等，这个目录同样不占用磁盘空间。

3．目录操作示例

熟悉了上述目录之后，就可以在 Linux 命令提示符下具体体验一下了。先切换到/usr目录并运行 ls 命令：

```
# cd /usr
#ls
```

执行结果如图 4.2 所示。

```
bin  etc  games  include  lib  lib64  libexec  local  sbin  share  src  tmp
```

图 4.2　usr 目录下的子目录

从图 4.2 中可以发现，usr 目录下也有 bin、etc、lib、sbin 和 tmp 等子目录，它们的作用如下：

（1）验证 bin 子目录

- /usr/bin：这个目录就是/bin，用命令显示结果如图 4.3 所示。

```
[root@ThreeCoolCat ~]# ls -l /bin
lrwxrwxrwx. 1 root root 7 6月  29 2020 /bin -> usr/bin
```

图 4.3　显示 bin 子目录的属性

看到/bin 后面的那个箭头了吗？它是指/bin 链接到了 usr/bin。

📑 **说明**：/bin -> usr/bin 类似于 Windows 系统中的快捷方式，是一种 linkable 类型的文件，因此该文件属性的第一个字母是小写的 l。

（2）其他子目录

- /usr/etc：可以看成用户安装程序的配置文件存放目录。
- /usr/games：这是历史遗留的问题，以前游戏也是 Linux 系统的可选部分，因此出现了这么一个目录。此外还有/usr/lib/games、/usr/local/games、/usr/share/games、/var/games 和/var/lib/games 也是同样的情况。
- /usr/include：存放系统的所有通用 C 语言头文件。
- /usr/lib：这个目录就是/lib，它和/usr/bin 是类似的，如图 4.4 所示。

```
[root@ThreeCoolCat usr]# ls -l /lib
lrwxrwxrwx. 1 root root 7 6月  29 2020 /lib -> usr/lib
```

图 4.4　显示 lib 子目录的属性

- /usr/lib64：和/usr/lib 类似，usr/lib64 用于 64 位库，而/usr/lib 用于 32 位兼容库，64 位库是/lib64 链接的目标。
- /usr/ libexec：用于存放由其他程序执行的系统守护程序和实用程序。也就是说，放在这个目录下的二进制文件是供其他程序使用的，而不是供用户直接执行的。
- /usr/local：这个目录是用户自行在本地安装的应用程序的存储位置。在某些情况下，要使用的程序可能已经安装在系统里了，如安装在/usr/sbin 下，但还可以通过本地编译源代码的方式在/usr/local/sbin 下再安装一个该程序的不同版本，而且还可以通过设置环境变量，让系统默认执行/usr/local/sbin 里的版本。即使系统升级了，也只是更新/usr/sbin 里的版本，而不会覆盖/usr/local/sbin 里的版本。/usr/local/跟/usr 有点像，这个目录里也包含 bin、etc、games、include、lib、lib64、libexec、sbin、share 和 src 等子目录，只不过这些目录用于存放本地安装的软件及其配置文件、头文件及所需的库文件等。

- /usr/sbin：和/usr/bin 类似，该目录其实就是/sbin。
- /usr/share：用于存放那些不需要修改的数据程序或包（如果是在本地安装的，则应该存放在/usr/local/share 下）。在该目录下放置的数据几乎都是文本数据，可以任意读取。FHS 建议在/usr/share 中使用划分更细的子目录，使用单个文件的应用程序可以使用/usr/share/misc 目录。
- usr/tmp：指向/var/tmp 的链接，如图 4.5 所示。

```
[root@ThreeCoolCat usr]# ls -l /usr/tmp
lrwxrwxrwx. 1 root root 10 6月  29 2020 /usr/tmp -> ../var/tmp
```

图 4.5　显示 tmp 子目录的属性

4．利用ls命令查看目录

我们再从另外一个角度回顾一下这些目录。用 ls 命令查看目录，结果如图 4.6 所示。

```
[root@ThreeCoolCat /]# ls -l /
总用量 32
lrwxrwxrwx.   1 root root      7 6月   29 2020 bin -> usr/bin
dr-xr-xr-x.   6 root root   4096 6月   29 2020 boot
drwxr-xr-x.  20 root root   3300 5月    4 10:03 dev
drwxr-xr-x. 177 root root  12288 5月    4 10:03 etc
drwxr-xr-x.   3 root root     16 6月   29 2020 home
lrwxrwxrwx.   1 root root      7 6月   29 2020 lib -> usr/lib
lrwxrwxrwx.   1 root root      9 6月   29 2020 lib64 -> usr/lib64
drwxr-xr-x.   2 root root      6 4月   11 2018 media
drwxr-xr-x.   3 root root     18 6月   29 2020 mnt
drwxr-xr-x.   3 root root     16 6月   29 2020 opt
dr-xr-xr-x. 237 root root      0 5月    4 10:03 proc
dr-xr-x---.  21 root root   4096 5月    4 10:04 root
drwxr-xr-x.  57 root root   1560 5月    4 10:08 run
lrwxrwxrwx.   1 root root      8 6月   29 2020 sbin -> usr/sbin
drwxr-xr-x.   2 root root      6 4月   11 2018 srv
dr-xr-xr-x.  13 root root      0 5月    4 10:03 sys
drwxrwxrwt.  40 root root   4096 5月    4 10:31 tmp
drwxr-xr-x.  13 root root    155 6月   29 2020 usr
drwxr-xr-x.  24 root root   4096 6月   29 2020 var
```

图 4.6　用 ls 命令显示系统目录

在图 4.6 中，最左侧的一列是文件的属性，首字母 d 表示该文件是目录，首字母 l 表示该文件是链接文件，其他字母所代表的含义将在后续章节中逐步介绍。

4.1.2　目录的基本操作命令

在 Linux 系统中，每个文件都保存在目录下，Linux 目录就像 Windows 系统上的文件夹。Linux 目录是一个树状的层次结构：一个目录可能包含其他目录，称为子目录，子目录本身可能包含其他文件和子目录，以此类推。Linux 的目录操作也类似于 Windows 系统中的文件夹操作，对目录的基本操作主要有切换、查看、创建和删除等。

1. 切换目录命令：cd

cd 是 Change Directory 的缩写，是切换目录的意思，即允许将工作目录从当前的目录切换到目标目录。

命令格式如下：

```
cd [dirName]
```

其中，dirName 可以为绝对路径或相对路径。绝对路径或相对路径的相关内容参见 4.1.3 小节。如果省略目录名称，则切换至用户的主目录。

【示例 4.1】切换目录。

```
[root@threecoolcat ~]# cd /              #切换到根目录
[root@threecoolcat /]# ls               #列出内容看看是否真的切换到"/"目录了
bin boot dev etc home lib lib64 media mnt opt proc root run
sbin srv sys tmp usr var
[root@threecoolcat /]# cd /home         #切换到/home 目录
[root@threecoolcat home]# ls            #列出/home 目录下的文件和文件夹
ly
[root@threecoolcat home]# cd            #省略目录名称，切换至用户的主目录
[root@threecoolcat ~]#                  #切换至用户的主目录
```

2. 查看当前目录命令：pwd

pwd 是 Print Work Directory 的缩写，即打印工作目录的意思。在 Linux 的日常操作中，在不同的目录之间切换时可能会忘记当前所在目录。使用 ls 查看当前工作目录的方法略显笨拙，而且也没有哪个标准规定一个目录下只能包含特定且唯一的子目录。因此使用 ls 没有办法确认当前位置到底是在哪一个目录下，而使用 pwd 命令就可以明确显示当前的工作目录。

命令格式如下：

```
pwd [--help][--version]
```

选项说明：

- --help：在线帮助。
- --version：显示版本信息。

【示例 4.2】pwd 命令的使用。

```
[root@threecoolcat ~]# cd /home/ly        #切换至一个目录
[root@threecoolcat ly]#
[root@threecoolcat ly]# pwd               #显示当前的工作目录
/home/ly                                  #就是此处切换的目标目录
```

3. 创建目录命令：mkdir

mkdir 是 Make Directory 的缩写，即创建目录的意思。该命令用于创建一个新目录。

```
mkdir [-p] dirName
```

选项说明：

- -p：确保目录名称存在，不存在的话就创建一个。

【示例 4.3】mkdir 命令的使用。

```
[root@ threecoolcat ly]# pwd
/home/ly
[root@ threecoolcat ly]# ls -l test
ls: 无法访问 test: 没有那个文件或目录          #确认当前文件夹不存在 test 目录
[root@threecoolcat ly]# mkdir test             #创建一个 test 目录
[root@ threecoolcat ly]# ls -l
总用量 0
drwxr-xr-x. 2 root root  6 May  5 21:07 test   #test 目录已创建

[root@ threecoolcat ly]# mkdir -p test
[root@ threecoolcat ly]# ls -l
总用量 0
drwxr-xr-x. 2 root root  6 May  5 21:07 test   #目录已存在，保持原样

[root@ threecoolcat ly]# ls -l test123         #查看是否存在 test123
ls: 无法访问 test123: 没有那个文件或目录        #不存在该名称表示的文件或目录
[root@ threecoolcat ly]# mkdir -p test123
[root@ threecoolcat ly]# ls -l
总用量 0
drwxr-xr-x. 2 root root  6 May  5 21:14 test123 #如果不存在，则创建一个目录
```

4．删除目录命令：rmdir

rmdir 是 Remove Directory 的缩写，该命令用于删除空目录，注意是空目录。

命令格式如下：

```
rmdir [-p] dirName
```

选项说明：

- -p：当子目录被删除后使主目录成为空目录的话，则使用该命令将其一并删除。

【示例 4.4】rmdir 命令的使用。

```
[root@ threecoolcat ly]# cd test
[root@ threecoolcat test]# ls
[root@ threecoolcat test]# mkdir subtest       #创建一个子目录
[root@ threecoolcat test]# cd ../              #返回上一级目录
[root@ threecoolcat ly]# ls -R                 #看看是不是创建 subtest 目录
.:
test

./test:
subtest                                        #在这里可以发现新建的目录

./test/subtest:
[root@ threecoolcat ly]# rmdir test            #不加 p 选项
rmdir: 删除 "test" 失败：目录非空
[root@ threecoolcat ly]# rmdir -p test/subtest #试试 p 选项
```

```
[root@ threecoolcat ly]# ls -R
.:                                              #test 和子目录都被删除了
```

4.1.3　路径

路径（path）是操作目录与文件的重要概念。在 Linux 系统中想要找到某一个文件或者目录，需要知道它的存储路径。就像要到达某个地点，需要决定走哪条路并列出该条路线一样，这个路线就是路径，它代表一个文件或目录在 Linux 目录结构中的唯一位置。路径在表示方法上由斜杠"/"、数字、字母及其他字符组成。路径分为绝对路径和相对路径两种。

1．绝对路径

举个例子：三酷猫想要从南京到北京故宫去旅游，它选择乘坐高铁，在南京市上车后将途经徐州市、济南市和天津市后到达北京市，然后前往故宫。它的路径是：南京市→徐州市→济南市→天津市→北京市→故宫。如果将南京市视为根目录"/"，故宫是需要找的一个目录或文件，那么绝对路径是指从根目录"/"开始的目录或文件的位置。换句话说，绝对路径是从根目录"/"开始的实际文件的完整路径。例如图 4.7 中的虚线就是一条绝对路径，可以使用/home/cat123/来表示。

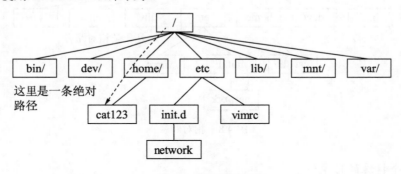

图 4.7　绝对路径

可以看到，所有的路径都是从"/"开始的，然后按照上一级目录（也称为父目录）写在左侧的方式，从左向右一直到目标文件或目录，这中间包含根目录和目标文件或目录之间的所有目录名。除了第一个正斜杠"/"表示根目录之外，路径中的所有斜杠都表示目录分隔符。因为绝对路径总是从根目录"/"开始的，所以不管把工作目录切换到什么位置（目录下），所引用的同一个路径总是指向同一个目标文件或者目录。

📖 **说明**：我们把一个目录的上一级目录称为父目录，而把该目录里包含的目录称为该目录的子目录。

2. 相对路径

依然以三酷猫先生举例。它在北京游玩了故宫之后还想去颐和园，那么它只需要在北京市内搭乘地铁或公交车直接去颐和园就可以了，而不需要大费周章地回到南京市，再搭乘高铁去北京市再去颐和园，那么这种在当前目录下直接访问文件或目录的路径就是相对路径。相对路径是指一个文件或目录"相对"于当前工作目录的位置。

在 Linux 系统中，每个目录都包含"点（.）"和"点点（..）"，在每个目录被创建的时候，都会在目录里同时创建"点（.）"和"点点（..）"。在默认情况下，这些点在目录里是隐藏的，只有在 ls 命令后面加上 a 选项，才能显示出来。"点（.）"表示目录本身，"点点（..）"则表示上一级目录，Linux Shell 允许通过"点（.）"和"点点（..）"访问当前目录和上一级目录。使用这些点，可以从当前位置构建任何文件或目录的相对路径。与绝对路径一样，在相对路径里，上一级目录的名称写在左侧。有一点与绝对路径不同，相对路径中的所有斜杠都表示目录分隔符。

如图 4.8 所示，如果当前目录是/etc/vimrc/，需要访问/etc/init.d/network/这个目录，则可以在/etc/vimrc/目录下直接使用 cd ../init.d/network。

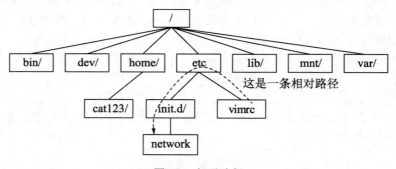

图 4.8　相对路径

📖 说明：几个特殊的目录:
- .　代表当前层的目录;
- ..　代表上一层的目录;
- -　代表前一次使用的目录;
- ~　代表当前用户的家目录;
- ~用户名，代表"用户名"这个用户的家目录。

4.2　文　件

在 Linux 系统中，"一切皆为文件"，可见文件对于系统的重要性，掌握文件的管理是学习 Linux 系统的基本要求。文件最基本的操作包括读取文件属性、创建文件、复制文件、移动文件和删除文件等。

4.2.1 读取文件属性

在 Linux 中，文件（包括目录）的详细属性可以用 stat 命令查看。

命令格式如下：

```
stat [tfC] [文件名或目录名，或 *]
```

通配符"*"代表当前目录下的所有文件及子目录的详细信息。

参数说明如下：

- -t：以简洁的方式输出。
- -f：不显示文件属性本身的信息，只显示文件所在的文件系统的详细信息。
- -C：显示文件权限信息。

【示例 4.5】stat 命令的使用。

利用 stat 命令查看目录和文件的详细属性。

先用 ls 命令查看用户登录 Linux 系统后的目录内容，显示如下：

```
# ls
CovidServer       hello.py  Public        ThreeCoolCat-master.zip
Desktop           key.py    Python-3.8.6          ThreeCoolCat-threecoolcat
Documents         logs      Python-3.8.6.tgz      threecoolcat.zip
Downloads         Music     Python-3.8.6.tgz.1   threecoolcat.zip.1
frp_0.34.2_linux_amd64.tar.gz       nacos     seafood.txt            touhou
harbor-online-installer-v2.0.2.tgz  one.java  tags                  videos
hello2.java                         one.pl    Templates             Videos
hello.c                             one.txt   teststamp
hello.go                            Pictures  ThreeCoolCat-master
```

从以上显示的内容中可以发现有目录和文件（带扩展名）。利用 stat 查看 Downloads，执行结果显示如下：

1. 读取目录属性

```
# stat Downloads
  File: 'Downloads'
  Size: 4096          Blocks: 8          IO Block: 4096   directory
Device: fd01h/64769d   Inode: 532762     Links: 2
Access: (0755/drwxr-xr-x) Uid: (   0/    root)  Gid: (   0/    root)
Access: 2021-05-06 18:24:30.821728528 +0800
Modify: 2021-04-17 14:22:57.590941456 +0800
Change: 2021-04-17 14:22:57.590941456 +0800
 Birth: -
```

显示结果的第 2 行中出现了 directory，这说明 Downloads 是一个目录。

另外还发现该目录存在 3 种时间属性：

- Access：读取目录的时间，任意读取该目录的命令操作（如 ls 命令），都会引起 Access 的记录更新；如以上显示的最近一次访问该目录的时间为 2021-05-06 18:24:30. 821728528 +0800。
- Modify：修改目录的时间，修改目录时记录的修改时间。
- Change：修改目录属性的时间，如修改权限、时间等属性时记录的修改时间。

2. 读取文件属性

用 stat 命令查看 hello.py 文件的详细属性。显示结果类似目录属性的详细信息，主要区别是这里显示的第二行最后面为 regular file，表示 hello.py 是一个常规文件。

```
# stat hello.py
  File: 'hello.py'
  Size: 45          Blocks: 8          IO Block: 4096   regular file
Device: fd01h/64769d    Inode: 399243        Links: 1
Access: (0644/-rw-r--r--)  Uid: (    0/    root)  Gid: (    0/    root)
Access: 2021-04-15 11:00:25.799556120 +0800
Modify: 2021-04-15 10:59:24.301855892 +0800
Change: 2021-04-15 10:59:24.301855892 +0800
 Birth: -
```

其中，Access 用于记录读取文件的时间，Modify 用于记录修改文件的时间，Change 用于记录修改文件属性的时间。

📖说明：ls 和 stat 命令都可以用于显示文件的属性信息，但是 stat 命令提供的信息更加详细。

4.2.2　创建文件

在 Linux 里，touch 命令的主要功能是修改文件的时间戳（Timestamp）[①]，如果目标文件不存在，则创建一个新的空文件。所有的 Linux 文件都带时间戳。

命令格式如下：

```
touch [参数] 文件名
```

常用的参数如下：

- -a：即 access，意思是改变文件的读时间戳。
- -c：即 create，如果目标文件不存在，则不创建新的文件，相当于--no-create。
- -d：即 date（日期），设置时间与日期，可以使用各种不同的格式。
- -m：即 modify，意思是改变修改文件的时间戳。

---

　　① 时间戳是 UNIX 的一种时间表示方式，定义为从格林威治时间 1970 年 01 月 01 日 08 时 00 分 00 秒起至现在的总秒数。例如，2021 年 5 月 13 日 21 时 35 分 20 秒的时间戳是 1620912920。

- -t：即 time（时间戳），设置文件的时间戳，格式与 date 命令相同。

【示例 4.6】在 Linux 的终端命令提示符下，通过 touch 命令创建新的文件。

```
# ls helloworld                          #确认 helloworld 是否已存在
ls: cannot access helloworld: No such file or directory
# touch helloworld                       #运行 touch 命令
# ls -l helloworld                       #列出文件 helloworld
-rw-r--r--. 1 root root 0 Mar 29 11:00 helloworld #刚刚创建的文件
```

通过 root 用户创建了一个文件名为 helloworld 的空文件。

可能有读者已经产生了一点困惑，为什么"创建"一个文件的命令使用 touch，而不是 create 或者 new 呢？而且运行 mantouch 命令查看帮助手册可以看到，touch 的功能是 Change File Timestamps——改变文件时间戳，并不是创建文件。基于这个问题，需要对 touch 命令做一个必要的说明。

1. 文件时间属性

在 Linux 文件系统里，每个文件都带有时间戳，并且都会保存最后一次读取时间（LastAccessTime，简称 Atime）、最后一次修改时间（LastModifyTime，简称 Mtime）及最后一次状态改变时间（LastChangeTime，简称 Ctime）的信息。

（1）读取时间

当文件或目录被 touch 命令读取（访问目录也是读取操作）时，系统就会更新读取（Access，访问）时间 Atime。

在 Linux 的终端命令提示下，通过 stat 命令显示文件属性的时间，示例如下：

【示例 4.7】用 touch 命令创建一个新的空文件，然后用 stat 命令查看新建的文件。

```
# touch teststamp                       #创建一个文件
# stat teststamp                        #stat 命令用于查看文件属性的详细信息
  File: 'teststamp'
  Size: 0            Blocks: 0          IO Block: 4096   regular empty file
Device: fd00h/64768d   Inode: 51831254    Links: 1
Access: (0644/-rw-r--r--)  Uid: (    0/    root)  Gid: (    0/    root)
Context: unconfined_u:object_r:admin_home_t:s0
Access: 2021-03-31 15:28:47.993195905 +0800
Modify: 2021-03-31 15:28:47.993195905 +0800
Change: 2021-03-31 15:28:47.993195905 +0800
Birth: -
```

先用 touch 命令创建新文件，然后用 stat 命令查看 teststamp 文件，可以发现，显示的 3 个时间都变成了当期时间。如果只是用 stat 命令则时间不变。

（2）修改时间

当文件或目录的内容发生变化时，系统就会自动更新时间。例如，运行命令 vimteststamp，然后输入 hello world 或其他任意内容，然后保存并退出至命令提示符状态，最后用 stat 命令查看 teststamp 文件属性的详细信息。可以发现，teststamp 的修改时间已被更新，同时读取时间和状态时间也发生了变化。

【示例 4.8】观察 3 种时间的变化。

```
# vim teststamp
# stat teststamp
  File: 'teststamp
  Size: 11           Blocks: 8          IO Block: 4096   regular file
Device: fd00h/64768d   Inode: 51831287   Links: 1
Access: (0644/-rw-r--r--) Uid: (   0/   root) Gid: (   0/   root)
Context: unconfined_u:object_r:admin_home_t:s0
# teststamp 的读取时间已被更新
Access: 2021-03-31 15:40:41.497507275 +0800
# teststamp 的修改时间已被更新
Modify: 2021-03-31 15:40:41.497507275 +0800
# teststamp 的状态时间已被更新
Change: 2021-03-31 15:40:41.499507287 +0800
 Birth: -
```

（3）状态时间

当文件的状态改变时会更新状态时间。这里的文件状态不仅指文件的内容，文件的权限与属性变化时也会更新这个时间。

2. touch命令的其他使用方法

【示例 4.9】一次创建多文件。

```
# touch cat123                              #创建一个空文件
# touch cat1 cat2 cat3                      #同时创建多个空文件
# touch {1..10}                             #从 1 到 10 创建 10 个空文件
# touch {A..Z}                              #从 A 到 Z 创建 26 个空文件
# touch {1..100}.cat                        #创建 100 个 cat 文件
# ls -l *.cat
-rw-r--r--. 1 root root 0 Mar 31 16:35 100.cat
......                                      #此处省略若干个*.cat 文件
-rw-r--r--. 1 root root 0 Mar 31 16:35 99.cat
-rw-r--r--. 1 root root 0 Mar 31 16:35 9.cat
```

在应用上，touch 命令通常用于数据备份、编译命令行接口或者系统安全防范方面。这些应用场景往往只需关心文件的时间戳或者某个文件是否存在，并不关心文件的实际内容，不需要真的读取文件内容或打开文件对其进行修改，如果文件不存在，创建一个空的即可。关键在于，系统管理员需要依赖文件或目录的时间戳来分析文件存储情况，控制源代码的版本，或者检查一些文件是否被系统入侵过。

4.2.3　复制文件

无论使用什么操作系统，复制文件是最常用的操作之一。使用 cp（copy）命令就可以实现将一个文件复制到另外一个新文件中的操作。新旧文件的内容一致，但文件名可以不一致。

命令格式如下：

```
cp [参数] 源文件 目标文件
```

常用的参数如下：

- -a：复制时，尽可能保持文件的结构和属性不变。
- -d：复制符号链接而不是复制它指向的源文件，并且保护源文件的硬链接。
- -f：删除存在的目标文件。
- -i：无论是否覆盖现存文件，都给予提示。
- -l：制作硬链接代替非目录复制。
- -p：保持原始文件的所有者、组、许可和时间表属性。
- -r：递归地复制目录，复制任何非目录和非符号链接。
- -v：在复制前打印出文件名。

【示例 4.10】在/home/ly 目录下新建文件 cat123.txt，然后将其复制到/home/yl 目录下。

```
# ls
perl5 test123 test321  公共  模板  视频  图片  文档  下载  音乐  桌面
# touch cat123.txt
# ls
cat123.txt perl5 test123 test321  公共  模板  视频  图片  文档  下载  音乐
桌面
# cp cat123.txt /home/yl
# cd /home/yl
# ls
cat123.txt  test456
```

【示例 4.11】使用通配符"*"复制文件，将/home/ly 目录下以 cat13 开头的 txt 文件复制到/home/yl 下。

```
# cp cat13*.txt /home/yl
# ls /home/yl
#将 cat130.txt、cat131.txt、cat132.txt 三个文件复制到目标目录中
cat123.txt  cat130.txt  cat131.txt  cat132.txt  test456
```

【示例 4.12】使用不同的参数可以起到不同的作用。

```
# cp -v /home/ly/cat123.txt /home/yl/cat333.txt
"/home/ly/cat123.txt" ->"/home/yl/cat333.txt"#-v 参数可以显示详细的复制过程
# cp -f /home/ly/cat123.txt /home/yl
cp: 是否覆盖"/home/yl/cat123.txt"?
# cp -i /home/ly/cat123.txt /home/yl/123.txt
cp: 是否覆盖"/home/yl/123.txt"?
# cp /home/ly/cat123.txt /home/yl/123.txt
cp: 是否覆盖"/home/yl/123.txt"?
```

从上面的例子可以发现，无论是否有-i、-f 参数，只要源文件和目标文件的名称相同，都会提示是否覆盖名称相同的文件。出于安全性考虑，防止因误操作导致重要文件被覆盖，系统自动为 cp 命令起了一个别名 cp=cp -i。可以使用 alias 命令进行查看：

```
# alias cp
alias cp='cp -i'
```

为了安全起见，建议不要修改别名设置。

4.2.4　移动文件

mv（Move）命令的作用就是将文件系统中的文件从一个位置移动到另一个位置。
命令格式如下：

```
mv [参数] 源文件 目标文件
```

常用的参数如下：

- -b：为现有的每一个目标文件作一个备份但是不接受参数。
- -f：覆盖前永不提示。
- -i：覆盖前提示。
- -u：只移动更老的或者标记新的非目录。
- -v：说明完成了什么。
- --help：显示帮助且退出程序。
- --version：输出版本信息且退出程序。

【示例 4.13】在/home/ly 目录下新建文件 cat123.txt，然后将其移动到/home/yl 目录下。

```
# mv /home/ly/cat123.txt /home/yl
# cd ../yl
# ls
123.txt  cat123.txt  test456              #cat123.txt 被移动至此目录中
# cd ../ly
# ls
cat124.txt  cat131.txt  perl5     test321    #原目录中 cat123.txt 就没有了
```

使用通配符"*"可批量移动名称类似的文件，用法同 cp 命令一致。

【示例 4.14】移动文件。

```
# mv /home/ly/cat*.txt /home/yl
# ls
perl5     test321
# ls /home/yl
123.txt   cat124.txt  cat131.txt  test456  cat123.txt  cat130.txt  cat132.txt
```

【示例 4.15】批量移动同类型的文件。

```
# mv /home/ly/cat*.* /home/yl
mv：是否覆盖"/home/yl/cat123.txt"？
mv：是否覆盖"/home/yl/cat124.txt"？
```

和 cp 命令一样，无论是否有-i、-f 参数，只要源文件和目标文件名称相同，都会提示
是否覆盖名称相同的文件。为了安全起见，防止误操作导致重要文件被覆盖，系统自动给
mv 命令起了个别名"mv=mv -i"。可以使用 alias 命令进行查看：

```
# alias mv
alias mv='mv -i'
```

为了安全起见，依然建议不要修改别名设置。

4.2.5 删除文件

rm（remove）命令用于删除文件，它是彻底地删除文件。Linux 没有 Windows 系统中的垃圾箱或回收站之类的装置，因此使用此命令时一定要谨慎。

命令格式如下：

```
rm ［参数］文件
```

常用的参数如下：

- -d：移除目录，而且不要求目录为空。
- -f：忽略不存在的文件，并且从不向用户提示。
- -i：提示是否移除每个文件。如果回答是否定的，文件将被跳过。
- -r：递归地移除目录中的内容。
- -v：在移除每个文件之前打印其名称。

【示例 4.16】删除/home/ly 目录下的 cat123.txt 文件。

```
# cd /home/ly                          #切换到/home/ly 目录下
# ls                                    #查看 cat123.txt 文件是否在目录下
cat123.txt
# rm cat123.txt                        #不加参数删除
rm: 是否删除普通空文件 "cat123.txt"？ n   #询问是否删除
# rm -f cat123.txt                     #加参数-f，不询问直接删除
```

【示例 4.17】使用通配符"*"可批量删除名称类似的文件。

```
# rm cat*.txt                          #删除/home/yl 目录下所有 cat 开头的 txt 文件
rm: 是否删除普通空文件 "cat123.txt"？ n #询问是否删除
rm: 是否删除普通空文件 "cat124.txt"？ n
rm: 是否删除普通空文件 "cat125.txt"？ n
rm: 是否删除普通空文件 "cat130.txt"？ n
rm: 是否删除普通空文件 "cat131.txt"？ n
rm: 是否删除普通空文件 "cat132.txt"？ n
# rm -f cat*.txt                       #加参数-f，表示不询问直接删除
# ls
123.txt   test456
```

【示例 4.18】删除整个目录中的文件。

```
# rm /home/yl
rm: 无法删除"/home/yl"：是一个目录        #不加参数直接删除目录不成功
# rm -rf /home/yl                      #使用两个参数-rf，表示强制递归删除
# ls /home/yl
ls: 无法访问/home/yl：没有那个文件或目录    #包括目录全部删除成功
```

说明：如果不使用-rf 参数的话，需要先将目录中的文件全部删除，再使用 rmdir 命令删除空目录。一定要谨慎使用 rm-rf 命令，否则会误删除整个文件系统！

和 cp 命令类似，rm 命令没有设置参数时，提示是否确认删除文件。基于安全考虑，防止误操作导致重要文件被删除，系统自动为 rm 命令起了一个别名"rm=rm -i"。可以使用 **alias** 命令进行查看：

```
[root@threecoolcat yl]# alias rm
alias rm='rm -i'
```

为了安全起见，依然建议不要修改别名设置。

4.3　查看文件内容

大多数 Linux 系统的优点之一就是主要的系统配置、日志和信息文件都是文本文件。可以使用很多软件命令来查看这些文本文件的内容，即便不是文本文件，仍然可以查找关于这些文件的一些信息。本节将介绍在阅读文本文件或其他文件时会使用的一些命令。

4.3.1　直接查看文件

cat（concatenate，中文为连接的意思）命令是用于显示文本文件中所有数据的得力工具。

命令格式如下：

```
cat [参数] 文件
```

常用的参数如下：

- -A：等价于-vET，可列出一些特殊字符而不是空白。
- -b：给非空输出行编号。
- -n：给所有输出行编号。
- -v：列出一些看不出来的特殊字符。

【示例 4.19】查看/etc/hostname 文件的具体内容。

```
# cat /etc/hostname
threecoolcat                    #显示文件的具体内容
```

【示例 4.20】用 cat 命令查看文件内容（可以加上行编号）。

```
# cat -n /etc/hostname
     1  threecoolcat            #带有行编号
```

【示例 4.21】参数-n 和-b 的用法演示（区别在于对空行是否编号）。

```
# cat -b issue
     1  \S
```

```
    2   Kernel \r on an \m
                                    #-b 参数表示对空行不编号
# cat -n issue
    1    \S
    2   Kernel \r on an \m
    3                               #-n 参数表示对空行编号
```

【示例 4.22】使用 cat 命令将两个文件的内容进行合并，并输出到另一个文件中或者显示在屏幕上。

```
#将 issue 文件内容与 hostname 文件内容合并后输出到 cat123.txt 文件中
# cat /etc/issue /etc/hostname > /home/ly/cat123.txt
# cat cat123.txt
\S
Kernel \r on an \m

threecoolcat                            #两文件的内容进行了合并
```

说明：cat 命令有个"孪生兄弟"叫 tac 命令，其拼写正好和 cat 相反，它的作用是倒序显示文件内容。假设文件内容有 3 行，cat 命令是逐行显示第 1、第 2 和第 3 行，而 tac 命令则是逐行显示第 3、第 2 和第 1 行。

4.3.2　翻页查看文件

cat 命令有个很大的不足，就是当文件内容较多时，如超过 40 行时，在一屏的情况下无法全部显示，一旦运行该命令就无法控制后面的操作。为了解决这个问题，more 命令就应运而生了。more 命令是一个过滤器，用于分页显示文本，这样就可以通过翻页的方式阅读文件了。

命令格式如下：

```
more [参数] 文件
```

常用的参数如下：

- -num：指定屏幕的行数，以整数表示。
- -d：给用户显示提示信息"[Press space to continue, 'q' to quit.]"，当用户按其他键时，显示"[Press 'h' for instructions.]"，而不是扬声器鸣笛。
- -f：使 more 计数逻辑行，而不是屏幕行。也就是说，长行不会断到下一行。
- -p：不卷屏而是清除整个屏幕，然后显示文本。
- -c：不卷屏而是从每一屏的顶部开始显示文本，每显示完一行就清除这一行的剩余部分。
- -s：把重复的空行压缩成一个空行。
- +/：在显示每个文件前，搜索+/选项指定的文本串。
- +num：从行号 num 开始显示。

使用 more 命令进行翻页时可以用 Return 键一行一行地翻，也可以使用 space 键一页一页地翻，使用 q 命令可以随时退出浏览状态。

【示例 4.23】more 命令的使用。

```
# more /etc/tcsd.conf                       #使用more命令查看/etc/tcsd.conf文件内容

#
# This is the configuration file for the trousers tcsd. (The Trusted Computing
# Software Stack Core Services Daemon).
#
# Defaults are listed below, commented out
#
# Send questions to: trousers-users@lists.sourceforge.net
#

# Option: port
# Values: 1 - 65535
# Description: The port that the tcsd will listen on.
……
--More--(5%)                                #显示已阅览的百分比
```

和 more 命令类似的命令是 less，其来自俗语 less is more，是 more 的升级版，能够实现在文本文件中前后翻动，而且增加了一些高级搜索功能。读者可以使用 man less 命令去探索 less 命令更多的秘密。

4.3.3　查看部分文件

通常要查看的数据要么在文本文件的开头，要么在文本文件的末尾。如果这些数据是在一个大型的文本文件的起始部分，则需要使用 more 或 less 命令加载完整个文件后才能看到。如果需要的内容在末尾，那么要翻过许多页才能看到，非常不方便，因此 Linux 提供了两个命令 head 和 tail，即头与尾，分别用于查看文本文件的开头及末尾的内容。

命令格式如下：

```
head [参数] 文件
tail [参数] 文件
```

常用的参数如下：

- -c：打印起始的字节。
- -n head：显示起始的 n 行（tail 命令用于显示最后的 n 行），而非 head 命令默认的起始 10 行（tail 命令默认的最后 10 行）。
- -q：不显示文件名的首部。
- -v：显示文件名的首部。

【示例 4.24】显示/etc/tcsd.conf 文件的前 10 行和后 10 行。

```
# head /etc/tcsd.conf                       #相当于 head -10 /etc/tcsd.conf
```

```
#
# This is the configuration file for the trousers tcsd. (The Trusted Computing
# Software Stack Core Services Daemon).
#
# Defaults are listed below, commented out
#
# Send questions to: trousers-users@lists.sourceforge.net
#
```

用 tail 命令显示最后 10 行内容。

```
# tail /etc/tcsd.conf                    #相当于 tail-10 /etc/tcsd.conf
#
# Option: disable_ipv6
# Values: 0 or 1
# Description: This options determines if the TCSD will bind itself to the
# machine's local IPv6 addresses in order to receive requisitions through
# its TCP port. Value of 1 disables IPv6 support, so clients cannot reach
# TCSD using that protocol.
#
#  disable_ipv6 = 0
#
```

4.4　遍历查找

文件的查找是文件系统中非常重要的功能之一，该功能将大大提高工作效率。在 Linux 中关于文件查找有多种命令可以实现。

4.4.1　脚本文件查找

在 Linux 中一切皆文件，包括使用的命令本质上也是文件，是一种脚本文件。这些脚本的完整文件放在何处呢？可以通过 which 命令去查找，返回的结果是文件的绝对路径。

命令格式如下：

```
which [参数] 文件
```

- -n<文件名长度>：指定文件名长度，指定的长度必须大于或等于所有文件中最长的文件名。
- -p<文件名长度>：与-n 参数相同，但此处的<文件名长度>包括文件的路径。
- -w：指定输出时每一个栏目的栏位宽度。
- -V：显示版本信息。

【示例 4.25】查找常用的一些命令文件的位置。

```
# which cd                       #查找 cd 命令文件
/usr/bin/cd                      #显示 cd 命令文件存放的绝对路径
# which rm                       #查找 rm 命令文件
```

```
alias rm='rm -i'                    #还会显示别名
/usr/bin/rm
```

因为 which 命令只是在环境变量$PATH 设置的目录中进行查找，不在这个目录中的文件则查找不到，如 history 命令。

【示例 4.26】history 命令的使用示例。

```
# which history                    #查找不到
/usr/bin/which:  no  history  in (/usr/lib64/qt-3.3/bin:/root/perl5/bin:/
usr/local/bin:/usr/local/sbin:/usr/bin:/usr/sbin:/bin:/sbin:/root/bin)
# type history                     #使用 type 命令，看到 history 是 Shell 的内嵌指令
history 是 Shell 的内嵌
```

4.4.2　查找命令

除了上面说到的 which 命令之外，还有 whereis、locate 和 find 等命令可以进行文件的查找。

1．whereis命令

whereis 命令会在特定目录中查找符合条件的文件，这些文件应属于原始代码、二进制文件或是帮助文件。命令格式如下：

```
whereis [参数] 文件
```

常用参数如下：
- -b：只查找二进制文件。
- -B<目录>：只在设置的目录下查找二进制文件。
- -f：不显示文件名前的路径名称。
- -m：只查找说明文件。
- -M<目录>：只在设置的目录下查找说明文件。
- -s：只查找原始的代码文件。
- -S<目录>：只在设置的目录下查找原始的代码文件。
- -u：查找不包含指定类型的文件。

【示例 4.27】用 whereis 命令查找 mkdir 目录下的文件。

```
# whereis mkdir     #列出 mkdir 文件二进制文件、源代码文件和 man 手册页所在的位置
mkdir: /usr/bin/mkdir /usr/share/man/man1/mkdir.1.gz /usr/share/man/man1p/
mkdir.1p.gz /usr/share/man/man2/mkdir.2.gz /usr/share/man/man3p/mkdir.3p.gz
```

2．locate命令

一般文件的定位需要使用 locate 命令，该命令用于查找符合条件的文档，在保存文档和目录名称的数据库内，查找合乎范本样式条件的文档或目录。命令格式如下：

```
locate ［参数］文件
```

常用参数如下：

- **-b**：仅匹配路径名的基本名称。
- **-c**：只输出找到的数量。
- **-q**：不会显示任何错误信息。
- **-n**：至多显示 *n* 个输出。
- **-h**：显示帮助。
- **-I**：忽略大小写。
- **-V**：显示版本信息。

【**示例 4.28**】locate 命令一般用于查找普通文件。

```
# locate cat123                      #查找 cat123 文件的位置
/home/ly/cat123.txt
```

【**示例 4.29**】在/etc 目录下查找所有以 sh 开头的普通文件，示例如下：

```
# locate /etc/sh                     #查找/etc 目录下所有以 sh 开头的文件
/etc/shadow
/etc/shadow-
/etc/shells
```

3．find命令

find 命令用来在指定目录下查找文件，任何位于参数之前的字符串都将被视为欲查找的目录名。如果使用该命令时不设置任何参数，则 find 命令将在当前目录下查找子目录与文件，并且将查找到的子目录和文件全部显示出来。下面按照几类应用场景分别介绍 find 命令的用法。

1）根据文件名称查找文件，使用格式如下：

```
find -name
```

find 命令用于按照文件名或文件名的一部分查找文件，在默认情况下该命令会自动递归向下搜索目录。

【**示例 4.30**】find 命令的使用。

```
# cd /home/ly                        #切换到某个目录下
# find -name"cat123.txt"             #查找该目录下有无 cat123.txt 文件
./cat123.txt                         #找到
# find -name"*cat*"                  #使用通配符查询
./cat123.txt
```

如果使用相对路径查找，则结果也是相对路径；如果使用绝对路径查找，则结果也是绝对路径。

2）根据拥有者查找文件，使用格式如下：

```
find -user
find -group
```

【示例 4.31】根据拥有者，使用 find 命令查找相应的文件。

```
# find -user root          #查找 ./ly 目录下拥有者名称是 root 的文件
.
./cat123.txt
# find -group root         #查找 ./ly 目录下拥有组名称是 root 的文件
.
./cat123.txt
#查找 /etc 目录下拥有者不是 root 的文件，注意感叹号的用法，表示否定。
# find ! -user root
./pcp/nssdb
./tcsd.conf
./polkit-1/rules.d
./sssd
./sssd/conf.d
```

3）根据文件大小查找文件，使用格式如下：

```
find -size
```

【示例 4.32】使用 find 命令查找指定文件大小范围的文件。

```
# find -size +1M                   #查找 /etc 目录下大于 1MB 的文件
./udev/hwdb.bin
./selinux/targeted/contexts/files/file_contexts.bin
./selinux/targeted/policy/policy.31
./selinux/targeted/active/policy.kern
./selinux/targeted/active/policy.linked
./brltty/zh-tw.ctb
./gconf/schemas/ekiga.schemas

#查找 /etc 目录下大于或等于 2MB 的文件，这里的 -o 也可为 -or，表示或的关系
# find -size +2M -o -size 2M
./udev/hwdb.bin
./selinux/targeted/contexts/files/file_contexts.bin
./selinux/targeted/policy/policy.31
./selinux/targeted/active/policy.kern
./selinux/targeted/active/policy.linked
./brltty/zh-tw.ctb
./gconf/schemas/ekiga.schemas
```

4）根据文件类型查找文件。

根据文件类型查找文件是 find 命令中常用的选项之一，其使用格式如下：

```
find -type
```

具体类型见表 4.1。

表 4.1　文件类型字母及其含义

文件类型字母	含　义
f	常规文件
d	目录
l	符号链接（软链接）

续表

文件类型字母	含　义
b	特殊块文件
c	特殊字符文件
p	FIFO（先进先出）文件
s	套接字

【示例 4.33】根据文件类型参数，用 find 命令查找指定类型的文件。

```
# find -name "ca*" -type d            #查询/etc 目录下以 ca 开头的目录文件
./pki/ca-trust
./lvm/cache
./selinux/targeted/active/modules/100/cachefilesd
./selinux/targeted/active/modules/100/calamaris
./selinux/targeted/active/modules/100/callweaver
./selinux/targeted/active/modules/100/canna
```

【示例 4.34】用 find 命令查找以 l 开头的链接类型的文件。

```
# find -name "l*" -type l             #查询/etc 目录下以 l 开头的链接文件
./X11/fontpath.d/liberation-fonts
./alternatives/ld
./alternatives/libnssckbi.so.x86_64
./alternatives/libjavaplugin.so.x86_64
./alternatives/libwbclient.so.0.15-64
......
......
```

5）根据时间查询文件，使用格式如下：

```
find -amin | -cmin | -mmin
find -atime | -ctime | -mtime
```

时间参数及其含义如表 4.2 所示。

表 4.2　时间参数及其含义

参　　数	时　间	含　义
-amin n	分钟	n分钟前访问过
-cmin n		n分钟前更改过状态
-mmin n		n分钟前修改过数据
-atimen		n*24小时前访问过
-cminn	小时	n*24小时前更改过状态
-mminn		n*24小时前修改过数据

【示例 4.35】用 find 命令，通过时间参数查找以 log 结尾的文件。

```
#在/var 目录下查找 24 小时内修改过数据且以 log 结尾的文件。注意 0 表示 24 小时前的时间至
  当前的时间。
# find -mtime 0 -name "*.log"
```

```
./log/audit/audit.log
./log/gdm/:0.log
./log/gdm/:0-greeter.log
./log/tuned/tuned.log
./log/boot.log
./log/wpa_supplicant.log
./log/vmware-vmsvc-root.log
./log/vmware-network.log
./log/vmware-vmusr-root.log
./log/vmware-vmtoolsd-root.log
./log/vmware-network.1.log
./log/Xorg.0.log
```

【示例 4.36】用 find 命令查找指定分钟内修改过的以 log 结尾的文件。

```
#在/var 目录下查找 60 分钟以内修改过数据且以 log 结尾的文件
# find -mmin -60 -name "*.log"
./log/audit/audit.log

#在/var 目录下前查找 120 分钟至 240 分钟之间修改过数据的常规文件
# find -mmin -120 -a -mmin -240 -type f
./lib/chrony/drift
./lib/rsyslog/imjournal.state
./log/sa/sa12
./log/audit/audit.log
./log/cups/access_log
./log/secure
./log/messages
./log/cron
```

📑说明：查找命令 locate 与 find 的区别是，locate 的查找速度比 find 快，它并不是真的在
硬盘目录里查找，而是查数据库，一般文件的数据库在/var/lib/slocate/slocate.db
下，因此 locate 的查找并不是实时的，而是以数据库的更新为准。数据库一般是
由系统自己维护，也可以手工升级。

4.5　链　接　文　件

在 Windows 系统中，快捷方式是指向源文件的一个链接文件。可以让用户从不同的
位置来访问源文件，源文件一旦被删除或移动到其他地方后，会导致链接文件失效。但是
在 Linux 系统中，"快捷方式"就不太一样了。Linux 系统存在硬链接和软链接两种文件，
用 ln 命令实现。

4.5.1　硬链接

硬链接（Hard Link）可以理解为一个指向源文件的索引节点（inode），它可以存储文

件的属性信息，详见 6.1.1 小节的指针，系统不会为它分配独立的索引节点和文件，因此硬链接的文件与源文件实际上是同一个文件，只是名字不同而已。每增加一个硬链接，该文件的索引节点链接数就会增加 1，而且只有当该文件的索引节点链接数为 0 时，才算彻底将它删除。因此即使删除了源文件，也可以通过硬链接文件进行访问。需要注意的是，不能跨分区对文件进行链接。建立链接用 ln 命令。

命令格式如下：

```
ln [参数] 源文件链接文件
```

常用的参数如下：

- -s：创建软链接（不带-s 参数，默认是创建硬链接）。
- -f：强制创建文件或目录的链接。
- -i：覆盖前先询问。
- -v：显示创建链接的过程。

【示例 4.37】创建硬链接，观察索引节点的变化。

```
# ll                              #在/home/ly 目录下有文件 cat123.txt
-rw-r--r--. 1 root root 13 May  13 10:59 cat123.txt
#在/home/yl 目录下以 cat123.txt 为源文件创建硬链接文件 cat234.txt
# ln /home/ly/cat123.txt /home/yl/cat234.txt
# ll
#看到 cat234.txt 的索引节点数量变成了 2
-rw-r--r--. 2 root root 13 May  13 10:59 cat234.txt
# ll
# cat123.txt 的索引节点数量也变成了 2
-rw-r--r--. 2 root root 13 May  13 10:59 cat123.txt
# cat cat123.txt    #显示 cat123.txt 的内容
threecoolcat
# cat cat234.txt    #显示 cat234.txt 的内容，与源文件内容相同
threecoolcat
# rm cat123.txt     #删除 cat123.txt
# ll
#看到 cat234.txt 的索引节点数量变成了 1
-rw-r--r--. 1 root root 13 May  13 10:59 cat234.txt
# cat cat234.txt    #显示 cat234.txt 的内容，依然可以打开，不受源文件删除的影响
threecoolcat
```

4.5.2 软链接

软链接又称符号链接。相对于硬链接，符号链接好理解多了。符号链接是建立一个独立的文件，而这个文件会让数据的读取指向其链接的那个文件，由于是利用文件作为指向的动作，因此，当源文件被删除之后，软链接文件就会失效。

命令格式如下：

```
ln -s 源文件链接文件
```

【示例 4.38】用 ln 命令创建软链接文件。

```
# ll
#在/home/ly 目录下有文件 cat123.txt
-rw-r--r--. 1 root root 13 May 13 10:59 cat123.txt
#在/home/yl 目录下以 cat123.txt 为源文件创建符号链接文件 cat789.txt
# ln -s /home/ly/cat123.txt /home/yl/cat789.txt
# ll
#cat789.txt 的文件属性最左边出现了 "l" 字母，表示 link 类型，索引节点的数量没有发生变
 化，依然是 1，文件显示箭头指向的形式
lrwxrwxrwx. 1 root root 19 May 13 11:03 cat789.txt -> /home/ly/cat123
# cat cat123.txt              #显示 cat789.txt 的内容，与 cat123.txt 一致
threecoolcat
# rm cat123.txt              #删除 cat123.txt
# cat cat789.txt             #显示 cat234.txt 的内容，打不开了
cat: cat789.txt：没有那个文件或目录
```

说明：硬链接和软链接的区别：

- 硬链接源文件和链接文件共用一个索引节点号，说明是同一个文件，而软链接源文件和链接文件拥有不同的索引节点号，表明是两个不同的文件。
- 在文件属性上软链接明确写出了是链接文件，而硬链接没有写出来，因为在本质上硬链接文件和源文件是完全平等的关系，链接数目是不一样的，软链接的链接数目不会增加。
- 文件大小是不一样的，硬链接文件显示的文件大小与源文件一样，而软链接显示的文件大小与原文件是不同的。

4.6　案例——三酷猫存放它的账单

三酷猫的海鲜店生意越来越红火，每天都要记录几百条账单。seafood.txt 中的内容也越来越多，想查找以前的账单就太不方便了。用 cat seafood.txt 命令显示的账单，在屏幕的一页里已经显示不下，只能用 more seafood.txt 查看账单，翻页显示账单。

三酷猫思考了一下，心想："有办法了，每个分店创建一个路径，路径下存放该店的账单。账单按日期存放，我想看哪一天的，就进入分店的路径，打开那天的账单就好了。"

三酷猫来到计算机前，登录到 Linux 服务器并执行了以下命令：

```
# mkdir shop1000
# cd shop1000
# touch seafood_2021-08-15.txt
# vim seafood_2021-08-15.txt
```

然后用打开的 Vim 编辑器编辑 2021 年 8 月 15 日的账单。第二天可以再创建 seafood_2021-08-16.txt，记录 2021 年 8 月 16 日的账单。

4.7 练习和实验

一．练习

1．填空题

1）Linux 系统的基本程序存放于（　　　）目录下，这些程序是以（　　　）形式保存的可执行文件。

2）绝对路径总是从（　　　）开始的。

3）"."表示（　　　）目录，".."表示（　　　）目录。

4）（　　　）链接文件显示的文件大小跟源文件是一样的，而（　　　）链接显示的文件大小与原文件是不同的。

5）（　　　）命令可以在保存文档和目录名称的数据库内，用于查找合乎范本样式条件的文档或目录。

2．判断题

1）touch 命令可以直接修改文件的状态和时间。　　　　　　　　　　　　　（　　　）

2）which 命令用于查找原始代码、二进制文件和帮助手册。　　　　　　　（　　　）

3）mv 命令用于删除文件。　　　　　　　　　　　　　　　　　　　　　　（　　　）

4）cat、more、head 和 tail 命令用于翻页查看文件内容。　　　　　　　　（　　　）

5）软链接文件与原始文件实际上是同一个文件，只是名字不同而已。　　　（　　　）

二．实验

实验 1：截取系统安全日志的头尾各 10 条记录并将其合并到一个文件中。

1）查看系统安全日志文件的头尾各 10 行记录并截屏。

2）将这些记录合并到一个文件中。

3）查看合并后的文件内容并截屏，然后与第一步的内容进行对比。

实验 2：为一个文件创建软链接和硬链接并删除文件，分别对比该文件删除前后软链接和硬链接的状态信息。

第 5 章　文件系统管理

一般而言，我们在安装操作系统前都会对磁盘进行格式化，以方便对文件数据进行存储和读写。Windows 提供了 NTFS 和 FAT32 格式的文件系统（File System），而 Linux 传统的文件系统格式是 Ext 2（Linux Second Extended File System）及 Ext 3 和 Ext 4。CentOS 7 默认的文件系统为 XFS，它在可扩展性、支持存储容量等方面都占有优势。XFS 是一个 64 位的日志文件系统，目前最大可以支持 9EB 的单个文件系统。本章的主要内容如下：

- 文件系统的原理；
- 查看磁盘内容；
- 创建新磁盘空间；
- 其他常用操作。

5.1　文件系统的原理

磁盘分区后会进行格式化，之后操作系统才能使用文件系统。进行格式化的原因是每种操作系统所设置的文件属性和权限不同，为存放这些文件所需要的数据，就需要进行分区和格式化，以便操作系统能够使用文件系统。每种操作系统能使用的文件系统不相同，在通常情况下，Windows 系统不能识别 Linux 的 XFS 和 Ext 2 等格式的文件系统，但目前的 Linux 系统能识别 Windows 的 NTFS 和 FAT32 格式的文件。了解文件系统的原理，需要理解文件系统的结构及文件类型。

5.1.1　文件系统的结构

Linux 文件系统由三部分组成，分别是文件名、索引节点（Inode）和数据块（Block）。

- 索引节点用于存储文件属性（Attribute）的详细信息，每个索引节点对应一个唯一的节点编号。
- 数据块用于存放文件数据（Data）的内容，每个数据块对应一个唯一的数据块编号。

每个文件对应一个索引节点，每个索引节点记录文件对应若干个数据块编号。

另外，一个 Linux 系统还对应一个超级块（Super Block），用于记录整个磁盘的文件系统的整体信息，包括索引节点和数据块的总量、已用数量与剩余数量，以及文件系统的格式等相关信息。

　　在如图 5.1 所示的 Linux 的一个文件系统结构图中，最上面为超级块，记录整个 Linux 操作系统的所有文件的总信息，中间为索引节点，记录每个文件对应的属性信息，最下面为数据块。文件读写数据时先找到某一个索引节点，然后通过该索引节点的数据块编号找到对应的数据块记录。例如，图 5.1 中编号为 10 的索引节点分别指向属于同一个文件的数据块 2、数据块 11 和数据块 17。

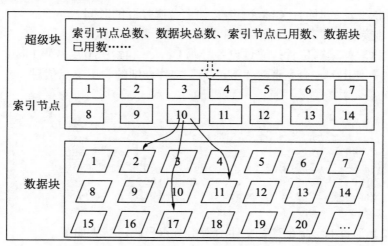

图 5.1　Linux 文件系统结构

　　这里需要注意，在 Linux 中一切皆文件，目录也是文件，因此文件名就是目录这个文件的数据记录，存放于上一级目录的数据块中。

1. 文件名

　　顾名思义，文件名就是文件的名称。在下面的示例中，abc.txt 就是文件名，如图 5.2 所示。

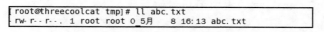

图 5.2　显示简单的文件属性信息

2. 索引节点

　　一个 Linux 文件以数据索引节点为单位存储数据，可以通过索引节点查找文件对应的数据块。索引节点是一个 64 字节长的表，包含文件的属性信息。

　　（1）索引节点的属性信息

　　索引节点记录的文件属性的详细信息如下：

- Size：文件的字节数。
- Uid：文件拥有者的 User ID。
- Gid：文件拥有者组的 Group ID。
- Access(0755 /-rwxr-xr-x)：文件的读、写、执行权限。其中，r、x、r、-组合有一定的规律并有相应的含义，详见 6.1 节的内容。
- 文件的时间戳共有 3 个：Access 指索引节点上一次变动的时间；Modify 指文件内容上一次变动的时间；Change 指文件上一次打开的时间。
- Links 链接数：即有多少链接文件名指向这个索引节点。
- 文件数据块的读写位置：通过设备号码 Device 和索引节点号码 Inode 等联合定位。

【示例 5.1】使用 stat 命令查看"/bin/zip"文件详细的索引节点信息。

```
# stat /bin/zip
  File: '/bin/zip'
  Size: 215840        Blocks: 424      IO Block: 4096    regular file
Device: fd01h/64769d  Inode: 667847    Links: 1
Access: (0755/-rwxr-xr-x) Uid: (    0/    root) Gid: (    0/    root)
Access: 2016-11-06 00:49:54.000000000 +0800
Modify: 2016-11-06 00:49:54.000000000 +0800
Change: 2020-08-17 14:13:28.800395519 +0800
  Birth: -
```

【示例 5.2】通过 ls-i 命令查看文件的索引节点号码，结果如下：

```
# ls -i /bin/zip
667847 /bin/zip
```

从输出结果中可以看到索引节点对应的号码。Linux 系统内部不使用文件名识别文件，而使用索引节点号码来识别文件，文件名只是个别名或绰号。表面上用户通过文件名打开文件，实际上这个过程分为 3 步：首先，系统找到这个文件名对应的索引节点号码；其次，通过索引节点号码获取索引节点信息；最后，根据索引节点信息找到文件数据所在的数据块并读出数据。

Linux 系统中的目录也是文件，因此也有对应的索引节点号码。

【示例 5.3】查看/bin 目录的索引节点号码。

```
# ls -id /bin
17 /bin
```

（2）索引节点的大小

索引节点也会消耗磁盘空间。当格式化磁盘的时候，操作系统会自动将磁盘分成两个区域：一个是数据区，存放文件数据；另一个是索引节点区，存放索引节点所包含的信息。每个索引节点一般是 128 字节或 256 字节。索引节点的总数在格式化时就给定了。假定在一块 1GB 的磁盘中，每个索引节点为 128 字节，每 1KB 就设置一个索引节点，那么索引节点区的大小就会达到 128MB，占整块磁盘的 12.8%。

【示例 5.4】通过 df-i 命令查询各分区已经使用的索引节点数量和剩余可用的索引节点

数量。

```
# df -i
Filesystem        Inodes  IUsed   IFree IUse% Mounted on
devtmpfs          122877    332  122545    1% /dev
tmpfs             126802      2  126800    1% /dev/shm
tmpfs             126802    661  126141    1% /run
tmpfs             126802     16  126786    1% /sys/fs/cgroup
/dev/vda1        2621440 317529 2303911   13% /
tmpfs             126802     10  126792    1% /run/user/42
overlay          2621440 317529 2303911   13% /var/lib/docker/overlay2/
de38e1f36d3ee708daa51988001ad2a51616b1b0a955e30a919850db70c3f1eb/merged
overlay          2621440 317529 2303911   13% /var/lib/docker/overlay2/
fcef26f3f57031a9b85d2c223fb0379ca79e09652c013b98f49d7e37300072f6/merged
tmpfs             126802      1  126801    1% /run/user/0
overlay          2621440 317529 2303911   13% /var/lib/docker/overlay2/
19f2bd5b7f35e72822b025782b8159d3de34b7054e4c8796af575bbd44b3be85/merged
```

📄**说明**：由于每个文件都必须有一个索引节点，因此有可能发生索引节点已经用完，但是磁盘还未存满的情况，这时就无法在磁盘上创建新文件。

3．块

Linux 的数据存储单位分为物理数据块和读写逻辑数据块。

数据块是真正存储数据的地方，其基本的物理大小为 512 字节，对应磁盘的一个扇区大小。数据块是文件系统中最小的数据存储单位。操作系统读取磁盘的时候不会一个扇区（512 字节）一个扇区地读取，这样效率太低，而是一次性连续读取多个扇区，即一次性读取一个逻辑数据块。这种由多个扇区组成的逻辑数据块是文件存取的最小单位。逻辑数据块的大小最常见的是 1KB，即两个扇区组成一个逻辑数据块。那么 4KB 就是八个扇区组成一个逻辑数据块。将逻辑数据块的数值设大，可以使系统运行速度加快，但也会浪费空间。

5.1.2　文件系统的类型

使用 Linux 系统的时候需要决策为存储设备选用什么文件系统。大多数 Linux 发行版会在安装时非常贴心地提供默认的文件系统，大多数入门级用户也会不假思索地选择默认的文件系统。使用默认的文件系统不是不好，但了解其他可用的选择有时也会有很大的帮助。

例如，Windows 系统有 NTFS、FAT16 和 FAT32 等文件系统类型，Linux 文件系统类型也有多种，如 Ext 2、Ext 3、Ext 4 和 XFS 等。本节介绍几种常见的 Linux 文件系统的优缺点。

1．Ext文件系统

Linux 最初采用的是一种简单的文件系统，它模仿了 UNIX 文件系统，这个文件系统叫作扩展文件系统（Extended File System），简称 Ext。该系统为 Linux 提供了基本的类 UNIX 文件系统，使用虚拟目录来操作硬件设备，在物理设备上按照定长的块来存储数据。Ext 文件系统采用索引节点的系统来存放虚拟目录中所存储的文件信息。索引节点系统在每个物理设备中会创建单独的表，称为索引节点表，该表用来存储这些文件信息。存储在虚拟目录中的每个文件在索引节点表中都有一个条目。Ext 文件系统名称中的扩展部分来自每个文件的其他数据，包括：

- 文件名；
- 文件大小；
- 文件的属主；
- 文件的属组；
- 文件的访问权限；
- 指向存有文件数据的每个磁盘块的指针。

Linux 通过唯一的数值（索引节点号）引用索引节点表中的每个索引节点，该值是创建文件时由文件系统分配的。文件系统是通过索引节点号而不是文件全名及路径来标识文件的。

2．Ext 2文件系统

最早的 Ext 文件系统有很多限制，如文件大小不能超过 2GB，于是在 Linux 出现不久，Ext 2 就粉墨登场了。顾名思义，Ext 2 是 Ext 二代文件系统。既然是二代，那它就是对 Ext 文件系统的基本功能的扩展，与 Ext 保持相同的结构。Ext 2 文件系统扩展了索引节点表来保存系统中每个文件更多的信息。Ext 2 的索引节点表为文件添加了创建时间值、修改时间值和最后访问时间值，这些值会帮助系统管理员追踪文件的访问情况。Ext 2 文件系统还可以将允许的最大文件容量增加到 2TB，甚至增加到 32TB。

除了扩展索引节点表外，Ext 2 文件系统还改变了文件在数据块中的存储方式。原来的 Ext 文件系统常见的问题是，当将文件写入物理设备时，存储的数据所用的块容易分散在整个设备中，形成碎片。数据的碎片化会降低文件系统的性能，导致系统需要花费更多的时间去查找存储设备中的数据块。Ext 2 文件系统通过按组分配磁盘块来减轻碎片化。通过对数据块的分组，文件系统在读取文件时就不必大费周折地去查找整个物理设备了。

Ext 2 文件系统作为 Linux 发行版的默认文件系统已有多年，但该系统也有局限。文件系统每次存储或更新文件，都会用新的信息去更新索引节点表，但问题是这种操作并非总是一气呵成。如果操作系统在存储文件和更新索引节点表之间发生了断电或系统崩溃等情况，那么就麻烦了，文件数据已经保存在物理设备上，而索引节点表尚未更新，Ext 2 文件系统不知道该文件是否存在。为了解决这些问题，新的文件系统应运而生。

3．Ext 3文件系统

Ext 3 文件系统是 2001 年引入 Linux 内核的，它采用的依然是 Ext 2 文件系统结构，但有了重要的改变：Ext 3 为每个存储设备增加了一个日志文件，将准备写入存储设备的数据先记入日志，当数据成功写入存储设备和索引节点表中后再删除对应的日志条目。如果系统在数据写入存储设备之前断电或崩溃，日志文件系统下次会读取日志文件并处理上次留下的未写入的数据。

　　Linux 有 3 种常用的日志方法，每种日志方法的保护等级各不相同，如表 5.1 所示。

表 5.1　Linux的日志方法

日 志 方 法	描　　述
数据模式	索引节点和文件都被写入日志，丢失数据的风险低，但性能差
有序模式	只有索引节点被写入日志，且只有数据成功写入后才能被删除，在安全和性能上取得良好的折中
回写模式	只有索引节点被写入日志，但不控制文件数据何时写入，丢失数据的风险高，但比不用好

　　在默认情况下，Ext 3 文件系统使用的是有序模式的日志方法。当然可以在创建文件系统时自定义选择其他模式。

　　虽然 Ext 3 文件系统为 Linux 文件系统添加了基本的日志功能，但依然不够完善，例如无法恢复误删的文件，也没有任何内建的压缩功能，而且不支持加密文件。鉴于这些原因，Linux 项目开发人员再接再厉，继续改进了 Ext 3 文件系统。

4．Ext 4文件系统

　　Ext 4 文件系统是对 Ext 3 文件系统的扩展，2008 年它被引入 Linux 内核，现在是很多 Linux 发行版默认的文件系统。Ext 4 文件系统除了支持加密和压缩之外，还具有区段的特性。区段在存储设备上按块分配空间，但在索引节点表中只保存起始块的位置。因为不需要列出所有用来存储文件的数据块，所以可以节省在索引节点表上耗费的空间。

　　Ext 4 文件系统还引入了块预分配技术。如果存储设备上有一个要变大的文件，则需要给这个文件预留空间。Ext 4 文件系统将为该文件分配所需要的块，而不只是文件增大的空间使用的块。Ext 4 文件系统用 0 填满预留的数据块，而不会将其分配给其他文件。

5．XFS文件系统

　　XFS 也是一个日志文件系统，最初使用在商业化的 UNIX 系统上，而现在也走进了 Linux 的世界。2002 年 XFS 发布了可以使用在 Linux 系统上的版本。XFS 使用的日志方法是回写模式，在提高性能的同时也会加大风险。XFS 允许在线调整文件系统的大小，但只能扩大而不能缩小。CentOS 7 默认使用的就是 XFS 文件系统。XFS 是一个 64 位的文件系统，可以支持上百万 T 字节的存储空间，对特大文件及小文件的支持都表现出众，支持特大数量的目录。XFS 最大可支持的单个文件大小为 $2^{63}=9\times10^{18}=9$ EB，最大可支持的文件系统为 18EB。XFS 文件系统使用高速的表结构（B+树），以保证文件系统可以快速搜索及快速进行空间分配，它能够持续提供高速操作，而且文件系统的性能不受目录及文件数量的限制。XFS 文件系统能以接近裸设备 I/O 的性能存储数据。在对单个文件系统的测试中，XFS 文件系统的吞吐量最高可达 7GB/s，对单个文件的读写操作，其吞吐量可达 4GB/s。

【示例 5.5】查看 CentOS 7 的文件系统类型。

```
# df -Th
文件系统                        类型      容量   已用   可用 已用% 挂载点
......
......
/dev/mapper/centos-root     xfs       17G   9.6G  7.5G   57%  /
/dev/sda1                   xfs      1014M   213M  802M   21%  /boot
......
......
```

6．其他文件系统

还有一种文件系统也加入了写时复制（Copy-On-Write，COW）技术，它利用快照功能兼顾安全性和效率。目前基于 COW 技术的主流文件系统有以下两种。

（1）ZFS 文件系统

ZFS 文件系统于 2005 年由 Sun 公司研发，它于 2008 年被移植到 Linux 上，并在 2012 年开始投入 Linux 产品中。ZFS 是个稳定的系统，它的性能与 Ext 4 势均力敌。

（2）Btrf 文件系统

Btrf 文件系统是 COW 技术的新军，它也称 B 树文件系统，它于 2007 年由 Oracle 公司所开发。该系统稳定、易用，能动态调整已挂载文件系统的大小。SUSE Linux 将其作为默认的文件系统。

5.2　查看磁盘内容

在日常工作中经常需要查看磁盘的情况，如磁盘空间的使用情况和各个分区的情况，因此掌握常用的磁盘及分区操作是相当重要的。

5.2.1　查看文件系统的磁盘使用量

在 Linux 下对磁盘进行使用情况统计，可以通过 df（Disk Free）命令来实现。

1．df命令

命令格式如下：

```
df [参数] [文件名]
```

常用的参数如下：

• -a：列出包括 Block 大小为 0 字节的文件系统。

- -h：用常见的格式显示文件大小（如 1KB、234MB、2GB）。
- -i：用信息索引点代替块来表示磁盘使用状况。
- -T：输出每个文件系统的类型。

如果指定文件名，则显示文件名对应的磁盘使用情况。

2．df命令示例

【示例 5.6】根据不同场景需求选择相应的参数。不加任何参数所显示的信息如下：

```
# df
Filesystem    1K-blocks    Used    Available    Use%    Mounted on
devtmpfs      491508       0       491508       0%      /dev
tmpfs         507208       0       507208       0%      /dev/shm
tmpfs         507208       1416    505792       1%      /run
tmpfs         507208       0       507208       0%      /sys/fs/cgroup
/dev/vda1     41152812     25212228  14036876   65%     /
tmpfs         101444       16      101428       1%      /run/user/42
overlay   41152812  25212228  14036876    65%    /var/lib/docker/overlay2/
de/merged
overlay   41152812  25212228  14036876    65%    /var/lib/docker/overlay2/
fc/merged
overlay   41152812  25212228  14036876    65%    /var/lib/docker/overlay2/
15/merged
tmpfs         101444       0       101444       0%      /run/user/0
```

命令的执行结果分为 6 列：

- Filesystem：文件系统，指出文件系统属于哪个磁盘分区，其值为设备名称（统称为文件名）。
- 1K-blocks：文件所预留的磁盘数据块大小，单位为 1KB。
- Used：文件已经使用的磁盘空间大小。
- Available：文件剩余可用的空间大小。
- Use%：每个文件的磁盘使用率，如果使用率超过 90%，则要引起重视，以避免空间不足导致存储出现问题。
- Mounted on：挂载点，指出文件挂载的目录。

【示例 5.7】显示常见的文件格式大小及每个文件系统的类型。

```
# df -Th
Filesystem                Type      Size   Used  Avail Use% Mounted on
devtmpfs                  devtmpfs  2.0G   0     2.0G  0%   /dev
tmpfs                     tmpfs     2.0G   0     2.0G  0%   /dev/shm
tmpfs                     tmpfs     2.0G   13M   2.0G  1%   /run
tmpfs                     tmpfs     2.0G   0     2.0G  0%   /sys/fs/cgroup
/dev/mapper/centos-root   xfs       17G    6.4G  11G   38%  /
/dev/sda1                 xfs       1014M  172M  843M  17%  /boot
tmpfs                     tmpfs     394M   20K   394M  1%   /run/user/0
```

可以看到，挂载在根目录"/"及"/boot"下的文件系统类型皆是 XFS。

5.2.2　查看文件的使用空间

du（Disk Usage）命令用于查看文件使用的磁盘空间情况。

命令格式如下：

```
du [参数] [文件名]
```

常用的参数如下：

- -a：显示对所有统计的文件，不止包含子目录。
- -b：输出文件的大小（以字节为单位），替代默认的 1024 字节的计数单位。
- -h：为每个数附加一个表示单位大小的字母。

du 报告指定文件已使用的磁盘空间的总量，包括在层次结构中以这些指定文件为根的目录在内。这里的"已使用的磁盘空间"意思为指定的文件在整个文件层次结构中所占用的空间。在没给定参数的情况下，使用 du 命令会报告当前目录所使用的磁盘空间。

【示例 5.8】查询"/bin/"目录所使用的磁盘空间。

```
# du -h /bin/
562M    /bin/
```

5.2.3　查看磁盘分区

lsblk（List Block Device）命令用于查看磁盘分区的使用情况。

命令格式如下：

```
lsblk [参数]
```

常用的参数如下：

- -f：输出关于文件系统的信息。
- -I：以列表方式呈现文件。

【示例 5.9】默认以层次缩进的方式显示文件之间的上下级关系。在没有参数的情况下显示结果如下：

```
# lsblk
NAME        MAJ:MIN RM  SIZE RO  TYPE   MOUNTPOINT
vda         253:0    0   40G  0  disk                 #显示一块磁盘设备信息
└─vda1      253:1    0   40G  0  part   /
```

- NAME 为设备的文件名，如 vda 为磁盘设备。
- MAJ:MIN 为主要、次要设备代码，用于唯一识别设备，如整块磁盘的设备编码为 253，次要设备没有编号，为 0。
- RM（Removable Device）标志是否可以卸载设备，值为 0 代表不可卸载，1 为可以卸载设备，如 USB 磁盘为可卸载设备。

- SIZE 表示设备的存储空间。
- RO 标志是否为可读设备，0 为可读写设备，1 为只读设备，如只读光驱。
- TYPE 表示设备类型，如 disk 代表磁盘，part 代表磁盘的某一分区，rom 代表只读存储器，lvm 代表文件。
- MOUNTPOINT 表示挂载点。

【示例 5.10】以列表方式显示磁盘分区信息。（提示：lsblk 命令后面加上-l 参数）

```
# lsblk -l
NAME   MAJ:MIN   RM   SIZE   RO   TYPE   MOUNTPOINT
vda    253:0     0    40G    0    disk
vda1   253:1     0    40G    0    part   /
```

【示例 5.11】使用-f 参数显示出对应的文件系统类型。

```
[root@localhost ~]# lsblk -f
NAME                FSTYPE      LABEL UUID                        MOUNTPOINT
sda
├─sda1              xfs         56579432-0cf1-4aef-a0f4-          /boot
                                b99fbbcc82d4
└─sda2              LVM2_mem    NiesLW-tydR-FZot-65UV-50Bp-
                                BDzr-ejvtwI
  ├─centos-root     xfs         6fbb32e4-0d5a-4220-99b1-          /
                                4355150f1536
  └─centos-swap     swap        5bff384a-b274-4b57-a11c-          [SWAP]
                                f1f74719cf4f
sr0
```

5.3　创建新磁盘空间

在实际工作中经常会遇到磁盘空间不足的情况，那就需要对磁盘空间进行相应的调整，创建新磁盘空间就是常见的操作。创建磁盘空间常用的操作命令包括 fdisk、mkfs、fsck 和 mount。

5.3.1　磁盘分区

磁盘分区就是将一个磁盘空间分割成若干个逻辑分区，每个分区是一个相对独立的存储空间。例如，在 Windows 操作系统中一个磁盘往往分为 C、D、E 等分区，Linux 系统自然也需要分区。

fdisk 命令是 Linux 的磁盘分区表操作工具，用于查看磁盘分区信息和创建磁盘分区。这里说 fdisk 是操作工具而非简单的命令，是因为其功能很强大，其提供了菜单选项。

命令格式如下：

```
fdisk [参数] 装置名称
```

常用的参数如下：

- -l：输出装置名称所代表的设备的所有分区信息。如果仅有 fdisk -l 时，则系统会把整个系统内能够搜寻到的设备分区均列出来。

【示例 5.12】在创建新的磁盘空间之前，查看当前所有磁盘的分区情况。

```
# fdisk -l
Disk /dev/sda: 21.5 GB, 21474836480 bytes, 41943040 sectors
Units =sectors of 1 * 512 = 512 bytes
Sector size (logical/physical): 512 bytes / 512 bytes
I/O size (minimum/optimal) : 512 bytes / 512 bytes
Disk label type: dos
Disk identifier: 0x000b7c32
Device Boot      Start        End      Blocks   Id   System
/dev/sda1   *     2048     2099199    1048576   83   Linux
/dev/sda2       2099200    41943039   19921920  8e   Linux LVM
Disk /dev/mapper/centos-root: 18.2 GB, 18249416704 bytes, 35643392 sectors
Units = sectors of 1 * 512 = 512 bytes
Sector size (logical/physical): 512 bytes / 512 bytes
I/O size (minimum/optimal) : 512 bytes / 512 bytes
Disk /dev/mapper/centos-swap: 2147 MB, 2147483648 bytes, 4194304 sectors
Units = sectors of 1 * 512 = 512 bytes
Sector size (logical/physical): 512 bytes / 512 bytes
I/O size (minimum/optimal): 512 bytes / 512 bytes
```

【示例 5.13】使用 df 命令找出系统中的根目录所在的磁盘，并查阅该磁盘内的相关信息。

```
[root@threecoolcat ~]# df  /
Filesystem1K-blocksUsedAvailable   Use%  Mounted on
/dev/mapper/centos-root          17811456   10016880  7794576     57%      /
```

可以看到，示例所使用的设备的根目录所在的磁盘文件的系统名为"/dev/mapper/centos-root"。

以上两个示例展示了磁盘空间的一些基本信息，为后续的其他工作提供帮助。

【示例 5.14】对文件系统进行相应的操作（需要调出工具菜单）。

```
# fdisk /dev/mapper/centos-root
Welcome to fdisk (util-linux 2.23.2).

Changes will remain in memory only, until you decide to write them.
Be careful before using the write command.

Device does not contain a recognized partition table
Building a new DOS disklabel with disk identifier 0x57303c5c.
Command (m for help): m
Command action
   a   toggle a bootable flag                #切换可引导（boot）分区标志
   b   edit bsd disklabel                    #编辑磁盘标记
   c   toggle the dos compatibility flag     #切换 dos 兼容标志
```

```
    d    delete a partition                            #删除一个分区
    g    create a new empty GPT partition table        #创建新的空 GPT 分区表
    G    create an IRIX (SGI) partition table          #创建 IRIX①操作系统下的分区表
    l    list known partition types                    #列出已知的分区类型
    m    print this menu                               #输出该工具的菜单
    n    add a new partition                           #新增一个分区
    o    create a new empty DOS partition table        #创建一个空的 DOS 分区表
    p    print the partition table                     #在屏幕上打印分区表
    q    quit without saving changes                   #不存储修改信息，退出 fdisk 程序
    s    create a new empty Sun disklabel              #创建一个空的 SUN 磁盘标签
    t    change a partition's system id                #修改一个分区的类型
    u    change display/entry units                    #修改显示的分区空间单位
    v    verify the partition table                    #验证分区表
    w    write table to disk and exit                  #写入分区表并退出
    x    extra functionality (experts only)            #高级功能
```

说明：在 Linux 中，有两种磁盘分区格式，即 MBR 和 GPT。

- MBR 的特点：最多支持四个主分区，扩展分区和逻辑分区最多可以创建 15 个分区，分区数据以 32 位进行存储，最多支持 2TB 的空间；用 fdisk 管理工具创建 MBR 分区。
- GPT 的特点：主板必须支持 UEFI 标准，分区数据以 64 位进行存储，最多支持 128PB 的存储空间，可以定义 128 个分区，没有主分区、扩展分区和逻辑分区的概念，用 gdisk 管理工具创建 GPT 分区。

如果退出 fdisk 时按 q 键，那么所有的动作都不会生效。相反，按 w 键就是动作生效的意思。使用 p 键可以列出目前这个磁盘的分区表信息，信息的上半部分会显示磁盘的整体状态。如果需要创建新的磁盘空间，按 n 键，按照提示一步一步操作即可。

【示例 5.15】创建第一主分区，设置其空间大小为 2GB。

```
Command (m for help): n
Partition type:
   p    primary (0 primary, 0 extended, 4 free)
   e    extended
Select (default p): p
Partition number (1-4, default 1):
First sector (2048-35643391, default 2048):
Using default value 2048
Last sector, +sectors or +size{K,M,G} (2048-35643391, default 35643391):
+2G
Partition 1 of type Linux and of size 2 GiB is set
```

---

① IRIX 是一款由 SGI 公司开发和维护的商业性质的 UNIX 操作系统。

5.3.2　磁盘格式化

增加了磁盘空间后,需要对分区进行格式化。格式化的命令非常简单,使用 mkfs(Make File System)命令。

命令格式如下:

```
mkfs -t [文件系统格式] 装置名称
```

文件系统格式有 Ext 2、Ext 3、Ext 4 和 XFS 等。

【示例 5.16】使用 mkfs[tab][tab](按两次 Tab 键)查看 mkfs 所支持的文件格式。

```
# mkfs
mkfs          mkfs.ext2     mkfs.fat      mkfs.vfat
mkfs.btrfs    mkfs.ext3     mkfs.minix    mkfs.xfs
mkfs.cramfs   mkfs.ext4     mkfs.msdos
```

【示例 5.17】将新分区格式化为所需要的文件系统格式。

```
# mkfs -t ext4 /dev/sdb              #将分区/dev/sdc 格式化为 Ext 4 格式
mke2fs 1.42.9 (28-Dec-2013)
/dev/sdb is entire device, not just one partition!
Proceed anyway?(y,n) y
Filesystem label=
OS type: Linux
Block size=4096 (log=2)
Fragment size=4096 (log=2)
Stride=0 blocks, Stripe width=0 blocks
65536 inodes, 262144 blocks
13107 blocks (5.00%) reserved for the super user
First data block=0
Maximum filesystem blocks=268435456
8 block groups
32768 blocks per group, 32768 fragments per group
8192 inodes per group
Superblock backups stored on blocks:
32768, 98304, 163840, 229376
Allocating group tables: done
Writing inode tables: done
Creating journal (8192 blocks): done
Writing superblocks and filesystem accounting information: done
```

将/dev/sdb 分区格式化为 Ext 4 格式,整个过程将显示 inode 和 block 的大小。

5.3.3　文件系统检查

fsck(File System Check)命令用来检查和维护不一致的文件系统。如果系统掉电或磁盘发生问题,可利用 fsck 命令对文件系统进行检查。

命令格式如下：

```
fsck -t [文件系统] [-ACay] 装置名称
```

常用的参数如下：

- -t：给定文件系统的类型。
- -s：依序逐个执行 fsck 指令进行检查。
- -A：对/etc/fstab 中所有列出来的分区（Partition）进行检查。
- -C：显示完整的检查进度。
- -y：检查并且试图修复文件系统中的错误，指定检测每个文件是否自动输入 yes，在用户不确定哪些文件有错误的时候，可以执行 # fsck -y 全部检查和修复。

【示例 5.18】查看有多少文件系统支持使用 fsck 命令（可以使用 fsck[tab][tanb]命令）。

```
[root@threecoolcat ~]# fsck
fsck       fsck.ext2    fsck.fat     fsck.vfat    fsck.btrfs   fsck.ext3
fsck.minix fsck.xfs     fsck.cramfs  fsck.ext4    fsck.msdos
```

【示例 5.19】检测某一分区。

```
# fsck -C -f /dev/sdc
fsck, from util-linux 2.23.2
e2fsck 1.42.9 (28-Dec-2013)
Pass 1: Checking inodes, blocks, and sizes
Pass 2: Checking directory structure
Pass 3: Checking directory connectivity
Pass 4: Checking reference counts
Pass 5: Checking group summary information
/dev/sdc: 11/327680 files (0.0% non-contiguous), 23134/1310720 blocks
```

整个检验分为 5 个步骤，每一步都是检验文件系统不同的属性，并且显示检验的进度。

5.3.4 挂载和卸载

所谓挂载就是利用某一个目录作为入口，将磁盘分区的数据放置在该目录下，进入这个目录就可以读取该分区上的数据，这个入口目录就是挂载点。类似于 Windows 系统，将 U 盘插入 USB 口后就会分配一个盘符，相当于一个目录，从此盘符进入即可读取 U 盘中的数据。Linux 的磁盘挂载使用 mount 命令，卸载使用 umount 命令。

1. 挂载

命令格式如下：

```
mount [参数] 装置文件名挂载点
```

【示例 5.20】将/dev/sdc 磁盘挂载到/mnt/sdc 目录下。

```
# cd /mnt
# mkdir sdc                      #在/mnt 目录下创建/sdc 目录
# ls
```

```
sdc
# mount /dev/sdc sdc          #将/dev/sdc 挂载至/mnt/sdc 目录下
# df
Filesystem    1K-blocks   Used      Available   Use%    Mounted on
……
/dev/sdc      5160576     10232     4888200     1%      /mnt/sdc
```

2. 卸载

命令格式如下：

umount [-fn] 装置文件名或挂载点

常用参数如下：

- -f：强制卸载。可用在类似网络文件系统（NFS）无法读取的情况。
- -n：在不升级/etc/mtab 情况下卸载。

【示例 5.21】将上例中的挂载点卸载。

umount /mnt/sdc   #将/mnt/sdc 挂载点卸载

在使用 df 命令查看，发现该挂载已被卸载。

5.4　其他常用操作

关于文件系统还有一些常用的操作命令，如修复文件系统、管理虚拟内存、自动挂载硬件设备和文件的压缩等，下面就简单介绍一下这些常用命令的使用方法。

5.4.1　修复文件系统

随着时间的推移，文件系统可能会被破坏，并且可能无法访问。例如，系统无法启动；系统上的文件已损坏（通常可能会看到输入 / 输出错误）；附加驱动器（包括闪存驱动器/SD 卡）无法正常工作等。如果文件系统出现这种不一致的情况，则需要验证其完整性。

fsck（File System Check）命令用于检查和修复受损的 Linux 文件系统。

命令格式如下：

fsck [-sACVRP] [-t fstype] [--] [fsck-options] filesys [...]

常用的参数如下：

- filesys：设备名称，如/dev/sda1；或挂载（mount）点如/、/usr 等。

【示例 5.22】使用 fsck 命令查看和修复文件系统。

1）先将出现问题的分区卸载：

mount /dev/sdc

2）在该分区上运行 fsck：

```
# fsck /dev/sdc
```

运行后的返回值即为表 5.2 中的代码。

3）查看代码，代码含义如表 5.2 所示。

表 5.2　代码含义

代　　码	代　码　含　义
0	No errors（无错误）
1	Filesystem errors corrected（文件系统错误被修正）
2	System should be rebooted（系统将重启）
4	Filesystem errors left uncorrected（文件系统错误未被修正）
8	Operational error（操作错误）
16	Usage or syntax error（使用或句法错误）
32	Checking canceled by user request（按照用户需要终止检查）
128	Shared-library error（共享库错误）

4）修复文件系统错误。

有时文件系统有多个错误，可以通过 fsck 自动修复。

```
#fsck-y /dev/sdc
```

-y 参数表示 yes，意思是来自 fsck 的任何提示自动以 yes 回应。

5.4.2　虚拟内存

前面在观察分区信息的时候可以发现一个名为 swap 的分区，这个分区的作用相当于一个内存蓄水池，当内存紧张的时候，可以将蓄水池里的水放出来救救急，这就是虚拟内存，Swap 意为交换，是将磁盘空间转换为内存空间，但不是真正的内存，因此定义为虚拟内存。使用虚拟内存主要通过 mkswap（Make Swap）命令来实现。

命令格式如下：

```
mkswap [-cf][-v0][-v1][设备名称或文件][交换区大小]
```

常用的参数如下：

- -c：建立交换区前先检查是否有损坏的区块。
- -f：在 SPARC 上建立交换区时要加上此参数。
- -v0：建立旧式交换区，此为预设值。
- -v1：建立新式交换区。
- 交换区大小：指定交换区的大小，单位为 1024 字节。

【示例 5.23】展示创建虚拟内存的过程。

1）进行分区。

```
[root@localhost ~]# gdisk /dev/sdc                    #使用 gdisk 命令创建分区
GPT fdisk (gdisk) version 0.8.10
Command (? for help): n
Partition number (1-128, default 1):
First sector (34-10485726, default = 2048) or {+-}size{KMGTP}:
Last sector (2048-10485726, default = 10485726) or {+-}size{KMGTP}:
Current type is 'Linux filesystem'
Hex code or GUID (L to show codes, Enter = 8300):
Changed type of partition to 'Linux filesystem'
Command (? for help): p
Disk /dev/sdc: 10485760 sectors, 5.0 GiB
Logical sector size: 512 bytes
Disk identifier (GUID): CE02F50A-D93D-4F2C-9714-6BB4465B0489
Partition table holds up to 128 entries
First usable sector is 34, last usable sector is 10485726
Partitions will be aligned on 2048-sector boundaries
Total free space is 2014 sectors (1007.0 KiB)

Number  Start (sector)    End (sector)  Size        Code  Name
   1        2048         10485726    5.0 GiB      8300  Linux filesystem

Command (? for help): w

Final checks complete. About to write GPT data. THIS WILL OVERWRITE EXISTING
PARTITIONS!!

Do you want to proceed? (Y/N): y
OK; writing new GUID partition table (GPT) to /dev/sdc.
The operation has completed successfully.
# partprobe 是一个可以修改 kernel 中的分区表的工具。可以使 kernel 重新读取分区表
[root@localhost ~]# partprobe
[root@localhost ~]# lsblk
NAME            MAJ:MIN RM  SIZE RO TYPE MOUNTPOINT
……
sdc              8:32    0    5G  0 disk
 └─sdc1          8:33    0    5G  0 part
```

2）创建 swap 格式的分区。

```
[root@localhost ~]# mkswap /dev/sdc1
Setting up swapspace version 1, size= 5241832 KiB
no label, UUID=9f549274-2bbb-47df-9173-04371cc7ee51
[root@localhost ~]# blkid /dev/sdc1                    #可以看到新加的设备
/dev/sdc1: UUID="9f549274-2bbb-47df-9173-04371cc7ee51" TYPE="swap" PARTLABEL=
"Linux filesystem" PARTUUID="b0a1e2e1-ff7e-4b3e-97c7-a17062456932"
```

3）观察与加载分区。

```
[root@localhost ~]# free                              #观察现有的 swap 空间
        total      used       free      shared    buff/cache   available
Mem:   4026164    804028    2446172     22432     775964      2973552
Swap:  2097148    0         2097148
```

```
[root@localhost ~]# swapon /dev/sdc1            #激活并打开新建的 swap 空间
[root@localhost ~]# free                        #swap 空间增加了
         total     used      free      shared    buff/cache   available
Mem:     4026164   807952    2442224   22432     775988       2969628
Swap:    7338980   0         7338980

[root@localhost ~]# swapon -s                   #列出目前有的 swap 设备
Filename                Type        Size        Used      Priority
/dev/dm-1               partition   2097148     0         -2
/dev/sdc1               partition   5241832     0         -3
```

5.4.3　自动挂载硬件设备

当通过 mount 命令手工挂载新的分区或者其他设备之后，也许当时可以正常使用，如果系统重启了，那么这些硬件设备又需要重新挂载，十分麻烦，因此需要实现自动挂载硬件设备的功能，这将给我们的工作带来极大的便利。Linux 通过/etc/fstab 这个配置文件来确定开机自动挂载设备的相关信息，该文件仅对 root 用户有修改的权限，需要使用 root 身份登录系统，并在该文件中添加设备。

1）查看/etc/fstab 文件中的内容：

```
[root@localhost ~]# vim /etc/fstab              #使用 Vim 打开/etc/fstab 文件
# /etc/fstab
# Created by anaconda on Sun May 16 16:11:37 2021
#
# Accessible filesystems, by reference, are maintained under '/dev/disk'
# See man pages fstab(5), findfs(8), mount(8) and/or blkid(8) for more info
#
/dev/mapper/centos-root                      /       xfs     defaults    0 0
UUID=56579432-0cf1-4aef-a0f4-b99fbbcc82d4 /boot      xfs     defaults    0 0
/dev/mapper/centos-swap                      swap    swap    defaults    0 0
```

可以看到，在 fstab 文件中，每行数据都分为 6 列，它们的含义如下：
- 第 1 列用来挂载每个文件系统的分区设备文件名或 UUID（用于指代设备名）。UUID 即通用唯一标识符，是一个 128 位比特的数字，可以理解为磁盘的 ID，UUID 由系统自动生成和管理。
- 第 2 列是挂载点。
- 第 3 列是文件系统的类型。
- 第 4 列是各种挂载参数，和 mount 命令的挂载参数一致。
- 第 5 列指定分区是否被 dump 备份，0 代表不备份，1 代表备份，2 代表不定期备份。
- 第 6 列指定分区是否被 fsck 检测，0 代表不检测，其他数字代表检测的优先级。1 的优先级比 2 高，因此先检测 1 的分区再检测 2 的分区。一般分区的优先级是 1，其他分区的优先级是 2。

2）配置/etc/fstab 文件。例如，将/dev/sdb 分区加入该文件，使用 Vim 编辑/etc/fstab 文件。

```
[root@localhost ~]# vim /etc/fstab          #使用 Vim 编辑/etc/fstab 文件
# /etc/fstab
# Created by anaconda on Sun May 16 16:11:37 2021
#
# Accessible filesystems, by reference, are maintained under '/dev/disk'
# See man pages fstab(5), findfs(8), mount(8) and/or blkid(8) for more info
#
/dev/mapper/centos-root                      /          xfs     defaults  0 0
UUID=56579432-0cf1-4aef-a0f4-b99fbbcc82d4  /boot      xfs     defaults  0 0
/dev/mapper/centos-swap                      swap       swap    defaults  0 0
/dev/sdb                                     /mnt/sdb   ext4    defaults  0 0
```

可以看到，这里并没有使用分区的 UUID，而是直接写入分区设备文件名/dev/sdb 也是可以的。不过，如果不写 UUID 则需要注意，在修改了磁盘顺序后，/etc/fstab 文件也要相应地改变。当然，也可以使用 dumpe2fs 命令去查看设备的 UUID。至此，分区就建立完成了，接下来只要重新启动设备，测试一下系统是否可以正常启动即可。只要/etc/fstab 文件修改正确，系统就可以自动加载硬件设备了。

5.4.4　压缩与解压缩文件

在 Windows 系统中，经常会使用压缩工具对文件集合进行压缩打包或者进行解压缩拆包，并且有很多工具可以完成这样的功能，如 Winrar、Winzip 和 360 压缩等。Linux 系统同样也有这样的功能可以完成压缩和解压缩。在 Linux 环境中，压缩文件的扩展名大多是：*.tar、*.tar.gz、*.tgz、*.gz、*.Z、*.bz2 和*.xz。为什么会有这么多的扩展名呢？是因为 Linux 支持的压缩指令较多，而且不同指令使用的压缩技术不同，彼此之间可能不兼容。因此，看到压缩文件的扩展名，就可以知道其是使用什么工具进行压缩的。常见的压缩文件扩展名如表 5.3 所示。

表 5.3　Linux中常见的压缩文件扩展名

文件扩展名	对应的压缩工具
.Z	compress工具
.zip	zip工具
.gz	gzip工具
.bz2	bzip2工具
.xz	xz工具
.tar	tar工具打包的文件，没有压缩
.tar.gz	tar工具打包的文件，gzip工具压缩
.tar.bz2	tar工具打包的文件，bzip2工具压缩
.tar.xz	tar工具打包的文件，xz工具压缩

Linux 的常见压缩命令有 gzip、bzip2 及 xz，但是这些命令只能对一个文件进行压缩

及解压缩，因此在多文件的使用上需要用 tar 命令进行打包。

下面看下 tar 命令的详细用法，tar 命令的参数较多，但常用的只有几个，下面使用示例来说明。

【示例 5.24】tar 命令的用法演示。

```
# 将所有的.jpg 文件打包成一个名为 all.tar 的包，-c 表示产生新的包，-f 指定包的文件名
# tar  -cf  all.tar  *.jpg
# 将所有的.gif 文件添加到 all.tar 包里，-r 表示增加文件
# tar -rf  all.tar  *.gif
# 更新 all.tar 包下的 logo.gif 文件，-u 表示更新文件
# tar -uf  all.tar  logo.gif
# tar -tf all.tar                    #列出 all.tar 包中的所有文件，-t 表示列出文件
# tar -xf all.tar                    #解压出 all.tar 包中的所有文件，-x 表示解开
```

以上就是 tar 的基本用法。为了方便用户在打包（或解包）的同时可以压缩（或解压）文件，tar 提供了一种特殊的功能，就是 tar 可以在打包或解包的同时调用其他的压缩程序，如 gzip 和 bzip2 等。

1. 在tar命令中调用gzip

gzip 是 GNU 组织开发的一个压缩程序，以.gz 结尾的文件就是用 gzip 工具压缩的。与 gzip 相对的解压程序是 gunzip。

【示例 5.25】在 tar 中使用-z 参数调用 gzip。

```
#将所有的.jpg 文件打成一个 tar 包，并且将其用 gzip 压缩成一个名为 all.tar.gz 的压缩包
# tar -czf all.tar.gz  *.jpg
# tar  -xzf all.tar.gz                   #将压缩的包解压
```

2. 在tar命令中调用bzip2

bzip2 是一个压缩能力更强的压缩程序，以.bz2 结尾的文件就是用 bzip2 压缩的。与bzip2 相对的解压程序是 bunzip2。

【示例 5.26】在 tar 中使用-j 参数调用 gzip。

```
#将所有的 .jpg 文件打成一个 tar 包，并且将其用 bzip2 压缩成一个名为 all.tar.bz2 的
压缩包
# tar  -cjf  all.tar.bz2  *.jpg
# tar  -xjf  all.tar.bz2               #将压缩的包解压
```

3. 在tar命令中调用compress

compress 也是一个压缩程序，但是使用 compress 的人不如 gzip 和 bzip2 的人多。以.Z 结尾的文件就是用 compress 压缩的。与 compress 相对的解压程序是 uncompress。

【示例 5.27】在 tar 中使用-Z 参数调用 compress。

```
#将所有的.jpg 文件打成一个 tar 包，并且将其用 compress 压缩成一个名为 all.tar.Z 的压
缩包
```

```
# tar -cZf all.tar.Z *.jpg
# tar -xZf all.tar.Z                     #将压缩的包解压
```

使用上面的几个命令，我们就可以压缩或解压缩多种类型的文件了，下面用一张表来总结上面的操作，如表 5.4 所示。

表 5.4　压缩命令及解压命令

文 件 类 型	压 缩 命 令	解压缩命令
以.tar结尾的文件	tar -cf file.tar *.jpg	tar –xvf file.tar
以.gz结尾的文件	gzip file.jpg	gzip -d file.gz
以.tgz或.tar.gz结尾的文件	tar -czf file.tar.gz *.jpg tar -czf file.tgz *.jpg	tar -xzvf file.tar.gz tar -xzvf file.tgz
以.bz2结尾的文件	bzip2 file.jpg	bzip2 -d file.bz2
以tar.bz2结尾的文件	tar -cjf file.tar.bz2 *.jpg	tar -xjvf file.tar.bz2
以.Z结尾的文件	compress file.jpg	compress -d file.Z
以.tar.Z结尾的文件	tar -cZf file.tar.z *.jpg	tar –xZvf file.tar.Z

关于 tar 命令，还需要注意：

以下 5 个参数是独立的，压缩和解压时要用到其中一个，它们可以和其他命令一起用，但是只能用其中一个。

- -c：建立压缩档案。
- -x：解压。
- -t：查看内容。
- -r：向压缩归档文件末尾追加文件。
- -u：更新原压缩包中的文件。

下面的参数根据需要在压缩或解压档案时是可选的：

- -z：有 gzip 属性的文件。
- -j：有 bz2 属性的文件。
- -Z：有 compress 属性的文件。
- -v：显示所有过程。
- -O：将文件解压到标准输出。

下面的参数-f 是必须要带的：

- -f：使用文件名字，切记这个参数是最后一个参数，后面只能接文件名。

【示例5.28】演示 tar 命令的 5 个独立参数的用法。

```
#将所有的 .jpg 文件打包成一个名为 all.tar 的包。-c 表示产生新的包，-f 指定包的文件名
# tar -cf all.tar *.jpg
#将所有的 .gif 文件增加到 all.tar 的包里。-r 表示增加文件
# tar -rf all.tar *.gif
#更新原来的 tar 包下的 all.tar 的 logo.gif 文件，-u 表示更新文件
```

```
# tar -uf  all.tar  logo.gif
# tar -tf  all.tar                  #列出 all.tar 包中的所有文件，-t 表示列出文件
# tar -xf  all.tar                  #解压 all.tar 包中的所有文件，-x 表示解压
```

5.5　案例——三酷猫创建自有存储空间

三酷猫学习了第 5 章内容后，才发现原来自己把账单都放到了用户默认路径下，但是这里存放的文件越来越多了，它开始担心万一哪天断电导致文件损坏了怎么办。于是三酷猫买了一块 U 盘，打算把账单文件都存放到 U 盘上。

1）三酷猫把 U 盘插到计算机上，用以下命令查到了 U 盘的设备名：

```
# fdisk -l
……
Disk /dev/sda: 107.4 GB
Disk /dev/sdc: 32GB
……
```

三酷猫发现，U 盘的设备名是 /dev/sdc，它打算把 U 盘挂到/mnt/sdc 目录下。

2）创建目录命令：

```
# cd /mnt
# mkdir sdc
```

3）执行挂载命令：

```
# mount /dev/sdc /mnt/sdc
```

4）用 df 命令查看挂载情况，发现 U 盘已经挂到了/mnt/sdc 目录下。

5）三酷猫使用了复制命令，将默认路径下的账单目录都复制到了 U 盘上：

```
# cp -r ~/1000shop /mnt/sdc
```

6）卸载 U 盘命令：

```
# umount /mnt/sdc
```

5.6　练习和实验

一．练习

1．填空题

1）Linux 文件系统由三部分组成，分别是（　　）、（　　）和（　　）。

2）Linux 常见的文件系统类型有（　　）、（　　）、（　　）和（　　）等（列举 4 种）。

3）列举 3 种 Linux 常见的压缩命令：（　　　）、（　　　）和（　　　）。

4）Ext 3 文件系统有 3 种常用的日志方法，分别是（　　　）、（　　　）和（　　　）。

5）CentOS 7 默认的文件系统类型是（　　　）。

2．判断题

1）一个 Linux 文件以数据块为单位存储数据，通过索引节点查找文件对应的数据块。索引节点是一个 32 字节长的表，包含文件的属性信息。　　　　　　　　　　　　（　　）

2）在 Linux 中有两种磁盘分区格式，分别是 MAR 和 MBR。　　　　　　　　　（　　）

3）mkfs 命令用来格式化磁盘，mkswap 命令用来创建虚拟内存。　　　　　　　（　　）

4）tar 命令可以使用参数的方式调用其他压缩命令，实现压缩和解压文件。

（　　）

5）fsck 命令只能检查出文件系统存在的问题，但不能对其进行修复。　　　　（　　）

二．实验

实验 1：检测磁盘。

根据 5.4.1 小节的内容对磁盘进行检测，并记录结果。

实验 2：挂载 U 盘。

1）找到一个 U 盘，在 Windows 环境下将 U 盘格式化为 FAT32 或 EXFAT 格式，然后在 U 盘上创建一个文本文件 hello.txt，内容是"你好，Linux"。

2）在 Linux 上挂载该 U 盘，将 hello.txt 文件复制到用户目录下，并使用 cat 命令显示该文件的内容。

第6章　系统权限管理

为什么需要设定不同的权限？所有用户都使用管理员（root）身份不省事吗？由于绝大多数用户使用的是个人计算机，使用者一般都是被信任的人（如家人、朋友等）。在这种情况下，大家都可以使用管理员身份登录。但在服务器上就不是这种情况了，往往运行的数据越重要，则其价值越高，那么服务器对权限的设定就要越详细，用户的分级也要越明确。

和 Windows 系统不同，Linux 系统为每个文件都添加了很多属性，这样做最大的作用就是维护数据的安全。在 Linux 系统中，和系统服务相关的文件通常只有 root 用户才能读或写，如/etc/shadow 文件记录了系统所有用户的密码数据，非常重要，因此绝不能让普通用户读取，而只有 root 用户才可以有读取权限。

例如，有一个软件开发团队，你希望团队中的每个人都可以使用某些目录下的文件，而团队之外的人则不能使用，那么将团队中的所有人加入新的群组，并赋予此群组的人读写目录的权限即可实现。反之，如果目录权限没有设置好，就很难防止其他人在你的系统中"捣乱"。

因此，在服务器中绝对不能让所有的用户都使用 root 身份登录，而要根据不同的工作需求和职位层级，合理分配用户等级和权限等级。本章的内容非常重要，主要内容如下：

- 文件权限；
- 用户账号与用户组；
- 用户管理；
- 用户及用户组系统文件管理；
- ACL 权限设置；
- 用户身份切换。

6.1　文件权限

Linux 操作系统是一个多用户操作系统，这样就存在资源共享与隔离的问题。也就是说，用户甲的资源可能不愿意让用户乙访问，但是又存在超级用户可以访问所有用户资源的可能性。因此 Linux 操作系统需要具备权限管理的功能。Linux 原生的权限管理机制是基于用户角色的管理机制，也就是 UGO+RWX 控制。其中，UGO 是 User、Group 和 Other 的简称，RWX 则是 Read、Write 和 eXecute 的简称。

【**示例 6.1**】使用 ls -l 命令查看具体文件的相关信息。

```
[root@localhost ~]# ls -l /etc
drwxr-xr-x.  3  root  root       101 May 16 16:13  abrt
-rw-r--r--.  1  root  root        16 May 16 16:19  adjtime
-rw-r--r--.  1  root  root      1529 Apr  1  2020  aliases
-rw-r--r--.  1  root  root     12288 May 16 16:31  aliases.db
drwxr-xr-x.  3  root  root        65 May 16 16:15  alsa
drwxr-xr-x.  2  root  root      4096 May 16 16:18  alternatives
......
```

可以看到，每条记录由七部分组成，分别是文件属性、硬链接数量、属主、属组、文件大小、创建/修改时间、文件名称，如图 6.1 所示。

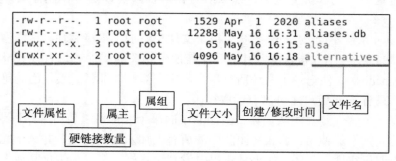

图 6.1　文件相关信息

下面介绍文件权限的相关知识。

6.1.1　文件属性

Linux 操作系统的文件权限与文件属性信息分别存放在索引节点和数据块中。查看文件的相关信息后，每个文件信息行最左边的部分是文件属性，由 10 位字符组成，如图 6.2 所示。

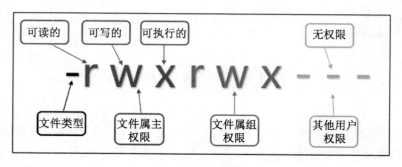

图 6.2　文件属性

第一个字符代表文件类型，其中：

- 当该字符为 d 时表示目录。
- 当该字符为-时表示文件。
- 当该字符为 l 时表示链接文件（Link File）。
- 当该字符为 b 时表示装置文件里可供储存的接口设备（可随机存取装置）。
- 当该字符为 c 时表示装置文件里的串行端口设备，如键盘和鼠标(一次性读取装置)。

除了第一个字符之外，剩下的 9 个字符分为三组，每组均为 rwx 的组合。其中，r 代表可读（Read）、w 代表可写（Write）、x 代表可执行（Execute）。需要注意的是，这 3 个字符的排列位置不会改变，如果没有权限，就会出现减号-。这 3 组权限分别表示文件属主权限、文件属组权限和其他用户权限。

举个例子，如果文件属性为 drwxr-xr-x，则其表示的意义如表 6.1 所示。

表 6.1　drwxr-xr-x文件属性的意义

文 件 类 型	属主权限（U）			属组权限（G）			其他用户权限（O）		
0	1	2	3	4	5	6	7	8	9
d	r	w	x	r	-	x	r	-	x
目录文件	读	写	执行	读	写	执行	读	写	执行

从左至右用 0～9 这 10 个数字来表示不同的含义。第 0 位确定文件类型，第 1～3 位确定属主（该文件的所有者）拥有该文件的权限，第 4～6 位确定属组（所有者的同组用户）拥有该文件的权限，第 7～9 位确定其他用户拥有该文件的权限。

其中：第 1、4、7 位表示读权限，如果用 r 字符表示，则有读权限，如果用"-"字符表示，则没有读权限；第 2、5、8 位表示写权限，如果用 w 字符表示，则有写权限，如果用"-"字符表示则没有写权限；第 3、6、9 位表示可执行权限，如果用 x 字符表示，则有执行权限，如果用"-"字符表示，则没有执行权限。

6.1.2　权限修改

前面介绍了文件权限对于系统安全的重要性，也介绍了文件对于使用者与群组的相关性。那么如何修改一个文件的权限呢？经常使用的命令有 chmod、chown 和 chgrp。

1．chmod命令

Linux 的 chmod（Change Mode）命令用于控制用户对文件权限进行修改。

Linux/UNIX 的文件调用权限分为三级：文件所有者（Owner，也称为文件属主）、用户组（Group，也称为属组）和其他用户（Other Users）。

命令格式如下：

```
chmod [参数] mode 文件
```

选项说明如下：

mode ：权限设定字串，格式为：[ugoa...][[+-=][rwxX]...][,...]。

其中：

- u 表示该文件的属主，g 表示该文件的属组，o 表示其他用户，a 与 ugo 组合所表示的意思一样。
- +表示增加权限，-表示取消权限，=表示唯一设定权限。
- r 表示可读取，w 表示可写入，x 表示可执行，X 表示该文件是一个子目录或者该文件已经被设为可执行。

常用参数说明如下：

- -c：如果该文件的权限已经更改，则显示其更改操作。
- -f：该文件的权限即使无法被更改，也不要显示错误信息。
- -v：显示权限变更的详细信息。
- -R：对当前目录下的所有文件与子目录进行相同的权限变更，即以递归的方式逐个进行变更。

符号模式：

使用符号模式可以设置多个项目，如 who（用户类型）、operator（操作符）和 permission（权限），每个项目的设置可以用逗号隔开。命令 chmod 用于修改 who 指定的用户类型对文件的访问权限。用户类型由一个或者多个字母在 who 里的位置来决定。

who 的符号模式如表 6.2 所示。

表 6.2　who的符号模式

who	用 户 类 型	说　　明
U	user	属主
G	group	属组
O	others	其他用户
A	all	所用用户，相当于ugo

operator 的符号模式如表 6.3 所示。

表 6.3　operator的符号模式

operator	说　　明
+	为指定的用户类型增加权限
-	去除指定的用户类型的权限
=	设置指定的用户权限，即对将用户类型的所有权限重新设置

permission 的符号模式如表 6.4 所示。

表 6.4　permission的符号模式

模　　式	名　　字	说　　明
r	读权限	设置为可读权限
w	写权限	设置为可写权限
x	执行权限	设置为可执行权限
s	Set UserID/Set GroupID	当文件被执行时，根据who参数指定的用户类型设置文件的SUID或SGID权限
t	粘滞位	设置粘滞位，只有超级用户可以设置该位，也只有文件所有者可以使用该位

chmod 命令可以使用八进制数来指定权限。文件或目录的权限位由 9 个权限位来控制，每 3 位为一组，它们分别表示文件所有者（User）的读、写、执行，用户组（Group）的读、写、执行，以及其他用户（Others）的读、写、执行。早期，文件权限被放在一个比特掩码中，掩码中指定的比特位设为 1，用来说明一个类具有相应的优先级，如表 6.5 所示。

表 6.5　文件权限掩码

十进制格式	权　　限	rwx格式	二进制格式
7	读 + 写 + 执行	rwx	111
6	读 + 写	rw-	110
5	读 + 执行	r-x	101
4	只读	r--	100
3	写 + 执行	-wx	011
2	只写	-w-	010
1	只执行	--x	001
0	无	---	000

上述内容较多且复杂，下面用示例来说明。

（1）用字母表示法修改文件和目录的权限

命令格式如下：

```
chmod [ugo] [+-=] [rwx] 文件名
```

【示例 6.2】修改/home/ly 目录下 cat123 文件的权限，使其他用户拥有可读和可执行的权限。

```
#查询 cat123 的权限，其他用户没有可读和可执行权限
[root@localhost ~]# ls -l /home/ly
-rwxrwx---. 1 root ly 12 May 19 10:28 cat123
[root@localhost ~]# cd /home/ly
[root@localhost ly]# chmod o+rx cat123          #为 who 值 o 添加 r 和 x 权限
[root@localhost ly]# ls -l cat123
```

```
#再次查询，其他用户具有可读和可执行权限
-rwxrwxr-x. 1 root ly 12 May 19 10:28 cat123
```

【示例 6.3】让 ly 用户组及其他用户都只有文件的读权限。

```
[root@localhost ly]# chmod go=r-- cat123
[root@localhost ly]# ls -l cat123
-rwxr--r--. 1 root ly 12 May 19 10:28 cat123
```

【示例 6.4】再次修改该文件的权限，使 ly 用户组及其他用户具有读和写的权限。

```
#这种写法是错误的，可在 g+w 和 o+w 之间加个逗号
 [root@localhost ly]# chmod g+w o+w cat123
chmod: cannot access 'o+w': No such file or directory
[root@localhost ly]# chmod go+w cat123 #为 who 值 g 和 o 添加 w 权限
[root@localhost ly]# ls -l cat123
-rwxrw-rw-. 1 root ly 12 May 19 10:28 cat123
```

【示例 6.5】让所有用户，包括拥有者、用户组及其他用户都有读、写和执行的权限。

```
localhost ly]# chmod a=rwx cat123          #who 值为 a，字段为 rwx，所有权限都赋予
[root@localhost ly]# ls -l cat123
-rwxrwxrwx. 1 root ly 12 May 19 10:28 cat123
```

【示例 6.6】在原有权限的基础上添加其他权限。

```
localhost ly]# chmod a+wx cat123          #who 值为 a，增加权限字段 wx
[root@localhost ly]# ls -l cat123
-rwxrwxrwx. 1 root ly 12 May 19 10:28 cat123
```

使用字母表示法修改文件和目录权限的缺点是，如果要更改两个或更多的用户组，并且每个用户组的修改又各不相同，则需要至少运行 chmod 命令两次。下面介绍如何使用数字表示法来解决这个问题。

（2）用数字表示法修改文件和目录的权限

命令格式如下：

```
chmod [0-7] [0-7] [0-7] 文件名
```

【示例 6.7】修改/home/ly 目录下 cat123 文件的权限，使其他用户与拥有者及用户组具有一样的可读和可执行权限。

```
#查询到原文件的权限是拥有者和用户组具有读和执行的权限,读+执行对应的十进制格式为 4+1=5
[root@localhost ly]# ls -l cat123
-r-xr-x---. 1 root ly 12 May 19 10:28 cat123
[root@localhost ly]# chmod 555 cat123    #将 3 个 who 位置皆设置为 5，即读+执行
[root@localhost ly]# ls -l cat123
-r-xr-xr-x. 1 root ly 12 May 19 10:28 cat123
```

【示例 6.8】对 3 个 who 位置设置不同的权限，则拥有者具有读、写和执行的权限，用户组具有读和执行的权限，其他用户具有只读权限。

```
#数字 7 表示 4+2+1，读+写+执行的权限皆有；数字 5 表示 4+1，只有读+执行的权限；数字 4 表
 示只读权限
[root@localhost ly]# chmod 754 cat123
[root@localhost ly]# ls -l cat123
-rwxr-xr--. 1 root ly 12 May 19 10:28 cat123
```

用数字表示法修改文件和目录权限比较方便与好记，字母表示法和数字表示法读者都可以学习，以便在不同的场景中选择更合适的方法。

（3）高级的特殊权限

Linux 系统还拥有 3 个高级的特殊权限属性：suid、sgid 和 sticky bit。

suid 属性只能运用在可执行文件中，其含义是开放文件所有者的权限给其他用户，即当用户执行该文件时，会拥有该文件的所有者的权限。例如，ly 用户能够执行 passwd 命令修改自己的密码，修改密码其实就是修改/etc/shadow 文件。查看/etc/passwd 文件的权限可以发现，除了 root 用户之外，其他人没有写权限，但是 ly 用户能够成功地执行 passwd。原因是 passwd 这个命令的权限是 rwsr-xr-x，其中，s 的作用就是让执行命令的人具有和该命令拥有者相同的权限。

【示例 6.9】使用 suid。

```
# /etc 目录下的 passwd 文件只有拥有者具有写的权限
[ly@localhost ~]$ ls -l /etc/passwd
-rw-r--r--. 1 root root 2298 May 16 16:19 /etc/passwd
[ly@localhost ~]$ ls -l /usr/bin/passwd    #/usr/bin 目录下的 passwd 文件
-rwsr-xr-x.
#在 root 账号下查询/etc/passwd 文件的权限信息
[root@localhost ly]# ls -l /etc/passwd
-rw-r--r--. 1 root root 2298 May 16 16:19 /etc/passwd
[root@localhost ly]# chmod u+s /etc/passwd        #使用字母法修改权限
[root@localhost ly]# ll /etc/passwd
#加上 s 权限，则使用文件的人具有和拥有者同样的权限，这里的大写 S 表示设置之前拥有者没有
  执行的权限。大小写 s 能够表明设置之前最初的权限情况
-rwSr--r--. 1 root root 2298 May 16 16:19 /etc/passwd
```

当然也可以使用数字表示法来修改权限。设置 suid 属性可以使用数字 4，并且将其放在原有的 3 位数字之前。回顾一下，数字权限使用了 3 个数字，第 1 个数字表示拥有者权限，第 2 个数字表示用户组权限，第 3 个数字表示其他用户权限。其实，在这 3 个数字的前面也就是最左边还有第 4 个数字，只不过绝大多数情况下该数字是 0，所以没有必要显示。只有在更改 suid、sgid 或 sticky bit 时才使用第 4 个数字。特殊权限的数字含义如表 6.6 所示。

表 6.6　特殊权限的数字含义

数　字	含　义
0	删除suid、sgid和sticky bit
1	设置sticky bit
2	设置sgid
3	设置sticky bit和sgid
4	设置suid
5	设置sticky bit和suid
6	设置sgid和suid
7	设置sticky bit、sgid和suid

【示例 6.10】使用数字表示法修改权限。

```
[root@localhost ly]# chmod 4765 /etc/passwd          # 4 表示设置 suid
[root@localhost ly]# ls -l /etc/passwd
-rwsrw-r-x. 1 root root 2298 May 16 16:19 /etc/passwd
```

　　sgid 属性可用于文件或者目录中。用在文件中表示开放文件所属组的权限给其他用户，即当用户执行该文件时，会拥有该文件所属组用户的权限；用在目录中表示在该目录下所有用户创建的文件或者目录的所属组都和此目录的权限一样。即如果/home/ly 目录具有 sgid 权限且所属组是 ly，则任何用户在/home/ly 下创建的子目录或者文件的所属组都是ly。设置 sgid 属性与设置 suid 属性的方法类似，但使用的是 g 而不是 u。

【示例 6.11】使用 sgid。

```
[root@localhost home]# ls -l
drwx------. 5 ly ly 177 May 20 11:08 ly
[root@localhost home]# chmod g+s ly
[root@localhost home]# ls -l
# 在 who 位置为 g 加上 s 权限，那么只要是 ly 用户组内的用户就都具有执行的权限，这里的大写
  S 表示设置之前拥有者没有执行的权限。大小写 s 能够表明设置之前最初的权限情况
drwx--S---. 5 ly ly 177 May 20 11:08 ly
```

【示例 6.12】使用数字表示法。

```
[root@localhost home]# chmod 2765 ly  # 2 表示设置 sgid
[root@localhost home]# ls -l
drwxrwSr-x. 5 ly ly 177 May 20 11:08 ly
```

　　sticky bit 权限只能用在目录中，其含义是该目录下所有的文件和子目录只能由拥有者删除，即使其权限是 777 或者其他。在一个公共目录下，每个人都可以创建文件和删除自己的文件，但不能删除别人的文件。此权限仅对目录有效。sticky bit 权限的简写是 t。

【示例 6.13】查看/tmp 目录的属性。

```
[root@localhost ~]# ls -l /
drwxrwxrwt.  41 root root 4096 May 20 11:35 tmp
```

　　可以看到，/tmp 目录在其他用户位置的可执行位是 t，说明在/tmp 目录下，每个人都可以创建文件和删除自己的文件，但不能删除别人的文件。

【示例 6.14】使用字母表示法设置 sticky bit 权限。

```
# 这里不需要使用 o+t，因为 t 只能用于其他用户位置
[root@localhost home]# chmod +t ly
[root@localhost home]# ls -l
drwxrwSr-t. 5 ly ly 177 May 20 11:08 ly

[root@localhost home]# chmod -t ly                    #删除使用减号-
[root@localhost home]# ls -l
drwxrwSr-x. 5 ly ly 177 May 20 11:08 ly
```

　　【示例 6.15】使用数字表示法设置 sticky bit 权限。由表 6.5 可知，设置 sticky bit 权限对应的数字为 1。

```
[root@localhost home]# chmod 1765 ly          # 1表示设置 sticky bit
[root@localhost home]# ls -l
drwxrwSr-t. 5 ly ly 177 May 20 11:08 ly
```

2．chown命令

chown 是 Change Owner（变更拥有者）的意思，该命令用于设置文件所有者和文件关联组。Linux 是多用户、多任务的分时操作系统，其所有的文件皆有拥有者。利用 chown 命令可以将指定的文件的拥有者改为指定的用户或组，用户可以是用户名或者用户 ID，组可以是组名或者组 ID，文件是以空格分开的要改变权限的文件列表，支持通配符。只有超级用户 root 才能设置 chown 命令。只有超级用户和属于组的文件所有者才能变更文件的关联组。

命令格式如下：

```
chown [参数] 文件
```

常用的参数如下：

- user：新文件拥有者的使用者的 ID。
- group：新文件拥有者的使用者的组。
- -c：显示更改部分的信息。
- -f：忽略错误信息。
- -h：修复符号链接。
- -v：显示详细的处理信息。
- -R：处理指定目录及其子目录下的所有文件。

【示例 6.16】使用 chown 命令。

```
#chown root /var/run/httpd.pid #把/var/run/httpd.pid 的所有者设置为 root
#chown ly:ly file1.txt        #将文件 file1.txt 的拥有者设为 ly，将用户组设为 ly
#chown -R ly:ly *   #将当前目录下的所有文件与子目录的拥有者皆设为 ly，将用户组设为 ly
#chown :501 /home/ly    #将/home/ly 的用户组设置为 ID=501 的用户组，但不改变所有者
```

3．chgrp命令

chgrp 是 Change Group（变更用户组）的简写，该命令用于变更文件所属用户组。在 Linux 系统中，文件的权限是通过所属用户及用户组来管理的。可以通过 chgrp 命令来更改文件所属用户组，设置方式采用用户组名称或用户组 ID 都可以。

命令格式如下：

```
chgrp [参数]所属用户组 文件
```

常用的参数如下：

- -c：效果类似于-v 参数，但仅显示更改的部分。
- -f：不显示错误信息。
- -h：只对符号链接的文件进行修改，而不会改动其他相关文件。

- -R：递归处理，将指定目录下的所有文件及其子目录一并处理。
- -v：显示指令的执行过程。

【示例 6.17】使用 chgrp 命令。

```
#使用 root 账号登录，列出/home/ly 目录下有一个文件 cat123
[root@localhost ~]# ls -l /home/ly
#cat123 文件的属组为 root，其他用户没有读、写和执行权限
-rwxrwx---. 1 root root 12 May 19 10:28 cat123
[root@localhost ~]# cat /home/ly/cat123        #使用 root 用户可以正常读取文件内容
hello world

[root@localhost ~]# su ly                      #切换到 ly 用户组
[ly@localhost root]$ cat /home/ly/cat123       #读取 cat123 文件，被告知权限受限
cat: /home/ly/cat123: Permission denied

#将 cat123 文件的所属用户组变更为 ly
[root@localhost ~]# chgrp ly /home/ly/cat123
[root@localhost ~]# ls -l /home/ly             #所属用户组已改变为 ly
-rwxrwx---. 1 root ly 12 May 19 10:28 cat123
[root@localhost ly]# su ly                     #切换到 ly 账户下
[ly@localhost ~]$ cat /home/ly/cat123          #读取 cat123 的内容
hello world
```

通过修改文件的属组属性，给原来不具有操作该文件的用户组赋予了相应的权限，使这个属组下的账户可以对该文件进行操作。

通过修改用户组的方式，就可以让某个非 root 的用户组具有操作某些文件的权限了。

6.1.3　隐藏权限

在 Linux 系统中，文件除了具备一般权限和特殊权限之外，还具有一种隐藏权限，即被隐藏起来的权限，在默认情况下用户不会发现该权限。有的用户曾经在生产环境中碰到过明明权限充足但却无法删除某个文件，或者仅能在日志文件中增加内容而不能修改或删除内容的情况，这在一定程度上可以阻止黑客篡改系统日志的图谋，从而保障 Linux 系统的安全性。

chattr 命令用于设置文件的隐藏权限。如果想要把某个隐藏功能添加到文件中，则需要在命令后面追加"+参数"，如果想要把某个隐藏功能移出文件，则需要追加"-参数"。在 chattr 命令中可供选择的隐藏权限参数非常丰富，下面具体介绍。

命令格式如下：

```
chattr [参数] 文件
```

chattr 命令用于隐藏权限的参数及其作用如下：

- i：无法对文件进行修改。如果在目录中设置了该参数，则仅能修改其中的子文件内容而不能新建或删除文件。
- a：仅允许补充（增加）内容，而无法覆盖或删除内容。

- S：文件内容变更后会立即同步到磁盘上。
- s：彻底从磁盘中删除文件且不可恢复（用 0 填充原文件所在磁盘区域）。
- A：不再修改这个文件或目录的最后访问时间。
- b：不再修改文件或目录的存取时间。
- D：检查压缩文件中的错误。
- d：使用 dump 命令备份时忽略本文件或目录。
- c：默认将文件或目录进行压缩。
- u：删除该文件后依然保留其在磁盘中的数据，以方便日后恢复。
- t：让文件系统支持尾部合并。
- X：可以直接访问压缩文件中的内容。

常用隐藏权限的参数设置用+i 或+a。

【示例 6.18】使用+i 参数。

```
[root@localhost ly]# ls -l cat123              #查看 cat123 文件的权限
-rwxrwxrwx. 1 root ly 12 May 19 10:28 cat123
[root@localhost ly]# cat cat123                #查看文件的内容
hello world
[root@localhost ly]# chattr +i cat123          #加上隐藏权限+i
[root@localhost ly]# vim cat123                #准备编辑 cat123 文件
#下面进入 Vim 编辑界面
hello world
~
~
#警告出现，告知 cat123 文件是只读文件
-- INSERT -- W10: Warning: Changing a readonly file

world                                          #删除 hello，对文件进行修改
~
~
~
E45: 'readonly' option is set (add ! to override)  #警告：只读，不能改动！

:wq!                                           #强制保存并退出
"cat123" E212: Can't open file for writing     #错误操作，不允许
Press ENTER or type command to continue

:q!                                            #强制退出
```

从上例中可以看出，+i 参数的威力很大，基本是"六亲不认"，就是不让修改文件。

【示例 6.19】使用+i 参数。

```
[root@localhost ~]# mkdir testdir          #新建目录 testdir
[root@localhost ~]# cd testdir             #进入新建的这个目录
[root@localhost testdir] # touchtest1      #创建新文件 test1
[root@localhost ~]# chattr +i testdir      #对目录 testdir 加上隐藏权限+i
#想在该目录下创建新文件 test2，遭拒！说明加了隐藏权限+i 的目录下不可以新建文件
[root@localhost testdir] # touchtest2
```

```
touch: cannot touch 'test2': Permission denied

# 将字符串 hello 加入 test1 文件，使用 echo 命令比 Vim 更方便
[root@localhost ~]# echo "hello"> testdir/test1
#查看 test1 文件的内容，hello 字符串已加入，说明加了隐藏权限+i 的目录下的文件是可以被
    修改的
[root@localhost ~]# cat testdir/test1
hello

#删除 test1 文件失败，说明加了隐藏权限+i 的目录下的文件不可以被删除
[root@localhost ~]# rm -f testdir/test1
rm: remove regular file 'test1'? y
rm: cannot remove 'test1': Permission denied
```

可以看出，使用+i 参数只能修改子文件的内容，不能新建或删除文件。

【示例 6.20】使用+a 参数。

```
#新建 test2 文件，此时的/testdir 目录无隐藏权限
[root@localhost testdir]# touch test2
[root@localhost testdir]# chattr +a test2          #给 test2 文件加隐藏权限+a
#将字符串 hello 加入 test2 文件遭拒，">" 的作用是输入+覆盖
[root@localhost testdir]# echo "hello"> test2
bash: test2: Operation not permitted
#使用 ">>" 意为追加内容，将字符串 hello 追加到文件 test2 中
[root@localhost testdir]# echo "hello">> test2
[root@localhost testdir]# cat test2                #查询内容成功
hello
[root@localhost testdir]# echo "world"> test2      #使用 ">" 失败
bash: test2: Operation not permitted
[root@localhost testdir]# echo "world">> test2     #再次追加
[root@localhost testdir]# cat test2
hello
world
[root@localhost testdir]# rm test2                 #删除 test2 文件失败
rm: remove regular file 'test2'? y
rm: cannot remove 'test2': Operation not permitted
```

可以看出，使用+a 参数仅允许补充（增加）内容，而无法覆盖或删除内容。

lsattr 命令用于显示文件的隐藏权限。在 Linux 系统中，显示文件的隐藏权限必须使用
lsattr 命令。如果使用 ls 之类的命令，则看不出任何端倪。

命令格式如下：

```
lsattr [参数] 文件
```

常用的参数为-l，它可以列出文件的隐藏权限的具体含义，不带参数则列出文件的隐
藏权限。

【示例 6.21】lsattr 命令的用法。

```
[root@localhost testdir]# lsattr          #列出 testdir 目录下的文件的隐藏权限
----i----------- ./test1
-----a---------- ./test2
#列出 testdir 目录下的文件隐藏权限的具体内容
```

```
[root@localhost testdir]# lsattr -l
./test1                      Immutable
./test2                      Append_Only
```

6.2　用户账号与用户组

Linux 系统是一个多用户、多任务的分时操作系统，任何一个要使用系统资源的用户都必须首先向系统管理员申请一个账号，然后以这个账号的身份进入系统。账号一方面可以方便系统管理员对使用系统的用户进行跟踪，并控制他们对系统资源的访问；另一方面也可以帮助用户组织文件，并为他们提供安全性保护。每个用户账号都有一个唯一的用户名和口令。用户在登录时输入正确的用户名和口令就能够进入系统和自己的主目录。实现对用户账号的管理要完成的工作主要有用户账号的添加、删除与修改，用户密码的管理，以及用户组的管理几个方面。

6.2.1　用户账号

用户账号的管理工作主要包括用户账号的添加、修改和删除，以及用户密码管理。添加用户账号就是在系统中创建一个新账号，然后为新账号分配用户号、用户组、主目录和登录 Shell 等资源。新添加的账号是被锁定的，无法使用。

1．添加新账号——useradd命令

添加新用户账号使用 useradd 命令，其格式如下：

```
useradd [选项] 用户名
```

参数说明如下：

- -c comment：指定一段注释性描述。
- -d 目录：指定用户的主目录，如果此目录不存在，则可以使用-m 选项创建主目录。
- -g 用户组：指定用户所属的用户组。
- -G 用户组：指定用户所属的附加组。
- -s Shell 文件：指定用户登录的 Shell 文件。
- -u 用户号：指定用户的用户号，如果同时有-o 选项，则可以重复使用其他用户的标识号。
- 用户名：指定新账号的登录名。

【示例 6.22】创建用户并生成一个主目录。

```
# 创建一个用户 threecoolcat，其中，-d 和-m 选项用来为登录名 threecoolcat 产生一个主
目录/home/threecoolcat（/home 为默认的用户主目录所在父目录）
# useradd -d /home/threecoolcat -m threecoolcat
```

【示例 6.23】创建用户并指定 Shell。

```
#新建一个用户 ly，该用户的登录 Shell 是 /bin/sh，它属于 ly 用户组，同时又属于 root 用
  户组，ly 用户组是其主组
# useradd -s /bin/sh -g ly -G root ly
```

这里可能涉及新建组命令#groupadd ly，后面会讲到。

增加用户账号本质上是在/etc/passwd 文件中为新用户增加一条记录，同时更新其他系统文件如/etc/shadow 和/etc/group 等。

2.　删除账号——userdel命令

如果一个用户的账号不再使用，可以从系统中删除。删除用户账号就是将/etc/passwd 等系统文件中的该用户记录删除，必要时还需要删除用户的主目录。删除一个已有的用户账号使用 userdel 命令，其格式如下：

```
userdel [选项] 用户名
```

常用的选项是-r，它的作用是把用户的主目录一并删除。

【示例 6.24】删除用户账号。

```
#删除用户 ly 在系统文件中（主要是/etc/passwd、/etc/shadow 和/etc/group 等文件）的
  记录，同时删除用户的主目录
# userdel -r ly
```

3.　修改账号——usermod命令

修改用户账号就是根据实际情况更改用户的有关属性，如用户号、主目录、用户组、登录 Shell 等。修改已有用户的信息使用 usermod 命令，其格式如下：

```
usermod [选项] 用户名
```

常用的选项包括-c、-d、-m、-g、-G、-s、-u 及-o 等，这些选项的意义与 useradd 命令中的选项一样，可以为用户指定新的资源值。

【示例 6.25】修改用户账号。

```
# 将用户 threecoolcat 的登录 Shell 修改为 ksh，主目录改为/home/ly，用户组改为 ly
# usermod -s /bin/ksh -d /home/ly -g ly threecoolcat
```

4.　用户密码管理——passwd命令

用户管理的一项重要工作是对用户密码的管理。用户账号刚创建时没有密码，因此被系统锁定，无法使用，必须为其指定密码后才可以使用，即使是指定空密码。指定和修改用户密码的命令是 passwd。超级用户可以为自己和其他用户指定密码，普通用户只能修改自己的密码。passwd 命令的格式如下：

```
passwd [选项] 用户名
```

可使用的选项如下：

- -l：锁定密码，即禁用账号。
- -u：密码解锁。
- -d：使账号无密码。
- -f：强迫用户下次登录时修改密码。

如果默认用户名，则修改当前用户的密码。

【示例 6.26】假设当前用户是 threecoolcat，修改该用户自己的密码。

```
$ passwd
Changing password for user ly.
Changing password for ly.
(current) UNIX password:******
New password: ******
Retype new password:******
```

【示例 6.27】假设是超级用户，指定任何用户的密码。

```
# passwd ly
Changing password for user ly.
New password: ******
Retype new password:******
```

普通用户修改自己的密码时，passwd 命令会先询问原密码，验证后再要求用户输入两遍新密码，如果两次输入的密码一致，则将这个密码指定给用户；而超级用户为用户指定密码时则不需要知道原密码。为了系统安全起见，用户应该选择比较复杂的密码。例如，最好使用 8 位字符组成的密码，密码中包含大写、小写字母和数字，并且应该与用户的姓名和生日等信息不同。

【示例 6.28】为用户指定空密码。

```
#该命令将用户 ly 的密码删除，这样用户 ly 下一次登录时系统就不再允许该用户登录了
# passwd -d ly
```

【示例 6.29】用-l(lock)选项锁定某个用户，使其不能登录。

```
# passwd -l ly
```

6.2.2　用户组

用户组，顾名思义就是具有相同权限的若干个用户的组合。每个用户都有一个用户组，系统可以对一个用户组中的所有用户进行集中管理。不同 Linux 系统对用户组的规定有所不同，如 Linux 下的用户属于与它同名的用户组，这个用户组在创建用户时同时创建。经常使用的命令有 groupadd、groupdel、groupmod 和 newgrp。用户组的管理涉及用户组的添加、删除和修改。组的增加、删除和修改实际上就是对/etc/group 文件的更新。

1．增加新用户组——groupadd命令

groupadd 命令，其格式如下：

```
groupadd [选项] 用户组
```

常用选项如下：

- -g GID：指定新用户组的组标识号。
- -o：一般与-g 选项同时使用，表示新用户组的 GID 可以与系统已有的用户组的 GID 相同。

【示例 6.30】新增用户组。

```
#该命令向系统中增加了一个新组 threecoolcat，新组的组标识号是在当前已有的最大组标识号
 的基础上加 1
# groupadd threecoolcat
```

【示例 6.31】组标识号是在/etc/group 文件中的记录，每个组对应一条记录。示例如下：

```
#向系统中增加了一个新组 group1，同时指定新组的组标识号是 105
# groupadd -g 105 group1
```

2．删除已有用户组——groupdel命令

groupdel 命令，其格式如下：

```
groupdel 用户组
```

【示例 6.32】删除某用户组。

```
# groupdel group1                          #从系统中删除组 group1
```

3．修改用户组属性——groupmod命令

使用 groupmod 命令，其格式如下：

```
groupmod [选项] 用户组
```

常用的选项如下：

- -g GID：为用户组指定新的组标识号。
- -o：与-g 选项可以同时使用，用户组的新 GID 可以与系统已有用户组的 GID 相同。
- -n 新用户组：将用户组的名字改为新的名字。

【示例 6.33】修改某一个用户组的组标识号。

```
# groupmod -g 102 group2                    #将组 group2 的组标识号修改为 102
```

【示例 6.34】同时修改用户组组名和组标识号。

```
#将组 group2 的标识号改为 10000，组名修改为 group3
# groupmod -g 10000 -n group3 group2
```

4．用户组切换——newgrp命令

如果一个用户同时属于多个用户组，那么该用户可以在用户组之间进行切换，以便具有其他用户组的权限。用户可以在登录后使用 newgrp 命令切换到其他用户组，该命令的参数就是目的用户组。

【示例 6.35】切换用户组。

```
#将当前用户切换为 root 用户组，前提条件是 root 用户组确实是该用户的主组或附加组
$ newgrp root
```

6.3　用户及用户组系统文件管理

6.2 节介绍的用户账户添加、删除和修改等操作可以通过命令行的形式来完成。本节主要介绍如何使用具体的命令查看用户的信息，以及如何通过用户系统文件和用户组系统文件查看用户及用户组的信息。

6.3.1　查看用户信息

id 命令可以查看某人或自己的相关 UID 和 GID 等信息。该命令的参数较多，但不需要记住那么多，而只需要全部列出该参数即可。其命令格式如下：

```
id 用户名
```

【示例 6.36】查看 root 的相关信息。

```
[root@localhost ~]# id              # 因为当前用户就是 root，所以直接使用 id 命令
uid=0(root) gid=0(root) groups=0(root) context=unconfined_u:unconfined_
r:unconfined_t:s0-s0:c0.c1023
```

【示例 6.37】查看其他用户的相关信息。

```
[root@localhost ~]# id ly              #查看用户 ly 的相关信息
uid=1000(ly) gid=1000(ly) groups=1000(ly)
```

6.3.2　用户系统文件

完成用户管理工作有许多种方法，每一种方法实际上都是对与用户账号有关的系统文件进行修改。与用户相关的信息存放在/etc/passwd 系统文件中，该文件是用户管理工作涉及的最重要的一个文件。Linux 系统中的每个用户都在/etc/passwd 文件中有一个对应的记录行，它记录了这个用户的一些基本属性，该文件对所有用户都是可读的，其内容大致如下：

```
[root@localhost ~]# cat /etc/passwd
root:x:0:0:root:/root:/bin/bash
bin:x:1:1:bin:/bin:/sbin/nologin
adm:x:3:4:adm:/var/adm:/sbin/nologin
daemon:/dev/null:/sbin/nologin
sssd:x:991:985:User for sssd:/:/sbin/nologin
gdm:x:42:42::/var/lib/gdm:/sbin/nologin
rpcuser:x:29:29:RPC Service User:/var/lib/nfs:/sbin/nologin
```

```
gnome-initial-setup:x:988:982::/run/gnome-initial-setup/:/sbin/nologin
sshd:x:74:74:Privilege-separated SSH:/var/empty/sshd:/sbin/nologin
tcpdump:x:72:72::/:/sbin/nologin
ly:x:1000:1000:ly:/home/ly:/bin/bash
……
```

从中可以看到，在/etc/passwd 中，一行记录对应一个用户，每行记录又被冒号分隔为 7 个字段，其格式和具体含义如下：

用户名:口令:用户标识号:组标识号:注释性描述:主目录:登录 Shell

- 用户名：代表用户账号的字符串，其长度通常不超过 8 个字符，并且由大小写字母和（或）数字组成。登录名中不能有冒号，因为冒号在这里是分隔符；登录名中最好不要包含点字符（.），并且不要使用连字符（-）和加号（+）打头。

- 口令：在一些系统中会存放加密后的用户口令字。虽然这个字段存放的只是用户口令的加密串，不是明文，但是由于/etc/passwd 文件对所有用户都可读，所以这仍然是一个安全隐患。CentOS 7 使用 shadow 技术把真正加密后的用户口令字存放到/etc/shadow 文件中，而在/etc/passwd 文件的口令字段中只存放一个特殊字符，如"x"或者"*"。

- 用户标识号：采用整数表示，系统内部用其标识用户，一般情况下它与用户名是一一对应的。如果几个用户名对应的用户标识号是一样的，那么系统内部将把它们视为同一个用户，但是它们可以有不同的口令、主目录及登录 Shell 等。用户标识号的取值范围通常是 0~65 535。0 是超级用户 root 的标识号，1~99 由系统保留，作为管理账号，普通用户的标识号从 100 开始，可支持 500 个。

- 组标识号：字段记录的是用户所属用户组，该字段对应/etc/group 文件中的一条记录。

- 注释性描述：该字段记录用户的一些个人信息，如用户的真实姓名、电话和地址等，该字段并没有实际用途。

- 主目录：也就是用户的起始工作目录，它是用户登录系统之后所在的目录。在大多数系统中，各用户的主目录都被组织在同一个特定目录下，而用户主目录的名称就是该用户的登录名。各用户对自己的主目录有读、写和执行（搜索）权限，其他用户对此目录的访问权限则根据具体情况进行设置。

- 登录 Shell：用户登录后要启动一个进程，负责将用户的操作传给内核。这个进程是用户登录系统后运行的命令解释器或某个特定的程序，即 Shell。Shell 是用户与 Linux 系统之间的接口。Linux 的 Shell 有许多种，每种都有不同的特点，常用的有 sh（Bourne Shell）、csh（C Shell）、ksh（Korn Shell）、tcsh（TENEX/TOPS-20 type C Shell）和 bash（Bourne Again Shell）等。系统管理员可以根据系统的具体情况和用户习惯为用户指定某个 Shell。如果不指定 Shell，那么系统使用 sh 作为默认的登录 Shell，即这个字段的值为/bin/sh。用户的登录 Shell 也可以指定为某个特定的程序（此程序不是一个命令解释器）。利用这一特点可以限制用户只能运行指定的应用程序，在该应用程序运行结束后，用户就会自动退出系统。有些 Linux 系统要求只有在系统中登记的那些程序才能出现在这个字段中。

使用 Vim 可以对某个具体的用户账号进行编辑。当然只编辑这个文件还不行，还需要对其他的相关文件进行编辑，只不过这个过程比较复杂，不如使用命令简洁。感兴趣的读者可以查询相关资料进行实验，这里只是初步了解即可。

6.3.3　用户密码文件

CentOS 7 使用 shadow 技术，把真正加密后的用户口令字存放到/etc/shadow 文件中，该文件中的记录行与/etc/passwd 中的数据一一对应。/etc/shadow 根据/etc/passwd 中的数据自动产生记录，它的文件格式与/etc/passwd 类似，由若干个字段组成，字段之间用半角 ":" 隔开。这些字段如下：

登录名:口令:最后一次修改时间:最小时间间隔:最大时间间隔:警告时间:不活动时间:失效时间:标志

- 登录名：使用与/etc/passwd 文件中的登录名一致的用户账号。
- 口令：字段存放的是加密后的用户口令字，长度为 13 个字符。如果为空，则对应的用户没有口令，登录时不需要口令；如果口令中含有不属于大小写字母或数字的字符，则对应的用户不能登录。
- 最后一次修改时间：表示从某个时刻起，到用户最后一次修改口令时的天数。不同的系统时间起点可能不一样。
- 最小时间间隔：两次修改口令之间所需的最少天数。
- 最大时间间隔：口令保持有效的最多天数。
- 警告时间：从系统开始警告用户到用户密码正式失效之间的天数。
- 不活动时间：用户没有登录，但账号仍能保持有效的最多天数。
- 失效时间：字段给出的是一个绝对天数，如果使用了这个字段，那么就给出相应账号的生存期，期满后该账号就不再是一个合法的账号，也就不能再用来登录了。
- 标志：默认留空，暂时没有意义，它是系统保留的一个字段，以备后用。

【示例 6.38】/etc/shadow 的用法演示。

```
[root@localhost ~]# cat /etc/shadow
root:$6$TyLER0qd$K6ZoAreOFDO6eVCMRpqNthzG3kcft8yc59oJBtqikJNH7ketUYQxUJ
oHzlmlXFczBgvFjInvm3WbbEGWZzVO.0:18768:0:99999:7:::
bin:*:18353:0:99999:7:::
daemon:*:18353:0:99999:7:::
adm:*:18353:0:99999:7:::
tcpdump:!!:18763::::::
ly:$6$bEvjU8xUSwhbcf/z$jGCTLExexdbN9c7GrR/AtllvUNcvdv7q.C8mAwK7rZ9XoCjI
MhXjarN8inE.t91gZzyPv01tW0GK0MB6qCaE8/::0:99999:7:::
……
```

6.3.4　用户组系统文件

用户组的所有信息都存放在/etc/group 文件中。将用户分组是 Linux 系统中对用户进行管理及控制访问权限的一种手段。在/etc/passwd 文件中记录的是用户所属的主组，也就是登录时所属的默认组，而其他组称为附加组。用户要访问属于附加组的文件时，必须首先使用 newgrp 命令使自己成为所要访问的组中的成员。用户组的所有信息都存放在/etc/group 文件中。该文件的格式类似于/etc/passwd 文件，由冒号隔开若干个字段，这些字段如下：

> 组名:口令:组标识号:组内用户列表

- 组名：用户组的名称，由字母或数字构成。与/etc/passwd 中的登录名一样，组名不应重复。
- 口令：字段存放的是用户组加密后的口令字。Linux 系统的用户组一般都没有口令，即这个字段一般为空，或者是*。
- 组标识号：与用户标识号类似，也是一个整数，被系统内部用来标识组。
- 组内用户列表：属于这个组的所有用户的列表，不同用户之间用逗号分隔。这个用户组可能是用户的主组，也可能是附加组。

【示例 6.39】/etc/group 的用法演示。

```
[root@localhost ~]# cat /etc/group
root:x:0:
bin:x:1:
daemon:x:2:
sys:x:3:
adm:x:4:
tty:x:5:
disk:x:6:
postfix:x:89:
tcpdump:x:72:
ly:x:1000:ly
……
```

6.3.5　使用系统文件处理批量用户

添加和删除用户对每位 Linux 系统管理员而言是轻而易举的事，比较棘手的是如果要添加几十个、上百个甚至上千个用户时，则不可能还使用 useradd 一个一个地添加，必然要找一种简便的创建大量用户的方法。使用相关的系统文件去处理批量用户将会大大提高工作效率，方法如下：

1）先编辑一个用户文本文件。

　　每一列按照/etc/passwd 密码文件的格式书写，注意每个用户的用户名、UID、属主目录都不相同，其中，密码栏可以留为空白或输入 X 号。使用 Vim 编辑示例文件 user.txt，内容如下：

```
user001::600:100:user:/home/user001:/bin/bash
user002::601:100:user:/home/user002:/bin/bash
user003::602:100:user:/home/user003:/bin/bash
user004::603:100:user:/home/user004:/bin/bash
user005::604:100:user:/home/user005:/bin/bash
user006::605:100:user:/home/user006:/bin/bash
```

　　2）以 root 身份执行 newusers 命令，从刚创建的用户文件 user.txt 中导入数据，创建用户：

```
# newusers < user.txt
#cat /etc/passwd
```

　　然后可以执行 cat /etc/passwd 命令检查在/etc/passwd 文件中是否已经有这些用户的数据，并且用户的属主目录是否已经创建。

　　3）执行 pwunconv 命令，将/etc/shadow 产生的 shadow 密码解码，然后回写到/etc/passwd 中，并将/etc/shadow 的 shadow 密码栏删除。为了方便下一步的密码转换工作，先取消 shadow password 功能。

```
# pwunconv
```

　　4）使用 Vim 编辑每个用户的密码对照文件。格式如下：

```
用户名:密码
```

　　创建 password.txt 文件，内容如下：

```
user001:123456
user002:123456
user003:123456
user004:123456
user005:123456
user006:123456
```

　　5）以 root 身份执行 chpasswd 命令。

　　创建用户密码，chpasswd 会将经过 passwd 命令编码过的密码写入/etc/passwd 的密码栏。

```
# chpasswd < password.txt
```

　　6）确定密码经编码已写入/etc/passwd 的密码栏。然后执行 pwconv 命令将密码编码为 shadow password 并将结果写入/etc/shadow。

```
# pwconv
```

　　这样就完成了大量用户的创建工作，之后可以到/home 下检查这些用户属主目录的权限设置是否正确，然后登录并验证用户密码是否正确。

6.4　ACL 权限设置

ACL 是 Access Control List（访问控制列表）的缩写。在 Linux 系统中，ACL 用于设定用户对文件所具有的权限。ACL 用于设定传统的文件所有者、用户组和其他用户的读、写与执行权限之外的局部权限。ACL 还可以针对单个用户、文件或目录进行读、写与执行权限的设定，特别适用于需要使用特殊权限的情况。简单来说，ACL 可以设置特定用户或用户组对于一个文件或目录的操作权限。

ACL 权限管理命令的格式如下：

```
# getfacl 文件名                    #查看文件的 ACL 权限
# setfacl [选项] 文件名             #设定文件的 ACL 权限
```

常用选项如下：

- -m：设定 ACL 权限。如果想要给予用户 ACL 权限，则需要使用"u:用户名:权限"格式赋予；如果想要给予组 ACL 权限，则需要使用"g:组名:权限"格式赋予。
- -x：删除指定的 ACL 权限。
- -b：删除所有的 ACL 权限。
- -d：设定默认的 ACL 权限。该选项只对目录生效，表示在目录中新建立的文件拥有此默认权限。
- -k：删除默认的 ACL 权限。
- -R：递归设定 ACL 权限。指设定的 ACL 权限会对目录下的所有子文件生效。

下面举个例子来说明 ACL 的作用。

在如图 6.3 所示的根目录下有一个/learn 目录，这是班级的学习目录。班级里的每个学生都可以访问和修改这个目录，老师也需要对这个目录拥有访问和修改权限，其他班级的学生不能访问这个目录。需要怎么规划这个目录的权限呢？老师使用 root 用户作为这个目录的属主，权限为 rwx；班级里所有的学生都加入 group 组，使 group 组作为/learn 目录的属组，权限是 rwx；其他人的权限设定为---。这样这个目录的权限就符合要求了。有一天，班里来了一位插班生 ly，他必须能够访问/learn 目录，因此他对这个目录拥有 r 和 x 权限。但是他没有学习过以前的课程，因此不能赋予他 w 权限，怕他改错了目录中的内容，所以他的权限就是 r-x。可是如何分配他的身份呢？变为属主肯定不行。加入 group 组？也不行。因为 group 组的权限是 rwx，而我们要求学员 ly 的权限是 r-x。如果把其他人的权限改为 r-x 会怎样呢？这样一来，其他的学生也可以访问/learn 目录。当出现这种情况时，普通权限中的三种身份就不够用了。而 ACL 权限可以解决这个问题。在使用 ACL 权限给用户 ly 赋予权限时，ly 既不是/learn 目录的属主，也不是属组，而是只赋予用户 ly 针对此目录具有 r-x 权限。这有些类似 Windows 系统中分配权限的方式：单独指定用户并单独为其分配权限，这样就能解决用户身份不足的问题。

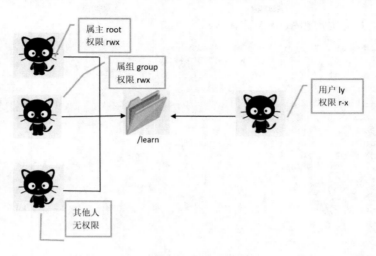

图 6.3　权限设置目录

【示例 6.40】具体的分配命令用法演示。

```
[root@localhost ~]# useradd zhao                #添加需要试验的用户和用户组
[root@localhost ~]# useradd qian
[root@localhost ~]# useradd ly
[root@localhost ~]# groupadd group1
[root@localhost ~]# mkdir /learn                #建立需要分配权限的目录
[root@localhost ~]# chown root:group1 /learn    #改变/learn目录的属主和属组
[root@localhost ~]# chmod 770 /learn            #指定/learn目录的权限
[root@localhost ~]# ls -ld /learn               #查看权限，已经符合要求
drwxrwx--- 2 root group1 6 May19 04:21 /learn

#ly学员来了，如何给他分配权限
#给用户ly赋予r-x权限，使用"u:用户名：权限" 格式
[root@localhost ~]# setfacl -m u:ly:rx /learn
[root@localhost /]# ls -ld /learn
#当使用ls-ld查询时，会发现在权限位后面多了一个"+"，表示此目录拥有ACL权限
drwxrwx---+ 3 root group1 6 May 19 05:20 /learn
[root@localhost /]# getfacl /learn              #查看/learn目录的ACL权限
#file: learn                              # 文件名
#owner: root                              # 文件的属主
#group: group1                            # 文件的属组
user::rwx                                 # 用户名栏是空的，说明是属主的权限
user:ly:r-x                               # 用户ly的权限
group::rwx                                # 组名栏是空的，说明是属组的权限
mask::rwx                                 # mask权限
other::---                                # 其他人的权限
```

可以看到，ly 用户既不是/learn 目录的属主、属组，又不是其他人，而是单独给 ly 用户分配了一个 r-x 权限。这样分配权限太方便了，完全不用辛苦地规划用户和用户组了。

那么给用户组赋予 ACL 权限可以吗？当然可以。

【示例 6.41】 给用户组赋予 ACL 权限。

```
[root@localhost /]# groupadd group2                    #添加测试组
#为组 group2 分配 ACL 权限,使用 "g:组名:权限" 格式
[root@localhost /]# setfacl -m g:group2:rwx /learn
[root@localhost /]# ls -ld /learn
drwxrwx---+ 2 root group1 6 May19 04:21 /learn         #属组并没有更改
[root@localhost /]# getfacl /learn
#file: learn
#owner: root
#group: group1
user::rwx
user:ly:r-x
group::rwx
group:group2:rwx                               # 用户组 group2 拥有 rwx 权限
mask::rwx
other::--
```

在上面的示例中可以看到一个称为 mask 的属性,mask 是用来指定最大有效权限的。mask 的默认权限是 rwx,如果我给 ly 用户赋予了 r-x 的 ACL 权限,ly 需要和 mask 的 rwx 权限 And 才能得到 ly 的真正权限,也就是 r-x And rwx 出的值是 r-x,因此 ly 用户拥有 r-x 权限。如果把 mask 的权限改为 r--,和 ly 用户的权限 And,也就是 r-- And r-x 得出的值是 r--,ly 用户的权限就会变为只读。不过一般不更改 mask 的权限,只要给予 mask 最大的权限 rwx,那么任何权限和 mask 权限 And 得出的值都是这个权限本身。也就是说,直接给用户和用户组赋予权限即可,这样做更直观。

【示例 6.42】 修改最大的有效权限。

```
#设定 mask 的权限为 r-x,使用 "m:权限" 格式
[root@localhost /]# setfacl -m m:rx /learn
[root@localhost /]# getfacl /learn
#file: learn
#owner: root
#group: group1
user::rwx
group::rwx                                     # 有效权限为 r-x
mask::r-x                                       #mask 的权限变为 r-x
other::--
```

现在已经给/learn 目录设定了 ACL 权限,如果在这个目录下新建一些子文件和子目录,那么这些文件是否会继承父目录的 ACL 权限呢?来试试吧。

【示例 6.43】 在/learn 目录下新建子文件和子目录。

```
[root@localhost /]# cd /learn
[root@localhost learn]# touch abc
[root@localhost learn]# mkdir d1           #在/learn 目录下新建 abc 文件和 d1 目录
[root@localhost learn]#ls -l
-rw-r--r-- 1 root root May19 05:20 abc
#新建的文件和目录的权限位后面并没有"+",表示它们没有继承 ACL 权限
drwxr-xr-x 2 root root 6 May19 05:20 d1
```

　　子文件 abc 和子目录 d1 因为是后建立的,所以并没有继承父目录的 ACL 权限。当然,可以手工给它们分配 ACL 权限,但是,如果在目录中再新建文件时都要手工指定,则显得过于麻烦了。这时就需要用到默认的 ACL 权限。默认的 ACL 权限的作用是:如果给父目录设定了默认的 ACL 权限,那么父目录中所有新建的子文件都会继承父目录的 ACL 权限。默认的 ACL 权限只对目录生效。

　　【示例 6.44】在父目录与子目录中进行 ACL 权限的设置。

```
#使用"d:u:用户名: 权限"格式设定默认的 ACL 权限
[root@localhost /]# setfacl -m d:u:ly:rx /learn
[root@localhost project]# getfacl /learn
# file: learn
# owner: root
# group: group1
user:: rwx
user:ly:r-x
group::rwx
group:group1:rwx
mask::rwx
other::---
default:user::rwx                            # 多出了 default 字段
default:user:ly:r-x
default:group::rwx
default:mask::rwx
default:other::---
[root@localhost /]# cd /learn
[root@localhost learn]# touch bcd
[root@localhost learn]# mkdir d2              #新建子文件和子目录
[root@localhost learn]# ls -l
-rw-r--r-- 1 root root 0 May19 05:20 abc
-rw-rw----+ 1 root root 0 May19 05:33 bcd
drwxr-xr-x 2 root root 6 May 19 05:20 d1
#新建的 bcd 和 d2 已经继承父目录的 ACL 权限
drwxrwx---+ 2 root root 6 May 19 05:33 d2
```

　　大家发现了吗?原先的 abc 和 d1 还是没有 ACL 权限,因为默认 ACL 权限是针对新建立的文件生效的。

　　再说说递归 ACL 权限。递归是指父目录在设定 ACL 权限时,所有的子文件和子目录也会拥有相同的 ACL 权限。

　　【示例 6.45】递归 ACL 权限的设置。

```
[root@localhost learn]# setfacl -m u:ly:rx -R /learn        #-R 递归
[root@localhost learn]# ls -l
-rw-r-xr--+ 1 root root 0 May19 05:20 abc
-rw-rwx--+ 1 root root 0 May 19 05:33 bcd
drwxr-xr-x+ 2 root root 6 May 19 05:20 d1
drwxrwx--+ 2 root root 6 May 19 05:33 d2        #abc 和 d1 也拥有了 ACL 权限
```

总结：默认 ACL 权限指的是在父目录中新建立的文件和目录会继承父目录的 ACL 权限，格式是"setfacl-m d:u:用户名：权限　文件名"；递归 ACL 权限是指父目录中已经存在的所有子文件和子目录会继承父目录的 ACL 权限，格式是"setfacl-m u:用户名：权限-R 文件名"。

最后看看怎么删除 ACL 权限。

【示例 6.46】删除指定的 ACL 权限。

```
[root@localhost /]# setfacl -x u:ly /learn #删除指定用户和用户组的 ACL 权限
[root@localhost /]# getfacl /learn
# file:learn
# owner: root
# group: group1
user::rwx
group::rwx
group:group2:rwx
mask::rwx
other::--
# ly 用户的权限已被删除
```

【示例 6.47】删除所有的 ACL 权限。

```
[root@localhost /]# setfacl -b /learn          #删除文件的所有 ACL 权限
[root@localhost /]# getfacl /learn
#file: learn
#owner: root
# group: group1
user::rwx
group::rwx
other::--
#所有的 ACL 权限已被删除
```

6.5　用户身份切换

在日常使用 Linux 系统时，经常会进行身份的切换，如正常情况下使用的是权限较小的普通用户账户，如果需要进行某些更高权限的操作，就需要使用权限更高的账户。Linux 的 su（Swith User）命令用于切换为其他使用者的身份，除 root 外，不需要输入该使用者的密码。su 命令的使用权限为所有使用者。

1．用户身份切换——su命令

命令格式如下：

```
su [参数] 用户名
```

常用的参数如下：

- -c：command，切换账号为"用户名"的使用者，执行指令后再切换为原来的使用者。
- -f：不必读 Shell 启动档，仅用于 csh 或 tcsh。

2．su命令使用示例

下面通过示例来说明这个命令的用法。

【示例 6.48】切换账号为 root 并在执行 ls 命令后退出，然后切换为原来的使用者。

```
su -c ls root      #切换账号为 root 并在执行 ls 指令后退出，然后切换为原来的使用者
su root -f         #切换账号为 root 并传入 -f 参数给新执行的 Shell
su - ly            #切换账号为 ly 并改变工作目录至 ly 的家目录
```

【示例 6.49】切换用户，不改变环境变量。

```
[root@localhost ~]# whoami            #显示当前用户
root
[root@localhost ~]# pwd               #显示当前目录
/root
[root@localhost ~]# su ly             #切换为 ly 用户
[ly@localhost root]$ whoami           #显示当前用户
ly
[ly@localhost root]$ pwd              #显示当前目录
/root
```

【示例 6.50】切换用户，改变环境变量。

```
[ly@localhost ~]$ whoami
ly
[ly@localhost ~]$ pwd
/home/ly
[ly@localhost ~]$ whoami
ly
[ly@localhost ~]$ pwd
/home/ly
[ly@localhost ~]$ su - root           #使用 -参数，改变切换用户后的环境变量
Password:                             #切换至 root，需要输入 root 账户的密码
Last login: Fri May 21 16:15:26 CST 2021 on pts/0
[root@localhost ~]# whoami            # 查询当前的账户
root
[root@localhost ~]# pwd               #查询当前的路径
/root
```

【示例 6.51】使用 groups 命令查看用户对应的用户组。

```
[root@localhost ~]# groups root       #root 账号的用户组为 root
root : root
[root@localhost ~]# su ly
[ly@localhost root]$ groups ly         #ly 账号的用户组为 ly
ly : ly
```

6.6　案例——三酷猫的表单权限统计

三酷猫的海鲜销售店每天晚上会将账单进行汇总，并生成销售情况报表，该报表存储在一个特定路径下的特定文件中。但是这些统计报表包含商业秘密，不能随便让别人访问，只有三酷猫自己才能访问。为了解决这个问题，三酷猫在 Linux 里指定报表的存放路径，并设置使用者权限。实现过程如下：

```
# cd /usr/local
# mkdir bills
# chmod 600 bills
# mv ~/1000shop /usr/local/bills
```

实现这个需求，只需要对存放路径进行权限设置即可。根据本章的内容，权限 600 只是把路径的读和写权限分配给所有者，把需要保护的文件放到存放的路径下，不允许其他用户访问。如果还想加上对文件的权限限制，则可以执行以下命令将路径下的所有文件都设置成 600 权限。

```
# chmod -R 6000 bills
```

6.7　练习和实验

一．练习

1．填空题

1）Linux 操作系统的文件权限与文件属性的内容分别存放在（　　　）和（　　　）中。

2）（　　　）是控制用户对文件权限进行修改的命令。

3）（　　　）是用于设置文件所有者和文件关联组的命令。

4）（　　　）命令用于变更文件所属用户组。

5）表示文件权限的读、写和执行的三个字母简称（　　　）。

2．判断题

1）id 命令只可以查询与自己相关的 UID 和 GID 等信息。　　　　　　　　（　　　）

2）在 Linux 中，与用户相关的信息都存放在/etc/passwd 文件中。　　　　（　　　）

3）在 Linux 中，ACL 用于设定用户对文件所具有的权限。　　　　　　　（　　　）

4）Linux 的 su 命令用于切换为其他使用者的身份。　　　　　　　　　　（　　　）

5）chattr 命令用于设置文件的隐藏权限。　　　　　　　　　　　　　　　（　　　）

二．实验

实验 1：批量创建用户。

1）根据 6.3.5 小节的内容批量创建用户。

2）形成实验报告。

实验 2：修改文件的属性。

1）在用户目录下创建一个文本文件 echo echo test > test.sh。

2）将该文件分别设置为 755、644、700 权限，然后使用 ls -l 命令观察文件权限的变化情况，并描述这 3 个权限对应的 RWX 的作用。

3）形成实验报告。

第 7 章　系　统　管　理

作为一名 Linux 系统管理员，需要经常检查计算机的健康状况，以确保系统的每一部分都安全、平稳地运行，如果计算机出现问题，能够及时根据已有的信息精准判断问题所在，并且能够完美地解决问题。例如：进程管理会提供系统运行的数据信息；网络安全管理离不开防火墙的设置；回溯数据或还原问题本质需要对日志进行管理；让系统发挥最大的性能需要管理资源……Linux 系统管理员需要掌握的常用或重要的系统管理内容如下：

- 监控进程；
- 设置防火墙；
- 日志操作；
- 后台管理；
- 查看资源。

7.1　监　控　进　程

在 Linux 系统中，当触发任何一个事件时系统都会将它定义为一个进程（Process），并且给该进程一个 ID，称为 PID。程序通常被放在存储设备中，如磁盘和光盘等，它以实体文件的形态存在，而进程是程序被触发后在内存中运行的程序。一个称职的 Linux 系统管理员必须要熟悉进程的管理，以清楚地知道哪些进程正在运行，哪些进程运行异常，并能快速处理。本节将介绍如何查看和实时监测进程，进程的优先级，如何启动和终止进程等相关内容。

7.1.1　查看进程

当运行的某个程序发生死锁并停止响应时，需要手动关闭该进程；如果想知道某个用户正在运行哪些程序或者只是想知道自己的计算机上正在运行哪些进程等，可以使用 ps（Process Status）命令列出在当前计算机中打开的进程。

1．ps命令简介

ps 命令的格式如下：

ps [选项]

常用选项如下：

- -A：列出所有的进程，相当于- e 参数。
- -w：显示加宽，以便显示更多信息。
- -au：显示较详细的信息。
- -aux：显示所有包含其他使用者的进程。
- u：指定用户的所有进程，并显示进程的主要字段信息。
- f：显示程序间的关系，如父进程与子进程的关系，父进程值由 PPID 字段提供。

2．ps命令使用示例

【示例 7.1】 查看所有正在运行的包含其他使用者的进程。

```
[root@localhost ~]# ps -aux
USER PID  %CPU %MEM VSZ     RSS   TTY    STAT  START TIME COMMAND
root 2    0.0  0.0  0       0     ?      S     09:57 0:00 [kthreadd]
root 2830 0.0  0.0  157556 1908  pts/0  R+    10:02 0:00 ps -aux
root 724  0.0  0.0  55532  856   ?      S<sl  09:57 0:00 /sbin/auditd
root 726  0.0  0.0  84556  900   ?      S<sl  09:57 0:00 /sbin/audispd
root 728  0.0  0.0  55648  1640  ?      S<    09:57 0:00 /usr/sbin/sedispatch
……
……
```

上述查看的信息共有 11 个字段，其含义如下：

- USER：进程拥有者。
- PID：进程 ID 号。
- %CPU：占用的 CPU 的使用率。
- %MEM：占用的内存的使用率。
- VSZ：占用的虚拟内存大小。
- RSS：占用的内存大小。
- TTY：终端的次要装置号。
- STAT：进程的状态。有以下几种：
  - ➢ D：无法中断的休眠状态（通常是 I/O 的进程）。
  - ➢ R：正在执行中。
  - ➢ S：静止状态。
  - ➢ T：暂停执行。
  - ➢ Z：不存在但暂时无法消除。
  - ➢ W：没有足够的内存可分配。
  - ➢ <：高优先级进程。
  - ➢ N：低优先级进程。
  - ➢ L：有内存分配并锁在内存中（实时系统或 I/O）。

- START：进程开始的时间。
- TIME：进程执行的时间。
- COMMAND：所执行的指令。

【示例 7.2】显示指定用户正在运行的进程信息。

```
[root@localhost ~]# ps -u root
PID       TTY         TIME         CMD
1         ?           00:00:02     systemd
2600      pts/0       00:00:00     bash
3105      pts/0       00:00:00     ps
```

上面显示了进程 4 个主要的字段的信息：进程号、终端号、进程执行的时间及所执行的命令。

📇说明：和 ps -aux 命令类似，ps -ef 命令也可以查询相应的信息，-ef 选项可以查询进程的父进程号（PPID）。

这里介绍一下子进程和父进程的问题，因为程序和程序之间可能是有关联的。

【示例 7.3】展示父进程和子进程之间的关联。

```
[root@localhost ~]# ps -l
F S UID PID   PPID  C PRI NI  ADDR  SZ     WCHAN   TTY    TIME       CMD
4 S 0   2600  2593  0 80  0   -     29213  do_wai  pts/0  00:00:00   bash
0 R 0   3300  2600  0 80  0         38337  -       pts/0  00:00:00   ps
```

可以看到，PID 为 2600 的进程是 PID 为 3300 的进程的父进程。也就是说，命令 ps 来自命令 bash，只有打开 bash 才能使用 ps。当然也可以使用 pstree 命令查看进程树，显示的结果是将所有的进程通过树的形式来展现，这样可以更直观地看到进程与进程之间的关系。

7.1.2　实时监测进程

如果遇到 Linux 系统突然运行缓慢，但是看不出明显的原因，则可能是某个程序正在系统中全速运行而占用了大量的处理器资源，也可能是系统启动了一个命令，它占用的 CPU 处理周期比预期的长。要找出出现问题的原因或者只是想看看系统中有什么程序正在运行，可以使用 ps 命令。不过 ps 命令不能自己更新信息，它提供的只是系统进程的快照。而 top 命令提供的则是系统运行进程的动态更新视图，同时还给出了每个进程正在使用的系统资源，并且每隔一段时间会更新信息，它提供的是实时的信息数据。

1．top命令

top 命令的格式如下：

```
top [-] [d delay] [参数]
```

常用参数如下：

- d：改变数据显示的更新速度，或者在交谈式指令列（Interactive Command）按 s 键设置更新时间。
- q：没有任何延迟的显示速度，如果使用者有 root 权限，则 top 命令会以最高的优先级执行。
- c：切换显示模式。共有两种模式，一种是只显示执行文件的名称，另一种是显示完整的路径与名称。
- S：累积模式，将已完成或消失的子进程的 CPU 时间累积起来。
- s：安全模式，取消交谈式指令，以避免潜在的危机。
- i：不显示任何闲置或无用的进程。
- n：更新的次数，完成后将会退出 top 命令。
- b：存档模式，搭配 n 参数一起使用，可以用来将 top 命令的结果输出到档案内进行保存。

2．top命令显示信息详解

不带参数的命令格式如下：

```
#top
```

top 命令的前 5 行用于显示大量的系统相关信息，之后则会逐行列出每个运行进程的信息。不带参数的 top 命令的执行结果如图 7.1 所示。

```
top - 09:28:40 up 2 min,  2 users,  load average: 0.87, 0.43, 0.16
Tasks: 228 total,   6 running, 222 sleeping,   0 stopped,   0 zombie
%Cpu(s):  3.7 us,  1.9 sy,  0.0 ni, 94.4 id,  0.0 wa,  0.0 hi,  0.0 si,  0.0 st
KiB Mem :  4026164 total,  2369932 free,   890048 used,   766184 buff/cache
KiB Swap:  2097148 total,  2097148 free,        0 used.  2867336 avail Mem

  PID USER      PR  NI    VIRT    RES    SHR S  %CPU %MEM     TIME+
 1567 root      20   0  392812  87660  62408 S   3.0  2.2   0:30.03
 2093 root      20   0 3591676 236648  64668 S   2.3  5.9   1:06.63
 2593 root      20   0  747664  29348  17488 S   1.7  0.7   0:12.59
    9 root      20   0       0      0      0 S   0.3  0.0   0:02.26
   57 root      20   0       0      0      0 S   0.3  0.0   0:01.84
  473 root      20   0       0      0      0 S   0.3  0.0   0:00.26
  769 root      20   0   90568   3184   2320 S   0.3  0.1   0:02.07
 2337 root      20   0  640672  26228  19292 S   0.3  0.7   0:08.65
    1 root      20   0  193908   7000   4196 S   0.0  0.2   0:02.25
```

图 7.1　不带参数的 top 命令的执行结果

说明：top 命令会自动根据%CPU 列中的数值排序按顺序进行输出，因此当程序占用处理器资源使其发生变动时，这些数据在命令列表中的位置也会发生相应的变化。在如图 7.1 所示的界面中按 q 键可退出 top 命令。如需获得帮助，可按问号键（？）查看显示的帮助内容。

在图 7.1 中使用 top 命令显示的信息包括系统平均负载、任务信息汇总、CPU 信息、内存信息、swap 交换分区信息和各进程状态的详细监控信息共 6 部分。

（1）系统平均负载

在图 7.1 中，输出的第一行是系统的平均负载信息，这部分的输出信息与 uptime 命令的输出信息相似。

- 09:28:40 表示系统的当前时间。
- up 20 min 表示系统最后一次启动后总的运行时间。
- 2 users 表示在当前系统中有两个登录用户。
- load average: 0.87, 0.43, 0.16 表示系统的平均负载，这 3 个数字分别表示最后一分钟的系统平均负载、最后五分钟的系统平均负载以及最后十五分钟的系统平均负载。

小写字母 i 可以控制是否显示系统平均负载信息。

（2）任务信息汇总

在 Linux 系统中，进程和线程统称为任务。在图 7.1 中，第二行信息是对当前系统的所有任务的统计，其内容如下：

- Tasks:228 total：当前系统的进程总数。
- 6 running：当前系统有 6 个正在运行的进程。
- 222 sleeping：当前系统有 222 个休眠的进程。
- 0 stopped：停止状态的进程数为 0。
- 0 zombie：处于僵死状态的进程数为 0。

（3）CPU 信息

在图 7.1 中，第 3 行显示的是 CPU 的使用情况，具体内容如下：

- us：进程在用户地址空间中消耗 CPU 时间的百分比。例如，Shell 程序、各种语言的编译器、数据库应用、Web 服务器和各种桌面应用都是运行在用户地址空间的进程。这些程序如果不是处于空闲（Idle）状态，那么绝大多数的 CPU 时间都处在运行状态。
- sy：进程在内核地址空间中消耗 CPU 时间的百分比。所有进程使用的系统资源都是由 Linux 内核处理的。当处于用户态（用户地址空间）的进程需要使用系统资源时，如需要分配一些内存，或者执行 I/O 操作，或者创建一个子进程，此时就会进入内核态（内核地址空间）中运行。事实上，决定进程在下一时刻是否会被运行的进程调度的程序就运行在内核态中。从操作系统的设计来说，消耗在内核态的时间应该越少越好。在实践中有一类典型的情况会使 sy 变大，那就是大量的 I/O 操作，因此在调查 I/O 的相关问题时需要着重关注这个字段信息。
- ni：nice 的缩写，可以通过 nice 值调整进程的用户态的优先级。这里显示的 ni 表示调整 nice 值的进程消耗的 CPU 时间。如果在系统中没有进程被调整过 nice 值，那么 ni 就显示 0。
- id：CPU 处于 idle 状态的百分比。一般情况下，us + ni + id 应该接近 100%。
- wa：CPU 等待磁盘 I/O 操作的时间。和 CPU 的处理速度相比，磁盘 I/O 操作是非常慢的。有很多这样的操作，如 CPU 在启动一个磁盘读写操作后，需要等待磁盘读写操作的结果。在磁盘读写操作完成前，CPU 只能处于空闲状态。Linux 系统在计算系统平均负载时会把 CPU 等待 I/O 操作的时间也计算进去，当我们看到系统平均负载过高时，可以通过 wa 来判断系统性能出现瓶颈是不是因过多的 I/O 操作造成的。

- hi&si：这两个值表示系统处理中断消耗的时间。中断分为硬中断和软中断，hi 表示处理硬中断消耗的时间，si 表示处理软中断消耗的时间。硬中断是磁盘和网卡等硬件设备发送给 CPU 的中断消息，当 CPU 收到中断消息后需要进行适当的处理（消耗 CPU 时间）；软中断是由程序发出的中断，最终也会执行相应的处理程序（消耗 CPU 时间）。

- st：只有当 Linux 作为虚拟机运行时 st 才是有意义的，它表示虚拟机等待 CPU 资源的时间。虚拟机分到的是虚拟 CPU，当需要真实的 CPU 时，真实的 CPU 可能正在运行其他虚拟机的任务，因此需要等待。小写的 t 命令可以控制是否显示两行信息，即是否显示任务汇总信息和 CPU 信息。

（4）内存信息

内存信息包含两行内容，即内存和交换空间，这部分的输出和 free 命令的输出基本相同，如图 7.2 所示。

```
KiB Mem :  4026164 total,  1376968 free,   940368 used,  1708828 buff/cache
KiB Swap:  2097148 total,  2097148 free,        0 used.  2762116 avail Mem
```

图 7.2　内存信息

top 命令默认以 Kib 为单位显示内存大小，这可能让人不习惯。可以按 E 键切换内存信息区域的显示单位（注意，E 命令不能控制任务区域的内存单位），按小写字母 m 键可以控制是否显示内存信息。

（5）各进程状态的详细监控信息

内存信息下面是一个空行，这是与用户交互的区域，空行的下面就是任务详情区域，如图 7.3 所示。

```
  PID USER      PR  NI    VIRT    RES    SHR S  %CPU %MEM     TIME+ COMMAND
 2112 root      20   0 3800260 250844  83072 S   3.0  6.2   0:34.75 gnome-shell
 1570 root      20   0  465700 153976 102980 S   1.7  3.8   0:09.91 X
 2575 root      20   0  672148  32568  16692 S   1.7  0.8   0:03.96 gnome-terminal
 1160 root      20   0  216424   6400   3668 S   0.3  0.2   0:00.56 rsyslogd
 3291 root      20   0       0      0      0 S   0.3  0.0   0:00.08 kworker/2:1
 3309 root      20   0       0      0      0 S   0.3  0.0   0:00.08 kworker/3:2
    1 root      20   0  193908   6988   4196 S   0.0  0.2   0:02.45 systemd
    2 root      20   0       0      0      0 S   0.0  0.0   0:00.01 kthreadd
    3 root      20   0       0      0      0 S   0.0  0.0   0:00.04 kworker/0:0
    4 root       0 -20       0      0      0 S   0.0  0.0   0:00.00 kworker/0:0H
    6 root      20   0       0      0      0 S   0.0  0.0   0:00.15 ksoftirqd/0
    7 root      rt   0       0      0      0 S   0.0  0.0   0:00.19 migration/0
    8 root      20   0       0      0      0 S   0.0  0.0   0:00.00 rcu_bh
    9 root      20   0       0      0      0 S   0.0  0.0   0:01.95 rcu_sched
   10 root       0 -20       0      0      0 S   0.0  0.0   0:00.00 lru-add-drain
```

图 7.3　各进程状态的详细监控信息

在默认情况下，图 7.3 会显示 12 列信息，通过这些信息可以判断各进程的运行情况。

- PID：进程 ID。
- USER：进程所有者的有效用户名称，简单地说就是以哪个用户权限启动的进程，比如图 7.3 中的进程都是 root 用户启动的。
- PR：进程执行的优先级，PR 的值是从 Linux 内核的视角看到的执行进程的优先级。
- NI：从用户视角看到的进程执行的优先级。注意，在图 7.3 中，NI 值为-20 的两个进程，它们的 PR 值都是 0。
- VIRT：进程使用的虚拟内存大小。
- RES：进程使用的物理内存大小。
- SHR：进程使用的共享内存大小。
- S：进程当前的状态。S 值有以下几种：
  - D：不可中断的睡眠状态（Uninterruptible Sleep）。
  - R：正在运行的状态（Running）。
  - S：睡眠状态（Sleeping）。
  - T：跟踪或停止状态（Traced or Stopped）。
  - Z：僵尸状态（Zombie）。
- %CPU：进程使用的 CPU 的百分比。
- %MEM：进程使用的内存的百分比。
- TIME+：进程累计使用的 CPU 时间。
- COMMAND：运行进程对应的程序。

top 是一个非常复杂的命令，上面介绍的内容仅仅是其中的一小部分。即便如此，也可以用它来干不少的事情了。接下来介绍一些常见的示例。

3．top命令示例

【示例 7.4】显示多个 CPU 的详细信息。

无论系统中有多少个 CPU，默认的 CPU 信息总是输出一行，即输出所有 CPU 加起来的综合数据。那么能不能查看各个 CPU 的单独数据呢？答案是可以。按键盘上的数字键 1就可以在不同的视图之间切换，如图 7.4 所示。

```
%Cpu0  :  0.7 us,  0.7 sy,  0.0 ni, 98.7 id,  0.0 wa,  0.0 hi,  0.0 si,  0.0 st
%Cpu1  :  1.0 us,  0.0 sy,  0.0 ni, 99.0 id,  0.0 wa,  0.0 hi,  0.0 si,  0.0 st
%Cpu2  :  0.0 us,  0.3 sy,  0.0 ni, 99.7 id,  0.0 wa,  0.0 hi,  0.0 si,  0.0 st
%Cpu3  :  0.3 us,  0.0 sy,  0.0 ni, 99.7 id,  0.0 wa,  0.0 hi,  0.0 si,  0.0 st
```

图 7.4　查看 CPU 的详细信息

【示例 7.5】按某列对进程进行排序。

按小写字母 f 键进入排序设置界面，选择某一列，按小写字母 s 键指定排序的顺序，然后按 q 键退出。但是奇怪的是，默认的主界面上并不能看出是以哪一列进行排序的。不用着急，可以按小写字母 x 键以粗体形式显示当前排序的列，如图 7.5 所示。

```
  PID USER      PR    VIRT    RES    SHR S  NI  %CPU %MEM     TIME+ COMMAND
 1570 root      20  503.8m 199.1m 150.3m S   0   3.0  5.1   0:15.57 X
 2112 root      20 3720.7m 253.2m  81.1m S   0   2.3  6.4   0:58.87 gnome-shell
 2575 root      20  656.4m  32.3m  16.3m S   0   0.7  0.8   0:06.13 gnome-terminal-
    9 root      20    0.0m   0.0m   0.0m S   0   0.3  0.0   0:02.91 rcu_sched
  773 root      20  317.0m   6.6m   5.2m S   0   0.3  0.2   0:08.00 vmtoolsd
 1157 root      20  560.8m  19.1m   6.0m S   0   0.3  0.5   0:01.23 tuned
 2364 root      20  629.5m  31.2m  19.0m S   0   0.3  0.8   0:09.03 vmtoolsd
    1 root      20  189.4m   6.8m   4.1m S   0   0.0  0.2   0:02.57 systemd
    2 root      20    0.0m   0.0m   0.0m S   0   0.0  0.0   0:00.01 kthreadd
    3 root      20    0.0m   0.0m   0.0m S   0   0.0  0.0   0:00.04 kworker/0:0
    4 root       0    0.0m   0.0m   0.0m S -20   0.0  0.0   0:00.00 kworker/0:0H
    6 root      20    0.0m   0.0m   0.0m S   0   0.0  0.0   0:00.18 ksoftirqd/0
    7 root      rt    0.0m   0.0m   0.0m S   0   0.0  0.0   0:00.19 migration/0
    8 root      20    0.0m   0.0m   0.0m S   0   0.0  0.0   0:00.00 rcu_bh
   10 root       0    0.0m   0.0m   0.0m S -20   0.0  0.0   0:00.00 lru-add-drain
```

图 7.5　按某列进程进行排序

可以看到，%CPU 列的字体加粗了。还有一些预定义的命令可以直接完成以某列排序的功能。例如：大写字 M 表示以%MEM 列排序；大写字母 N 表示以 PID 列排序；大写字母 P 表示以%CPU 列排序；大写字母 T 表示以 TIME+列排序。反转排序的结果是常见的需求，大写字母 R 表示可以将当期排序的结果进行反转。

【示例 7.6】显示进程执行的完整命令。

默认 COMMAND 列只显示程序的名称，而不包含程序的路径。有时希望能看到程序的完整路径信息，那么可以按小写字母 c 键来切换 COMMAND 列的显示模式，如图 7.6 所示。

```
  PID USER      PR    VIRT    RES    SHR S  NI  %CPU %MEM     TIME+ COMMAND
 2112 root      20 3720.7m 253.2m  81.1m S   0  28.9  6.4   1:03.47 /usr/bin/gnome-shell
 1570 root      20  523.8m 218.9m 170.2m S   0   5.6  5.6   0:16.45 /usr/bin/X :0 -background none -noreset -audit 4 -verbose -auth /r
 2364 root      20  629.5m  31.2m  19.0m S   0   1.0  0.8   0:09.36 /usr/bin/vmtoolsd -n vmusr
 2575 root      20  656.4m  32.3m  16.3m S   0   1.0  0.8   0:06.45 /usr/libexec/gnome-terminal-server
    9 root      20    0.0m   0.0m   0.0m S   0   0.7  0.0   0:03.07 [rcu_sched]
  446 root      20    0.0m   0.0m   0.0m S   0   0.3  0.0   0:02.88 [xfsaild/dm-0]
  787 dbus      20   69.3m   4.3m   1.9m S   0   0.3  0.1   0:01.44 /usr/bin/dbus-daemon --system --address=systemd: --nofork --nopidf
  824 root      20  387.2m   4.0m   3.2m S   0   0.3  0.1   0:00.30 /usr/libexec/accounts-daemon
 1170 root      20  983.0m  18.1m  11.0m S   0   0.3  0.5   0:00.54 /usr/sbin/libvirtd
 1931 root      20   67.7m   2.7m   1.2m S   0   0.3  0.1   0:00.59 /usr/bin/dbus-daemon --fork --print-pid 5 --print-address 7 --sess
 2284 root      20  697.4m  17.0m   9.2m S   0   0.3  0.4   0:01.24 /usr/libexec/gsd-color
 2348 root      20 1011.2m  30.7m  18.1m S   0   0.3  0.8   0:00.85 nautilus-desktop --force
 2362 root      20 1414.7m  72.2m  20.9m S   0   0.3  1.8   0:02.32 /usr/bin/gnome-software --gapplication-service
 2379 root      20 1368.1m  43.6m  30.1m S   0   0.3  1.1   0:00.43 /usr/libexec/evolution/evolution-alarm-notify
 3366 root      20  158.5m   2.3m   1.5m R   0   0.3  0.1   0:02.45 top
    1 root      20  189.4m   6.8m   4.1m S   0   0.0  0.2   0:02.58 /usr/lib/systemd/systemd --switched-root --system --deserialize 22
```

图 7.6　显示 COMMAND 列的完整信息

【示例 7.7】隐藏 idle 的进程。

在调查问题时，总是希望以最快的方式找到繁忙的进程。但是 top 命令会把所有的进程列出，这就需要一行行地扫描进程的信息，而信息太多就不容易迅速找到需要的信息。可以借助小写字母 i 键来控制是否显示处于 idle 状态的进程，如图 7.7 所示。

```
  PID USER      PR    VIRT    RES    SHR S  NI  %CPU %MEM     TIME+ COMMAND
 2112 root      20 3720.7m 255.2m  81.1m R   0  15.0  6.5   1:14.79 gnome-shell
 1570 root      20  543.1m 238.2m 190.0m R   0  10.3  6.1   0:18.86 X
 2575 root      20  656.4m  32.3m  16.3m S   0   3.3  0.8   0:07.29 gnome-terminal-
    9 root      20    0.0m   0.0m   0.0m R   0   0.3  0.0   0:03.32 rcu_sched
 2364 root      20  630.4m  32.2m  19.0m S   0   0.3  0.8   0:09.96 vmtoolsd
```

图 7.7　隐藏空闲的进程

使用这个命令后会发现进程信息清爽多了。

【示例 7.8】 只显示某个用户的进程。

如果想查看以某个用户权限启动的进程，则可以按小写字母 u 键，系统会提示输入用户的名称，在输入用户的名称后回车即可，如图 7.8 所示。

```
Which user (blank for all) ly
   PID USER      PR  NI    VIRT    RES    SHR S  %CPU %MEM     TIME+ COMMAND
     1 root      20   0  193908   6988   4196 S   0.0  0.2   0:02.61 /usr/lib/systemd/system
     2 root      20   0       0      0      0 S   0.0  0.0   0:00.02 [kthreadd]
     3 root      20   0       0      0      0 S   0.0  0.0   0:00.04 [kworker/0:0]
     4 root       0 -20       0      0      0 S   0.0  0.0   0:00.00 [kworker/0:0H]
     6 root      20   0       0      0      0 S   0.0  0.0   0:00.22 [ksoftirqd/0]
     7 root      rt   0       0      0      0 S   0.0  0.0   0:00.19 [migration/0]
     8 root      20   0       0      0      0 S   0.0  0.0   0:00.00 [rcu_bh]
     9 root      20   0       0      0      0 S   0.0  0.0   0:03.60 [rcu_sched]
    10 root       0 -20       0      0      0 S   0.0  0.0   0:00.00 [lru-add-drain]


   PID USER      PR  NI    VIRT    RES    SHR S  %CPU %MEM     TIME+ COMMAND
  3878 ly        20   0  116860   3360   1676 S   0.0  0.1   0:00.07 bash
  3932 ly        20   0  149376   5268   2572 S   0.0  0.1   0:00.07 vim
```

图 7.8　只显示某个用户的进程

在图 7.8 中，输入的用户名为 ly，回车后会过滤出所有以用户 ly 权限启动的进程。

top 命令是有配置文件的，使用 top 命令，修改的配置都可以保存下来。保存配置的命令为大写字母 W。当修改 top 命令的配置后按大写字母 W 键，然后退出 top 命令并再次执行 top 命令，此时修改仍然在起作用。另外，帮助文档永远都是我们的"好朋友"，小写字母 h 或者?键都可以打开 top 命令的帮助文档。

7.1.3　进程的优先级

为了优先处理任务，Linux 操作系统提供了进程优先级操作功能。

1．进程优先级的原理

自从多任务操作系统诞生以来，有的进程相对重要，而有的进程则没那么重要，所以进程执行时占用的 CPU 运算资源必须可控，以保证最重要的进程最优先被执行。进程的优先级起作用的方式从发明以来基本没有什么变化，无论是只有一个 CPU 的时代还是多核 CPU 时代，都是通过控制进程占用 CPU 时间的长短来实现的。也就是说，在同一个调度周期中，优先级高的进程占用的时间长一些，而优先级低的进程占用的时间短一些。Linux 是一个多用户、多任务的操作系统，系统中通常运行着非常多的进程。但是 CPU 在一个时钟周期内只能运算一条指令（现在的 CPU 采用了多线程、多核技术，因此在一个时钟周期内可以运算多条指令。但是同时运算的指令数也远远小于系统中的进程总数），谁应该先运算，而谁应该后运算呢？这就需要由进程的优先级来决定。另外，CPU 在运算数据时，不是把一个进程算完，再进行下一个进程的运算，而是先运算进程 1，再运算进程 2，接下来运算进程 3，然后再运算进程 1，循环往复，直到进程任务结束。不仅如此，由于存在进程的优先级，因此进程并不是依次运算的，而是某个进程的优先级高，该进程就会在一次运算循环中被更多次地运算。

例如，笔者有三只小猫需要喂养，相当于有三个进程需要运算。笔者最喜欢其中一只叫三酷猫的猫，因为它聪明伶俐、善解人意，因此对它偏心一些，对其他两只猫小黄和小黑就一视同仁，相当于三酷猫的优先级更高，其他两只一样但比三酷猫的优先级低。笔者在喂食的时候不能一次将某一只猫先喂饱后再喂其他猫，而是要一个一个轮流循环喂，相当于 CPU 在运算时所有进程循环运算。因为偏心三酷猫，笔者会先喂三酷猫两条小鱼，然后喂小黄一条小鱼，再喂小黑一条小鱼，然后再喂三酷猫两条小鱼，如此循环，在三只猫食量一样的情况下，三酷猫会先吃饱，相当于优先级高的进程会先运算完毕。

在 Linux 系统中，表示优先级的有两个参数，即 Priority 和 Nice，如图 7.9 所示。

```
[root@localhost ~]# ps -le
F S   UID   PID  PPID  C PRI  NI ADDR SZ WCHAN  TTY          TIME CMD
4 S     0     1     0  0  80   0 - 32093 ep_pol ?        00:00:02 systemd
1 S     0     2     0  0  80   0 -     0 kthrea ?        00:00:00 kthreadd
1 S     0     3     2  0  80   0 -     0 worker ?        00:00:00 kworker/0:0
1 S     0     4     2  0  60 -20 -     0 worker ?        00:00:00 kworker/0:0H
1 S     0     5     2  0  80   0 -     0 worker ?        00:00:00 kworker/u256:0
1 S     0     6     2  0  80   0 -     0 smpboo ?        00:00:00 ksoftirqd/0
1 S     0     7     2  0 -40   - -     0 smpboo ?        00:00:00 migration/0
1 S     0     8     2  0  80   - -     0 rcu_gp ?        00:00:00 rcu_bh
1 S     0     9     2  0  80   - -     0 rcu_gp ?        00:00:00 rcu_sched
1 S     0    10     2  0  60 -20 -     0 rescue ?        00:00:00 lru-add-drain
5 S     0    11     2  0 -40   - -     0 smpboo ?        00:00:00 watchdog/0
5 S     0    12     2  0 -40   - -     0 smpboo ?        00:00:00 watchdog/1
1 S     0    13     2  0 -40   - -     0 smpboo ?        00:00:00 migration/1
1 S     0    14     2  0  80   - -     0 smpboo ?        00:00:00 ksoftirqd/1
1 S     0    15     2  0  80   0 -     0 worker ?        00:00:00 kworker/1:0
1 S     0    16     2  0  60 -20 -     0 worker ?        00:00:00 kworker/1:0H
```

图 7.9　查看进程的优先级

在图 7.9 中，PRI 表示 Priority，NI 表示 Nice。这两个值都表示优先级，其数值越小代表该进程的优先级越高，越优先被 CPU 处理。由于 PRI 值是由内核动态调整的，用户不能直接修改，因此只能通过修改 NI 值来影响 PRI 值，以间接地调整进程的优先级。

PRI 和 NI 的关系为：PRI（最终值）= PRI（原始值）+ NI。

其实读者只需要记得，修改 NI 的值就可以改变进程的优先级。NI 值越小，进程的 PRI 数值就越低，该进程就越会优先被 CPU 处理；反之，NI 值越大，进程的 PRI 数值就会增加，该进程就越靠后被 CPU 处理。

📑说明：修改 NI 值时需要注意以下几点：

- NI 的范围是-20 ~ 19，共 40 个级别。
- 普通用户可以调整的 NI 值范围是 0 ~ 19，而且只能调整自己的进程。
- 普通用户只能调高 NI 值而不能调低 NI 值。例如，原本 NI 的值为 0，则只能将其调整为大于 0。
- 只有 root 用户才能设定进程的 NI 值为负值，而且可以调整任何用户的进程。

2．进程的优先级设置

进程的优先级可以在启动程序时设置，也可以在程序运行过程中动态地修改。

（1）nice 命令

```
nice [-n adjustment] [-adjustment] [--adjustment=adjustment] [--help]
[--version]
```

参数说明如下：

-n：将原有优先级的值增加 adjustment，其中，adjustment 为整数值，范围为-20（最高优先序）到 19（最低优先序）。

--help：显示求助信息。

--version：显示版本信息。

进程运行的时候设置进程的优先级可以使用 nice 命令。

【示例 7.9】使 top 命令运行时的优先级是 5 而不是默认的 0。

```
#nice -n 5 top         #使 top 命令的优先级为 5，注意每个被执行的命令也是进程
```

（2）top 命令的 r 子命令

如果 top 命令已经在运行，则有两个方法可以动态调整进程的级别。一个方法是可以在 top 中输入 r 命令，然后按照提示输入 top 命令对应的进程号，然后再按照提示输入要调整的级别。

（3）renice 命令

另一个方法是使用 renice 命令：

```
renice [ [ -p ] pids ] [ [ -g ] pgrps ] [ [ -u ] users ]
```

参数说明如下：

-p pid：重新指定进程的 ID 为 pid 进程的优先级（一个或多个）。

-g pgrp：重新指定进程群组（process group）的 ID 为 pgrp（一个或多个）进程的优先级。

-u user：重新指定进程拥有者为 user 进程的优先级（一个或多个）。

renice 命令的用法也很简单，可以调整单个进程、一个用户或者一个组的所有进程的优先级。

【示例 7.10】renice 的用法演示。

```
#把 oracle 用户的所有进程的优先级全部调为 10,包括新创建的和已经在运行的 oracle 用户的
  所有进程
#renice +10 -u oracle
```

此处的+10 并不是在现有的级别上再往上调整 10 个级别，而是调整到+10 的级别，因此多次运行该命令后，进程的优先级不会发生变化，将一直停留在+10 级别。例如：

```
#renice 10 18625          #将 PID 为 18625 的进程优先级调整为 10
```

说明：如果不是 root 权限,则只能降优先级而不能提高优先级，即使是用户自己的进程，优先级调高之后就再也不能调回原来的值了，除非使用 root 用户才能将其调回去。系统重启后，对进程优先级的调整将全部失效，所有进程的调度回到默认的初始级别。

7.1.4　启动进程

在 Linux 系统中，每个进程都有一个唯一的进程号 PID，以方便系统识别和调度进程。启动一个进程主要有两种途径，分别是手工启动和通过调度启动（事先设置，根据用户要求，进程可以自行启动），接下来就介绍这两种方式。

1. 手工启动Linux进程

手工启动进程是 Linux 由用户输入命令，直接启动一个进程。根据所启动的进程类型和性质不同又可以细分为前台启动和后台启动两种方式。

（1）前台启动进程

前台启动进程是手工启动进程最常用的方式，当用户输入一个命令并运行时，就已经启动了一个进程而且是一个前台进程，此时系统其实已经处于一个多进程的状态（一个是 Shell 进程，另一个是新启动的进程）。实际上，系统启动时就有许多进程悄悄地在后台运行。假如启动一个比较耗时的进程，然后再把该进程挂起并使用 ps 命令查看，就会看到该进程在 ps 显示列表中。

【示例 7.11】使用 ps 命令查看进程。

```
# 在根目录下查找 photo1.jpg 文件，比较耗时
[root@localhost ~]# find / -namephoto1.jpg
#按 Ctrl+z 组合键即可将该进程挂起
[root@localhost ~]                        # ps #查看正在运行的进程
PID   TTY      TIME      CMD
2573  pts/0    00:00:00  bash
2587  pts/0    00:00:01  find
2588  pts/0    00:00:00  ps
```

将进程挂起，是指将前台运行的进程转到后台，并且暂停其运行。通过运行 ps 命令查看进程信息，可以看到，刚刚执行的 find 命令的进程号为 2587，同时 ps 进程的进程号为 2588。

（2）后台启动进程

直接从后台运行进程的情况相对较少，除非该进程非常耗时且用户也不急着得到其运行结果。例如，用户需要启动一个要长时间运行的格式化文本文件的进程，为了不使整个 Shell 在格式化过程中都处于被占用状态，从后台启动这个进程是比较明智的选择。从后台启动进程，其实就是在命令结尾处添加一个 "&" 符号（&前面有空格）。输入命令并运行之后，Shell 会提供给我们一个数字，这个数字就是该进程的进程号，然后就会出现提示符，用户可以继续完成其他工作。

【示例 7.12】查找进程号。

```
[root@localhost ~]# find / -name install.log &
[1] 1920                              #[1]是工作号，1920 是进程号
```

上面介绍了手工启动进程的两种方式，实际上它们有个共同的特点，就是新进程都是由当前 Shell 这个进程产生的，换句话说，是 Shell 创建了新进程，于是称这种关系为进程间的父子关系，其中，Shell 是父进程，新进程是子进程。一个父进程可以有多个子进程，通常子进程结束后才能继续父进程；当然，如果是从后台启动，父进程就不用等待子进程了。

2．Linux调度启动进程

在 Linux 系统中，任务可以设置为指定的时间、日期，或者当系统平均负载量低于指定值时自动启动。例如，Linux 预配置了重要系统任务的运行时间，以便使系统能够实时被更新，系统管理员也可以使用自动化的任务来定期对重要数据进行备份。实现调度启动进程的方法有很多，如通过 crontab 和 at 等命令。有关这些命令的具体用法，后续章节会详细介绍。

7.1.5　终止进程

Linux 系统中的 kill 命令用于终止执行的程序或工作。从字面上来看，kill 是用来杀死进程的命令，但事实上 kill 命令只是用来向进程发送一个信号，至于这个信号是什么，是由用户指定的。也就是说，kill 命令的执行原理是这样的，kill 命令会向操作系统内核发送一个信号（大多数情况是终止信号）和目标进程的 PID，系统内核会根据收到的信号类型对指定进程进行相应的操作。

1．kill命令

kill 命令的基本格式如下：

```
kill [信号] PID
```

kill命令是按照 PID 来确定进程的，kill 命令只能识别 PID 而不能识别进程名称。Linux 定义了几十种不同类型的信号，可以使用 kill -l 命令查看所有信号及其编号，如图 7.10 所示。

```
[root@localhost ~]# kill -l
 1) SIGHUP       2) SIGINT       3) SIGQUIT      4) SIGILL       5) SIGTRAP
 6) SIGABRT      7) SIGBUS       8) SIGFPE       9) SIGKILL     10) SIGUSR1
11) SIGSEGV     12) SIGUSR2     13) SIGPIPE     14) SIGALRM     15) SIGTERM
16) SIGSTKFLT   17) SIGCHLD     18) SIGCONT     19) SIGSTOP     20) SIGTSTP
21) SIGTTIN     22) SIGTTOU     23) SIGURG      24) SIGXCPU     25) SIGXFSZ
26) SIGVTALRM   27) SIGPROF     28) SIGWINCH    29) SIGIO       30) SIGPWR
31) SIGSYS      34) SIGRTMIN    35) SIGRTMIN+1  36) SIGRTMIN+2  37) SIGRTMIN+3
38) SIGRTMIN+4  39) SIGRTMIN+5  40) SIGRTMIN+6  41) SIGRTMIN+7  42) SIGRTMIN+8
43) SIGRTMIN+9  44) SIGRTMIN+10 45) SIGRTMIN+11 46) SIGRTMIN+12 47) SIGRTMIN+13
48) SIGRTMIN+14 49) SIGRTMIN+15 50) SIGRTMAX-14 51) SIGRTMAX-13 52) SIGRTMAX-12
53) SIGRTMAX-11 54) SIGRTMAX-10 55) SIGRTMAX-9  56) SIGRTMAX-8  57) SIGRTMAX-7
58) SIGRTMAX-6  59) SIGRTMAX-5  60) SIGRTMAX-4  61) SIGRTMAX-3  62) SIGRTMAX-2
63) SIGRTMAX-1  64) SIGRTMAX
```

图 7.10　kill 命令的所有信号及编号

下面仅解释几个常用的信号，如表 7.1 所示。

表 7.1 常用的信号及其含义

信 号 编 号	信 号 名	含 义
0	EXIT	程序退出时收到该信息
1	HUP	挂掉电话或终端连接的挂起信号,这个信号也会造成某些进程在没有终止的情况下重新初始化
2	INT	表示结束进程,但并不是强制性的,常用的Ctrl+c组合键发出的就是一个kill -2的信号
3	QUIT	退出
9	KILL	杀死进程,即强制结束进程
11	SEGV	段错误
15	TERM	正常结束进程,是kill命令的默认信号
19	STOP	进程暂停

表 7.1 中省略了各个信号名称的前缀 SIG,也就是说,SIGTERM 和 TERM 这两种写法都对,kill 命令都可以识别。

2. kill命令示例

【示例 7.13】终止进程。

```
# ps -le                 #查询到有一个运行在pts/1终端上的进程,需要将其终止
F S  UID  PID    PPID C  PRI NI  ADDR  SZ    WCHAN    TTY    TIME     CMD
0 S  0    2999   2939 0  80  0   -     29213 n_tty_   pts/1  00:00:00 bash
0 R  0    3090   2946 0  80  0   -     38337 -        pts/0  00:00:00 ps
#需要终止的进程号是2999

#kill -9 2999           # 将 PID=2999 的进程终止
#ps -le                 # 再次查询,该进程已终止
F S  UID  PID    PPID C  PRI NI  ADDR  SZ    WCHAN    TTY    TIME     CMD
0 R  0    3090   2946 0  80  0   -     38337 -        pts/0  00:00:00 ps

#也可使用 w 命令查询
# w
 08:45:46 up 41 min,  2 users,  load average: 0.01, 0.04, 0.05
USER   TTY     FROM   LOGIN@   IDLE    JCPU      PCPU      WHAT
root   pts/0   :0     08:37    2.00s   0.10s     0.02s     w
```

【示例 7.14】暂停进程。

```
#查询到有一个运行在 pts/1 终端上的进程,需要将其终止,目前该进程的状态是睡眠状态
# ps aux
USER   PID   %CPU  %MEM  VSZ      RSS    TTY     STAT  START   TIME  COMMAND
root   3469  0.2   0.0   116852   3356   pts/1   Ss+   08:56   0:00  bash
root   3517  0.0   0.0   155472   1864   pts/0   R+    08:56   0:00  ps aux
#需要暂停的进程号是 3469

#kill -19 3469                # 将 PID=3469 的进程暂停
#ps aux                       #再次查询状态,是 T(暂停)状态
```

```
USER    PID   %CPU  %MEM  VSZ      RSS    TTY    STAT   START   TIME  COMMAND
root    3647  0.0   0.0   155472   1864   pts/0  R+     09:04   0:00  ps aux
root    3469  0.0   0.0   116852   3356   pts/1  Ts+    08:56   0:00  bash
```

学会使用 kill 命令之后，再思考一个问题：使用 kill 命令一定可以终止一个进程吗？答案是否定的。开头说过，kill 命令只是发送一个信号，因此，只有当信号被程序成功捕获时，Linux 系统才会真正执行 kill 命令指定的操作；反之，如果信号被封锁或者忽略，则 kill 命令将会失效。

7.2　设置防火墙

合理地进行防火墙的设置是计算机防止网络入侵的第一道屏障。在家里上网时，互联网服务提供商一般会在路由中搭建一层防火墙。当我们离开家时，那么计算机上的那层防火墙就是仅有的一层，因此配置和控制好计算机上的防火墙很重要，Linux 服务器也是如此。只有掌握了防火墙设置知识才能保障服务器免于受本地入侵或远程非法入侵。

CentOS 7 默认使用的防火墙是 Firewalld，而不是 CentOS 6 版本中的 iptables 方式。事实上，CentOS 7 里有几种防火墙共存，分别是 Firewalld、iptables 和 Ebtables。默认是使用 Firewalld 来管理 Netfilter 子系统，不过底层调用的命令仍然是 iptables。Firewalld 与 iptables 相比，缺点是每个服务都需要手工设置才能放行，因为其默认是拒绝的。而 iptables 默认是每个服务是允许的，需要拒绝的才会限制。Firewalld 与 iptables 相比有两大优点：

- Firewalld 可以动态修改单条规则，而不需要像 iptables 那样，在修改规则之后必须全部刷新才可以生效。
- Firewalld 在使用上要比 iptables 人性化很多，即使对 TCP/IP 不理解也可以实现大部分的功能。

Firewalld 自身并不具备防火墙的功能，而是和 iptables 一样需要通过内核的 Netfilter 来实现，也就是说 Firewalld 和 iptables 一样，都用于维护规则，而真正使用规则的是内核的 Netfilter，只不过 Firewalld 和 iptables 的结构及使用方法不一样罢了。本节将重点讨论 Firewalld 的结构和使用方法。

7.2.1　管理 Firewalld 服务

在安装 CentOS 7 系统时，默认会安装 Firewalld 防火墙。systemctl 是 CentOS 7 服务管理工具中主要的工具之一，它把 service 和 chkconfig 的功能融为了一体。

1. systemctl工具

systemctl 是系统服务管理工具其为 Firewalld 防火墙的使用提供以下功能：

- 启动服务：systemctl start firewalld.service。
- 关闭服务：systemctl stop firewalld.service。
- 重启服务：systemctl restart firewalld.service。
- 显示服务的状态：systemctl status firewalld.service。
- 在开机时启用服务：systemctl enable firewalld.service。
- 在开机时禁用服务：systemctl disable firewalld.service。
- 查看服务是否开机启动：systemctl is-enabled firewalld.service。
- 查看已启动的服务列表：systemctl list-unit-files|grep enabled。
- 查看启动失败的服务列表：systemctl --failed。

2．防火墙设置示例

执行以下命令可以启动 Firewalld 并将其设置为开机自启动状态。

```
[root@localhost ~]# systemctl start firewalld.service  #启动 Firewalld
#设置 Firewalld 为开机自启动
[root@localhost ~]# systemctl enable firewalld.service
```

如果 Firewalld 正在运行，通过 systemctl status firewalld 或 firewall-cmd 命令可以查看其运行状态。

```
[root@localhost ~]# systemctl status firewalld.service
```

执行以下命令可以停止 Firewalld 并设置其为开机禁用状态。

```
[root@localhost ~]# systemctl stop firewalld.service   #停止 Firewalld
#设置 Firewalld 为开机禁用
[root@localhost ~]# systemctl disable firewalld.service
```

3．显示防火墙预定义信息

可以通过以下步骤获取 firewall-cmd 预定义信息，包括三种信息：可用的区域、可用的服务及可用的 ICMP 阻塞类型，具体的查看命令如下：

```
[root@localhost ~]# firewall-cmd --get-zones        #显示预定义的区域
work drop internal external trusted home dmz public block

[root@localhost ~]# firewall-cmd --get-service        #显示预定义的服务
 RH-Satellite-6 amanda-client amanda-k5-client baculabacula-client
cephceph
 mondhcp dhcpv6 dhcpv6-client dnsdocker-registry dropbox-lansyncfreeipa-
ldap
 freeipa-ldapsfreeipa-replication ftp high-availability http https
imapimaps
 ippipp-clientipseciscsi-target kadminkerberoskpasswdldapldapslibvirt
 libvirt-tlsmdns mosh mountdms-wbtmysqlnfsntpopenvpnpmcdpmproxypmwebapi
 pmwebapis pop3 pop3s postgresqlprivoxy proxy-dhcpptppulseaudiopuppetmaster
 radiusrpc-bindrsyncd samba samba-client sane smtpsmtpssnmpsnmptrap squid ssh
 synergy syslog syslog-tls telnet tftptftp-client tinc tor-socks
transmission
```

```
clientvdsmvnc-serverwbem-https xmpp-bosh xmpp-client xmpp-local xmpp-
server

[root@localhost ~]# firewall-cmd --get-icmptypes    #显示预定义的 ICMP 类型
 destination-unreachable echo-reply echo-request parameter-problem
redirect router
 -advertisement router-solicitation source-quench time-exceeded timestamp-
reply
 timestamp-request
```

在 firewall-cmd --get-icmptypes 命令的执行结果中，各种阻塞类型的含义分别如下：

- destination-unreachable：目的地址不可达。
- echo-reply：应答回应（pong）。
- parameter-problem：参数问题。
- redirect：重新定向。
- router-advertisement：路由器通告。
- router-solicitation：路由器征寻。
- source-quench：源端抑制。
- time-exceeded：超时。
- timestamp-reply：时间戳应答回应。
- timestamp-request：时间戳请求。

7.2.2 区域管理

Firewalld 不仅支持动态地设置更新，不需要重新启动服务，而且引入了防火墙的 zone（区域）的概念。Firewalld 将网卡对应不同的区域，区域默认共有 9 个，如表 7.2 所示。

表 7.2 防火墙区域管理

英 文 名 称	中 文 名 称	功　　能
block	阻塞区域	任何传入的网络数据包都将被阻止
dmz	隔离区域	隔离区域也称为非军事区域，是在内外网络之间增加的一层网络，起缓冲的作用。对于隔离区域，只有选择接受传入的网络连接
drop	丢弃区域	任何传入的网络连接都被拒绝
external	外部区域	不相信网络上的其他计算机，不会损害你的计算机。只有选择接受传入的网络连接
internal	内部区域	信任网络上的其他计算机不会损害你的计算机。只有选择接受传入的网络连接
home	家庭区域	相信网络上的其他计算机，不会损害你的计算机
work	工作区域	相信网络上的其他计算机，不会损害你的计算机
trusted	信任区域	所有的网络连接都可以接受
public	公共区域	不相信网络上的任何计算机，只有选择接受传入的网络连接

不同区域之间的差异是防火墙对待数据包的默认行为不同,根据区域名字可以很直观地知道该区域的特征。在 CentOS 7 系统中,默认区域被设置为 public。通过将网络划分成不同的区域,制定出不同区域之间的访问控制策略,可以控制不同程序区域间传送的数据流。例如,互联网是不可信任的区域,而内部网络是高度信任的区域。网络安全模型可以在安装,初次启动和首次建立网络连接时选择初始化。区域管理模型描述了主机所连接的整个网络环境的可信级别,并定义了对于新连接的处理方式。

1. firewall-cmd命令

使用 firewall-cmd 命令可以实现获取和管理区域,为指定区域绑定网络接口等功能。firewall-cmd 命令的区域管理选项及其说明如下:

- - -get-default-zone:显示网络连接或接口的默认区域。
- - -set-default-zone=< zone>:设置网络连接或接口的默认区域。
- - -get-active-zones:显示已激活的所有区域。
- - -get-zone-of-interface=< interface>:显示指定接口绑定的区域。
- - -zone=< zone> - -add-interface=< interface>:为指定接口绑定区域。
- - -zone=< zone> - -change-interface=< interface>:为指定的区域更改绑定的网络接口。
- - -zone=< zone> - -remove-interface=< interface>:为指定的区域删除绑定的网络接口。
- - -list-all-zones:显示所有区域及其规则。
- [- -zone=< zone >] - -list-all:显示所有指定区域的所有规则,省略- -zone=< zone>时表示仅对默认区域操作。

2. 区域管理操作示例

【示例 7.15】显示当前系统中的默认区域。

```
[root@localhost ~]# firewall-cmd --get-default-zone
public
```

【示例 7.16】显示默认区域的所有规则。

```
[root@localhost ~]# firewall-cmd --list-all
public (active)
target: default
icmp-block-inversion: no
interfaces: ens33
sources:
services: dhcpv6-client ssh
ports:
protocols:
masquerade: no
forward-ports:
sourceports:
icmp-blocks:
rich rules:
```

【示例 7.17】 显示网络接口 ens33 的对应区域。

```
[root@localhost ~]# firewall-cmd --get-zone-of-interface=ens33
public
```

【示例 7.18】 将网络接口 ens33 对应的区域更改为 internal 区域。

```
[root@localhost ~]# firewall-cmd --zone=internal --change-interface=ens33
 The interface is under control of NetworkManager, setting zone to
'internal'.
 success
[root@localhost ~]# firewall-cmd --zone=internal --list-interfaces
ens33
[root@localhost ~]# firewall-cmd --get-zone-of-interface=ens33
internal
```

【示例 7.19】 显示所有激活的区域。

```
[root@localhost ~]# firewall-cmd --get-active-zones
internal
interfaces: ens33
```

7.2.3　服务管理

为了方便管理，Firewalld 预定义了很多服务，相应的文件存放在/usr/lib/firewalld/services/目录下，服务通过单个的 XML 配置文件来指定。这些配置文件的命名格式为service-name.xml，每个文件对应一项具体的网络服务，如 SSH 服务等，与之对应的配置文件中记录了各项服务所使用的 tcp/udp 端口。每个网络区域均可以配置允许访问的服务。当默认提供的服务不适用或者需要自定义某项服务的端口时，需要将 service 配置文件放置在 /etc/firewalld/services/目录下。

服务配置通过服务名称来管理规则更加人性化。通过服务来组织端口分组的模式更加高效。如果一个服务使用了若干个网络端口，则服务的配置文件就相当于提供了到这些端口的规则管理的批量操作快捷方式。

在 firewall-cmd 命令区域中，服务管理的常用选项及其说明如下：

- [- -zone=< zone>] - -list-services：显示指定区域内允许访问的所有服务。
- [- -zone=< zone>] - -add-service=< service>：为指定区域设置允许访问的某项服务。
- [- -zone=< zone>] - -remove-service=< service>：删除指定区域已设置的允许访问的某项服务。
- [- -zone=< zone>] - -list-ports：显示指定区域内允许访问的所有端口号。
- [- -zone=< zone>] - -add-port=< portid>[-< portid>]/< protocol>：为指定区域设置允许访问的某个/某段端口号（包括协议名）。
- [- -zone=< zone>] - -remove-port=< portid>[-< portid>]/< protocol>：删除指定区域已设置的允许访问的端口号（包括协议名）。
- [- -zone=< zone>] - -list-icmp-blocks：显示指定区域内拒绝访问的所有 ICMP 类型。

- ……lock=< icmptype>：为指定区域设置拒绝访问的某项

- ……p-block=< icmptype>：删除指定区域已设置的拒绝访……zone=< zone >时表示对默认区域操作。

【……许访问的服务。

```
#……务
l-cmd --list-services
```

```
……务
l-cmd --add-service=http
```

```
……服务
l-cmd --add-service=https
```

```
……服务
ll-cmd --list-services
tp
```

……设置允许访问的服务。

```
……J MySQL 服务
wall-cmd --zone=internal --add-service=mysql
```

```
ll-cmd --zone=internal --remove-service=samba-
……设置 Internal 区域不允许访问的 samba-client 服务
```

```
……问的所有服务
irewall-cmd --zone=internal --list-services
ysql
```

7.2.4　端口管理

在进行服务配置时，预定义的网络服务可以使用服务名进行配置，服务所涉及的端口就会自动打开，但是对于非预定义的服务，只能手动为指定的区域添加端口。

【示例 7.22】在 Internal 区域打开 443 TCP 端口。

```
[root@localhost ~]# firewall-cmd --zone=internal --add-port=443/tcp
success
```

【示例 7.23】在 Internal 区域禁止 443 TCP 端口的访问。

```
[root@localhost ~]#firewall-cmd --zone=internal --remove-port=443/tcp
success
```

7.2.5　配置模式

firewall-cmd 命令工具有两种配置模式：一种是运行时模式（Runtime Mode），表示在当前内存中运行的防火墙配置，在系统或 Firewalld 服务重启、停止时配置将失效；另一种是永久模式（Permanent Mode），表示重启防火墙或重新加载防火墙时的规则配置，是永久存储在配置文件中的。

firewall-cmd 命令工具与配置模式相关的选项有 3 个：

- -reload：重新加载防火墙规则并保持其状态信息，即将永久配置应用为运行时配置。
- -permanent：带有此选项的命令用于设置永久性规则，这些规则只有在重新启动 firewalld 或重新加载防火墙规则时才会生效；若不带此选项，表示设置运行时规则。
- -runtime-to-permanent：将当前的运行时配置写入规则配置文件中，使之成为永久性规则。

7.3　日　志　操　作

当 Linux 系统出现莫名其妙的问题的时候，往往需要借助日志文件才能知道问题出在何处。了解日志文件是很重要的事情，日志文件就像是日记一样，记录系统运行的点点滴滴，包括时间、主机信息、服务（特定功能软件的一种称呼）等，也包括用户识别数据和系统排障须知等。善用日志信息，可以在系统出现问题时从日志文件中找到一些蛛丝马迹，从而探明问题所在，找到解决方案。

7.3.1　日志基础知识

分析和备份系统的日志文件是系统管理员应具备的基本运维技能之一。什么是日志文件？简单概括下就是记录系统活动信息的若干个文件。例如，什么时间、什么地点、什么人、干什么事等，特别像一个单位的门卫所记录的访客信息。用专业语言表述就是记录系统在何时由哪个进程做了什么操作，发生了什么事件。

1. 日志文件的重要性

Linux 主机在后台运行着许多进程，工作的进程显示的信息将被记录到日志文件中。因此日志文件很重要，它可以帮助系统管理员解决大多数的问题，具体可以分为以下 3 类：

系统方面的错误。无论什么系统，用的时间长了或多或少都会出现一些问题，包括硬件没办法被识别，服务无法启动等。这时候系统会将硬件检测过程记录在日志文件中，系统管理员只需要去查询日志文件的内容就能够了解系统做了什么。

网络服务的问题。某些网络服务设置好之后却无法正常启动。关于网络服务的各种问题也会被写入特定的日志文件，查询文件内容就会一目了然。

过往事件记录。如果发现某项服务在某个时刻发生异常，想要了解原因，那么就可以通过日志文件去查询在这个时段发生了什么事，是哪些原因导致服务发生异常。

📋说明：解决系统问题的两大法宝：
- 查看屏幕上显示的错误信息。
- 查看日志文件中的错误信息。

2．日志文件类型

日志文件记录了系统很多重要的事件，包括登录者的信息等，因此日志文件通常只有 root 用户能够读取。下面介绍常见的几种日志文件。

- /var/log/boot.log：顾名思义，这是记录关于开机信息的日志文件。因为开机时会检测内核并启动硬件设备，然后再启动内核支持的其他功能，这些信息将会记录在该日志文件中，这个文件仅仅存储当次开机的信息，以前的信息则不存储。
- /var/log/cron：存储 crontab 计划任务的执行情况。关于 crontab 计划任务，在后续章节中会介绍。
- /var/log/dmesg：记录系统在开机时内核检测过程中产生的信息。
- /var/log/lastlog：记录系统所有的账号最近一次登录系统时的相关信息。
- /var/log/maillog：记录邮件的往来信息，主要记录 SMTP（发送邮件通讯协议）协议提供者与 POP3（接收邮件通信协议）协议提供者所产生的信息。
- /var/log/messages：系统发生的错误信息或者重要的信息几乎都会记录在该日志文件中，因此只要系统出现了问题就一定要查看该日志文件。
- /var/log/secure：只要和账号密码相关的软件，登录时不论是否登录成功，都会记录在该日志文件中。例如，login、sudo、ssh 和 telnet 等程序的登录信息都会被记录在案。
- /var/log/wtmp 与/var/log/faillog：这两个日志文件分别记录正确登录系统者的账户信息和错误登录者登录时使用的账户信息。
- /var/log/httpd/*、/var/log/samba/*：这两个日志文件是目录，用于 httpd 服务和 samba 服务中产生的各项信息。

3．日志文件的基本格式

一般情况下，日志文件记录的信息包括以下几部分：
- 事件发生的时间；
- 发生事件的主机名；
- 启动事件的服务名称、命令与函数名；
- 信息的实际内容。

【示例 7.24】 打开一个日志文件/var/log/secure 并查看文件内容。

```
[root@localhost ~]# cat /var/log/secure
……
Jun 2 15:59:27 localhost gdm-password]: pam_unix(gdm-password:session):
session opened for user root by (uid=0)
Jun 2 15:59:29 localhost gdm-launch-environment]: pam_unix(gdm-launch-
environment:session): session closed for user gdm
……
```

上述日志内容只是在较长的日志文件中节选了两段。这两段数据为 6 月 2 日 15:59:27 左右，是在名为 localhost 的主机系统上由 login 程序产生的信息，用户 root 登录并打开了会话，相关权限设置通过 pam_unix 模块进行处理，再由 gdm 图形界面用户关闭会话。

7.3.2　日志设置

自 CentOS 6 起，系统日志文件由 rsyslogd 服务统一管理，其早期是 syslogd 服务。rsyslogd 服务依赖其配置文件/etc/rsyslog.conf 来确定哪个服务的什么等级的日志信息会被记录在哪个位置。也就是说，日志服务的配置文件中主要定义了服务的名称、日志等级和日志记录位置。

/etc/rsyslog.conf 配置文件的基本格式如下例所示：

```
authpriv.* /var/log/secure
#服务名称[连接符号]日志等级 日志记录位置
#认证相关服务.所有日志等级 记录在/var/log/secure 日志中
```

1．服务名称

首先需要确定 rsyslogd 服务可以识别哪些服务日志，也可以理解为以下这些服务委托 rsyslogd 服务来代为管理日志，如表 7.3 所示。

表 7.3　rsyslogd能管理的服务

服　务　名　称	说　　明
auth(LOG_AUTH)	安全和认证的相关消息（不推荐使用authpriv替代）
authpriv(LOG_AUTHPRIV)	私有的安全和认证的相关消息
cron (LOG_CRON)	系统定时任务cront和at产生的日志
daemon (LOG_DAEMON)	与各个守护进程相关的日志
ftp (LOG_FTP)	FTP守护进程产生的日志
kern(LOG_KERN)	内核产生的日志（不是用户进程产生的）
local0-local7(LOG_LOCAL0-7)	为本地使用预留的服务
lpr (LOG_LPR)	打印产生的日志
mail (LOG_MAIL)	邮件收发信息
news (LOG_NEWS)	与新闻服务器相关的日志

服 务 名 称	说　　明
syslog (LOG_SYSLOG)	保存syslogd服务产生的日志信息（虽然服务的名称已被改为reyslogd，但是很多配置依然沿用syslogd服务的名称，因此这里并没有修改服务的名称）
user (LOG_USER)	用户等级类别的日志信息
uucp (LOG_UUCP)	uucp子系统的日志信息，uucp是早期Linux系统进行数据传递的协议，后来常用在新闻组服务中

以上日志服务名称是 rsyslogd 服务自己定义的，并不是实际的 Linux 服务。当有服务需要由 rsyslogd 服务来帮助管理日志时，只需要调用这些服务名称就可以实现日志的委托管理。这些日志服务名称可以使用命令 man 3 syslog 来查看。虽然日志管理服务已经更改为 rsyslogd，但是很多配置依然沿用了 syslogd 服务的名称，在帮助文档中仍然可以查看 syslogd 服务的帮助信息。

2．连接符号

日志服务连接日志等级的格式如下：

服务名称 [连接符号] 日志等级　日志记录位置

连接符号包括以下 3 种：

- "."表示只要比后面的等级高的（包含该等级）日志都记录。例如，cron.info 表示 cron 服务产生的日志，只要日志等级大于或等于 info 级别就记录。
- ".="表示只记录所需等级的日志，其他等级的日志都不记录。例如，"*.=emerg"表示人和日志服务产生的日志，只要等级是 emerg 等级就记录。这种用法极少见，了解就好。
- ".!"表示不等于，也就是除了该等级的日志以外，其他等级的日志都记录。

3．日志等级

每个日志的重要性都是有差别的。例如：有些日志只是系统的日常提醒，看不看根本不会对系统的运行产生影响；有些日志是对系统和服务的警告甚至是报错信息，这些日志如果不处理，就会威胁系统的稳定或安全。如果把这些日志全部写入一个文件，那么很有可能因为管理员的大意而忽略这些重要的信息。例如，在工作中每天需要处理大量的邮件，而这些邮件中的绝大多数是不需要处理的普通邮件甚至是垃圾邮件，因此每天都要先把这些大量的非重要邮件删除之后，才能找到真正需要处理的邮件。但是每封邮件的标题都差不多，有时会误删除需要处理的邮件。这时 Linux 的日志等级就派上用场了，如果邮件也能标识重要等级，就不会误删除或漏处理重要邮件了。邮件的等级信息也可以使用 man 3 syslog 命令来查看。

日志等级如表 7.4 所示，其是按照严重程度从低到高进行排列的。

表 7.4 日志等级

等 级 名 称	说　明
debug (LOG_DEBUG)	一般的调试信息说明
info (LOG_INFO)	基本的通知信息
nolice (LOG_NOTICE)	普通信息，有一定的重要性
warning(LOG_WARNING)	警告信息，但是还不会影响服务或系统的正常运行
err(LOG_ERR)	错误信息，一般达到err等级的信息已经影响服务或系统的运行了
crit (LOG_CRIT)	临界状况信息，比err等级还要严重
alert (LOG_ALERT)	告警信息，比crit等级还要严重，必须立即采取行动
emerg (LOG_EMERG)	疼痛等级信息，相当于非常紧急的程度，系统已经无法使用了
*	表示所有日志等级。例如，authpriv.*表示amhpriv认证信息服务产生的日志，即所有的日志等级都要记录

日志等级还可以被识别为 none。如果日志等级是 none，就说明忽略这个日志服务，该服务的所有日志都不再记录。

4．日志记录位置

日志记录位置就是将当前日志输出到哪个日志文件中进行保存，当然也可以把日志输出给打印，或者输出到允许接收的远程日志服务器上。日志的记录位置也是固定的，具体分为以下几种：

- 日志文件的绝对路径。这是最常见的保存日志的地方，如/var/log/secure 就是用来保存系统验证和授权信息日志的。
- 系统设备文件。例如，/dev/lp0 代表第一台打印机，如果日志保存位置是打印机设备，当有日志时就会在打印机上打印。
- 转发给远程主机。因为可以选择使用 TCP 和 UDP 传输日志信息，所以有两种发送格式：如果使用 @192.168.42.211:514，就会把日志内容使用 UDP 发送到 192.168.42.211 的 UDP 514 端口上；如果使用@@192.168.42.211:514，就会把日志内容使用 TCP 发送到 192.168.42.211 的 TCP514 端口上，514 是日志服务默认的端口。只要 192.168.42.211 同意接收此日志，就可以把日志内容保存在日志服务器上。
- 用户名。如果是 root，就会把日志发送给 root 用户，root 需要在线才能收到日志信息。发送日志给用户时，可以使用 "*" 表示发送给所有在线用户，如 mail.**表示把 mail 服务产生的所有级别的日志发送给所有在线用户。如果需要把日志发送给多个在线用户，则用户名之间用半角逗号 "," 分隔。
- 忽略或丢弃日志。如果接收日志的对象是 "~"，则表示这个日志不会被记录，而是被直接丢弃。例如 "local3.* ~" 表示忽略 local3 服务类型，即 local3 服务的所有日志都不记录。

5．/etc/rsyslog.conf配置文件的内容

知道了/etc/rsyslog.conf 配置文件的日志格式之后，接下来看看这个配置文件的具体内容。

```
[root@localhost ~]# vim /etc/rsyslog.conf  #查看配置文件的内容
#rsyslog configuration file
# For more information see /usr/share/doc/rsyslog-*/rsyslog_conf.html
# If you experience problems, see http://www.rsyslog.com/doc/troubleshoot.
html
*### MODULES ###
#加载模块
$ModLoad imuxsock # provides support for local system logging (e.g. via
logger command)
#加载 imixsock 模块，为本地系统登录提供支持
$ModLoad imklog # provides kernel logging support (previously done by rklogd)
#加载 imklog 模块，为内核登录提供支持
#$ModLoad immark # provides --MARK-- message capability
#加载 immark 模块，提供标记信息的能力
# Provides UDP syslog reception
#$ModLoad imudp
#SUDPServerRun 514
#加载 UPD 模块，允许使用 UDP 的 514 端口接收采用 UDP 转发的日志
# Provides TCP syslog reception
#$ModLoad imtcp
#$InputTCPServerRun 514
#加载 TCP 模块，允许使用 TCP 的 514 端口接收采用 TCP 转发的日志
#### GLOBAL DIRECTIVES ####
#定义全局设置
#Use default timestamp format
#定义日志的时间使用默认的时间戳格式
#ActionFileDefaultTemplate RSYSLOG_TraditionalFileFormat
#File syncing capability is disabled by default. This feature is usually
not required,
#not useful and an extreme performance hit
#$ActionFileEnableSync on
#文件同步功能。默认没有开启
#Include all config files in /etc/rsyslog.d/
$IncludeConfig /etc/rsyslog.d/*.conf
#包含/etx/tsyslog.d/目录下所有的.conf 子配置文件。也就是说，这个目录下的所有子配置
  文件也同时生效
#### RULES ####
#日志文件保存规则
#Log all kernel messages to the console.
#Logging much else clutters up the screen.
#kern.* /dev/console
#kern 服务.所有日志级别保存在/dev/console 下
#这个日志默认没有开启
#Log anything (except mail) of level info or higher.
#Don't log private authentication messages!
```

```
*.info;mail.none;authpriv.none;cron.none /var/log/messages
```
#所有服务.info 以上级别的日志保存在/var/log/messages 日志文件中，mail, authpriv^
  cron 的日志不记录在/var/log/messages 日志文件中，因为它们都有自己的日志文件，所以
  /var/log/messages 日志是最重要的系统日志文件，需要经常查看
```
#The authpriv file has restricted access.
authpriv.* /var/log/secure
```
#用户认证服务的所有级别的日志保存在/vai/1og/secure 日志文件中
```
#Log all the mail messages in one place.
mail.* -/var/log/maillog
```
#mail 服务的所有级别的日志保存在/var/log/maillog 日志文件中
#"-"的含义是日志先在内存中保存，当日志足够多之后再保存在文件中
```
# Log cron stuff
cron.* /var/log/cron
```
#将任务的所有日志保存在/var/log/cron 日志文件中
```
# Everybody gets emergency messages
```
#对所有在线用户广播所有日志服务的疼痛等级日志
```
#Save news errors of level crit and higher in a special file. uucp,news.crit
/var/log/spooler
```
#将 uucp 和 news 日志服务的 crit 以上级别的日志保存在/var/log/spooler 日志文件中
```
#Save boot messages also to boot.log
local7.* /var/log/boot.log
```
#将 loacl7 日志服务的所有日志写入/var/log/boot.log 日志文件中，会把开机时的检测信
息在显示到屏幕的同时写入/var/log/boot.log 日志文件中
```
# ### begin forwarding rule ###
```
#定义转发规则
```
#The statement between the begin ... end define a SINGLE forwarding
#rule. They belong together, do NOT split them. If you create multiple
# forwarding rules, duplicate the whole block!
# Remote Logging (we use TCP for reliable delivery)
#
# An on-disk queue is created for this action. If the remote host is
# down, messages are spooled to disk and sent when it is up again.
 #SWorkDirectory /var/lib/rsyslog # where to place spool files #$Action
QueueFileName fwdRulel # unique name prefix for spool files
#$ActionQueueMaxDiskSpace 1g # 1gb space limit (use as much as possible)
#$ActionQueueSaveOnShutdown on # save messages to disk on shutdown
#$ActionQueueType LinkedList t run asynchronously
#$ActionResumeRetryCount -1 # infinite retries if host is down
# remote host is: name/ip:port, e.g. 192.168.0.1:514, port optional
#*•* @6remote-host:514
# ### end of the forwarding rule ##
```

Linux 系统已经很好地定义了这个配置文件的内容，系统中重要的日志也记录得相当完备。如果是外来的服务，如 Apache、Samba 等服务，在这些服务的配置文件中将会详细定义日志的记录格式和方法。因此，日志的配置文件基本上不需要修改，要做的仅仅是查看和分析系统记录好的日志而已。

6. 日志服务器设置

使用"@IP:端口"或"@@IP:端口"的格式可以把日志发送到远程主机上,这样做的意义是什么?假设需要管理几十台服务器,那么每天的重要工作就是查看这些服务器的日志,可是每台服务器单独登录并且查看日志的工作非常烦琐,因此可以把几十台服务器的日志集中到一台日志服务器上。这样每天只要登录这台日志服务器,就可以查看所有服务器的日志,非常方便。

首先需要分清服务器端和客户端。假设服务器端的服务器 IP 地址是 192.168.42.211,主机名是 localhost.localdomain,客户端的服务器 IP 地址是 192.168.42.2,主机名是 www1。现在要做的是把 192.168.42.2 的日志保存在 192.168.42.211 这台服务器上。实验过程如下:

【示例 7.25】日志服务器和客户端的简易设置。

```
服务器端设定(192.168.42.211):                          #修改日志服务配置文件
[root@localhost ~]# vim /etc/rsyslog.conf
......
# Provides TCP syslog reception
$ModLoad imtcp
$InputTCPServerRun 514
#取消这两句话的注释,允许服务器使用 TCP 514 端口接收日志
......
[root@localhost ~]# service rsyslog restart              #重启 rsyslog 日志服务
[root@localhost ~]# netstat -tlun | grep 514
tcp 0 0 0.0.0.0: 514 0.0.0.0: * LISTEN
#查看 514 端口已经打开

#客户端设置(192.168.42.2):
[root@www1 ~]# vim /etc/rsyslog.conf                     #修改日志服务配置文件
*.* @@192.168.42.211: 514
#把所有日志采用 TCP 发送到 192.168.42.211 的 514 端口上
[root@www1 ~]# service rsyslog restart                   #重启日志服务
```

这样日志服务器和客户端就搭建完成了,以后 192.168.42.2 这台客户机上所产生的所有日志都会记录到 192.168.42.211 上。

【示例 7.26】记录日志。

```
#在客户机上(192.168.42.2)
[root@www1 ~]# useradd ly                      #添加 ly 用户提示符的主机名是 www1)
#在服务器(192.168.42.211)上
#查看服务器的 secure 日志(主机名是 localhost)
[root@localhost ~]# vim /var/log/secure
Jun 8 23:00:57 www1 sshd[1408]: Server listening on 0.0.0.0 port 22.
Jun 8 23:00:57 www1 sshd[1408]: Server listening on :: port 22.
Jun 8 23:01:58 www1 sshd[1630]: Accepted password for root from 192.168.42.2
port 7036 ssh2
Jun 8 23:01:58 www1 sshd[1630]: pam_unix(sshd:session): session opened for
user root by (uid=0)
Jun 8 23:03:03 www1 useradd[1654]: new group: name=ly, GID-505
```

```
Jun 8 23:03:03 wwwl useradd[1654]: new user: name=ly, UXD=505, GID=505,
home=/home/ly, shell=/bin/bash
Jun 8 23:03:09 wwwl passwd: pam_unix(passwd:chauthtok): password changed
for ly
#注意：查看的日志内容的主机名是 www1，说明我们虽然查看的是服务器的日志文件，但是在其中
  可以看到客户机的日志内容
```

需要注意的是，日志服务是通过主机名来区别不同的服务器的。如果配置了日志服务，则需要给所有的服务器分配不同的主机名。

7.3.3　日志轮替

日志是重要的系统文件，记录和保存了系统中所有的重要事件的信息。但是日志文件也需要进行定期维护，因为日志文件是不断增加的，如果完全不进行日志维护，而任由其随意递增，那么用不了多久系统的磁盘就会被写满。

日志维护最主要的工作就是把旧的日志文件删除，从而腾出空间保存新的日志文件。这项工作如果靠管理员手工来完成，其实是非常烦琐的，而且也容易忘记。那么 Linux 系统是否可以自动完成日志的轮替工作呢？

logrotate 服务就是用来进行日志轮替的，也就是将旧的日志文件移动并改名，同时创建一个新的空日志文件来记录新日志，当旧日志文件超出保存的范围时就删除。

1．日志文件的命名规则

日志轮替最主要的作用就是把移动的日志文件并为其改名，同时建立新的空日志文件，当旧日志文件超出保存的范围时就将其删除。那么，旧的日志文件改名之后如何命名呢？主要依靠/etc/logrotate.conf 配置文件中的 dateext 参数来完成。

如果在配置文件中有 dateext 参数，那么日志会用日期来作为日志文件的后缀，如 secure-20210605。这样日志文件名不会重叠，也就不需要对日志文件进行改名，只需要保存指定的日志个数，删除多余的日志文件即可。

如果在配置文件中没有 dateext 参数，那么日志文件就需要进行改名。当第一次进行日志轮替时，当前的 secure 日志会自动改名为 secure.1，然后新建 secure 日志，用来保存新的日志；当第二次进行日志轮替时，secure.1 会自动改名为 secure.2，当前的 secure 日志会自动改名为 secure.1，然后再新建 secure 日志，用来保存新的日志；以此类推。

2．logrotate配置文件

先查看一下 logrotate 的配置文件/etc/logrotate.conf 的默认内容。

```
[root@localhost ~]# vim /etc/logrotate.conf          #打开日志轮替配置文件
#see "man logrotate" for details
#rotate log files weekly
weekly
#每周对日志文件进行一次轮替
```

```
#keep 4 weeks worth of backlogs rotate 4
#保存 4 个日志文件,也就是说,如果进行了 5 次日志轮替,就会删除第一个备份日志
#create new (empty) log files after rotating old ones create
#在日志轮替时自动创建新的日志文件
#use date as a suffix of the rotated file dateext
#使用日期作为日志轮替文件的后缀
#uncomment this if you want your log files compressed #compress
#日志文件是否压缩。如果取消注释,则日志会在转储的同时进行压缩
#以上日志配置为默认配置,如果需要轮替的日志没有设定独立的参数,那么都会遵循以上参数
#如果轮替日志配置了独立参数,那么独立参数的优先级更高
#RPM packages drop log rotation information into this directory include
/etc/logrotate.d
#包含/etc/logrotate.d/目录中所有的子配置文件。也就是说,会读取这个目录中所有的子配
置文件并进行日志轮替
#no packages own wtmp and btmp -- we'll rotate them here
#以下两个轮替日志有自己的独立参数,如果和默认的参数冲突,则独立参数生效
/var/log/wtmp {
#以下参数仅对此目录有效
monthly
#每月对日志文件进行一次轮替
create 0664 root utmp
#建立的新日志文件,权限是 0664,所有者是 root,所属组是 utmp 组
minsize 1M
#日志文件最小轮替的容量是 1MB。也就是说,日志一定要超过 1MB 才会进行轮替,否则就算时间
达到一个月也不进行日志轮替
rotate 1
#仅保留一个日志备份,也就是只保留 wtmp 和 wtmp.1 日志
/var/log/btmp {
#以下参数只对/var/log/btmp 生效
missingok
#如果日志不存在,则忽略该日志的警告信息
monthly
create 0600 root utmp
rotate 1
}
# system-specific logs may be also be configured here.
```

在这个配置文件中,主要分为 3 部分:第 1 部分是默认设置,如果需要转储的日志文件没有特殊配置,则遵循默认设置的参数;第 2 部分是读取/etc/logrotate.d/目录中的日志轮替的子配置文件,也就是说,在/etc/logrotate.d/目录中所有符合语法规则的子配置文件也会进行日志轮替;第 3 部分是对 wtmp 和 btmp 日志文件的轮替进行设定,如果此设定和默认参数冲突,则当前设定生效(如 wtmp 的当前参数设定的轮替时间是每月,而默认参数的轮替时间是每周,则对 wtmp 这个日志文件来说,轮替时间是每月,当前的设定参数生效)。

logrotate 配置文件的主要参数如表 7.5 所示。

表 7.5　logrotate配置文件的主要参数说明

参　　数	含　　义
daily	日志的轮替周期是每天
weekly	日志的轮替周期是每周
monthly	日志的轮替周期是每月
rotate数字	保留的日志文件的个数。0指没有备份
compress	当进行日志轮替时，对旧的日志进行压缩
create mode owner group	建立新的日志，同时指定新日志的权限与所有者和所属组，如create 0600 rootly
mail address	当进行日志轮替时，日志文件通过邮件发送到指定的邮件地址上
missingok	如果日志不存在，则忽略该日志的警告信息
nolifempty	如果日志为空文件，则不进行日志轮替
minsize大小	日志轮替的最小值。日志一定要达到这个最小值才会进行轮替，否则就算时间达到也不进行轮替
size大小	日志只有大于指定的容量时才进行日志轮替，而不是按照时间轮替
dateext	使用日期作为日志轮替文件的后缀，如secure-20210605
sharedscripts	在此关键字之后的脚本只执行一次
prerotate/endscript	在日志轮替之前执行脚本命令。endscript标识prerotate脚本结束
postrotate/endscript	在日志轮替之后执行脚本命令。endscript标识postrotate脚本结束

在表 7.5 所示的参数中，较难理解的是 prerotate/endscript 和 postrotate/endscript，prerotate 和 postrotate 主要用于在日志轮替的同时执行指定的脚本，而这些脚本一般用于在日志轮替之后重启服务。这里强调一下，如果日志是写入 rsyslog 服务的配置文件中的，那么把新日志加入 logrotate 后一定要重启 rsyslog 服务，否则虽然新日志建立了，但数据还是会写入旧的日志中。原因是虽然 logrotate 知道日志轮替了，但是 rsyslog 服务并不知道。同理，如果采用源码包安装了 Apache 和 Nginx 等服务软件，则需要重启 Apache 或 Nginx 服务软件之外还要重启 rsyslog 服务软件，否则日志也不能正常轮替。这里有一个典型应用就是给特定的日志加入 chattr 的 a 属性。如果给系统文件加入了 a 属性，那么这个文件就只能增加数据，而不能删除和修改已有的数据，root 用户也不例外。因此，给重要的日志文件加入 a 属性，就可以保护日志文件不被恶意修改。不过，一旦加入了 a 属性，那么在进行日志轮替时这个日志文件是不能被改名的，因此也就不能进行日志轮替了。可以利用 prerotate 和 postrotate 参数来修改日志文件的 chattr 的 a 属性。

3．把自己的日志加入日志轮替中

如果有些日志默认没有加入日志轮替（比如源码包安装的服务的日志，或者自己添加的日志），那么这些日志默认是不会进行日志轮替的，这样当然不符合对日志的管理要求。如果需要把这些日志也加入日志轮替，应该如何操作呢？有两种方法：

- 直接在/etc/logrotate.conf 配置文件中写入日志的轮替策略，从而把日志加入轮替中。
- 在/etc/logrotate.d/目录中新建立日志的轮替文件，在该轮替文件中写入正确的轮替策略，因为/etc/logrotate.d/目录中的文件都会被纳入主配置文件中，所以也可以把日志加入轮替中。

推荐第二种方法，因为系统中需要轮替的日志非常多，如果将它们全部直接写入/etc/logrotate.conf 配置文件，那么这个文件的可管理性就会非常差，不利于对该文件的维护。

例如自定义生成的/var/log/alert.log 日志，该日志不是系统默认的日志，而是通过 /etc/rsyslog.conf 配置文件自己生成的日志，因此默认这个日志是不会进行轮替的。如果需要把这个日志加入日志轮替策略，应该怎么实现呢？采用第二种方法，见下面的示例。

【示例 7.27】在/etc/logrotate.d/目录中建立日志的轮替文件。

```
#先给日志文件赋予 chattr 的 a 属性,保证日志的安全
[root@localhost ~]# chattr +a /var/log/alert.log
[root@localhost ~]# vim /etc/logrotate.d/alertrotate
#创建 alertrotate 轮替文件,把/var/log/alert.log 加入日志轮替中
/var/log/alert.log
{
    weekly                                        #每周轮替一次
    rotate 6                                      #保留 6 个轮替日志
    sharedscripts                                 #以下命令只执行一次
    prerotate                                     #在日志轮替之前执行
    #在日志轮替之前取消 a 属性,以便让日志可以轮替
    /usr/bin/chattr -a /var/log/alert.log
    endscript                                     #脚本结束
    sharedscripts
    postrotate                                    #在日志轮替之后执行
    /usr/bin/chattr +a /var/log/alert.log         #在日志轮替之后重新加入 a 属性
    endscript
    sharedscripts
    postrotate
    /bin/kill -HUP $(/bin/cat /var/run/syslogd.pid 2>/dev/null) fi>
/dev/null
    endscript
#重启 rsyslog 服务,保证日志轮替可以正常进行
}
```

4．logrotate 命令

日志轮替之所以可以在指定的时间备份日志，是因为其依赖系统定时任务。系统每天都会执行/etc/cron.daily/logrotate 文件。logrotate 命令会依据/etc/logrotate.conf 配置文件的配置，来判断配置文件中的日志是否符合日志轮替的条件，如果符合，则会进行日志轮替。所以说，日志轮替还是由 crond 服务发起的。

logrotate 命令的格式如下：

```
# logrotate [选项] 配置文件名
```

常用的选项如下（如果此命令没有选项，则会按照配置文件中的条件进行日志轮替）：

- -v：显示日志轮替过程。
- -f：强制进行日志轮替。不管日志轮替的条件是否符合，强制将配置文件中的所有日志进行轮替。

【示例 7.28】执行 logrotate 命令，并查看一下执行过程。

```
[root@localhost ~]# logrotate -v /etc/logrotate.conf    #查看日志轮替的流程
......
#这就是自己加入轮替的 alert.log 日志
rotating pattern: /var/log/alert.log weekly (6 rotations)
empty log files are rotated, old logs are removed
considering log /var/log/alert.log
log does not need rotating
#时间不够一周，因此不进行日志轮替
......
```

可以发现，/var/log/alert.log 加入了日志轮替，并且已经被 logrotate 识别和调用了，只是时间没有达到可以进行轮替的标准，所以没有轮替。

【示例 7.29】强制进行一次日志轮替，看看会有什么结果。

```
#强制进行日志轮替，不管是否符合轮替条件
[root@localhost ~]# logrotate -vf /etc/logrotate.conf
......
rotating pattern: /var/log/alert.log forced from command line (6 rotations)
empty log files are rotated, old logs are removed
considering log /var/log/alert.log
log needs rotating                          #日志需要轮替
rotating log /var/log/alert.log, log->rotateCount is 6
dateext suffix '-20210607'                  #提取日期参数
glob pattern '-[0-9][0-9][0-9][0-9][0-9][0-9][0-9][0-9]'
glob finding old rotated logs failed
running prerotate script
fscreate context set to unconfined_u: object_r: var_log_t: s0
#旧的日志被重命名
renaming /var/log/alert.log to /var/log/alert.log-20210607
#创建新日志文件，同时指定权限、所有者和属组
creating new /var/log/alert.log mode = 0600 uid = 0 gid = 0
running postrotate script
......
```

可以发现，alert.log 日志已经完成了日志轮替。

【示例 7.30】查看新生成的日志和旧日志。

```
[root@localhost ~]# ll /var/log/alert.log*
-rw-------.1 root root 0 Jun 7 10: 07 /var/log/alert.log
-rw-------.1 root root 237 Jun 7 09: 58 /var/log/alert.log-20210607
#已经轮替旧的日志文件
[root@localhost ~]# lsattr /var/log/alert.log
```

```
-----a-------e- /var/log/alert.log
#新的日志文件被自动加入了 chattr 的 a 属性
```

logrotate 命令在使用-f 选项之后，不管日志是否符合轮替条件，都会强制把所有的日志进行轮替。

7.3.4　日志分析

日志是非常重要的系统文件，系统管理员每天的重要工作就是分析和查看服务器的日志，判断服务器的健康状态。但是日志管理又是一项非常枯燥的工作，如果需要管理员手工查看服务器上的所有日志，那实在是一项非常痛苦的工作。有些系统管理员就会偷懒，省略了日志的检测工作，但是这样做非常容易导致服务器出现问题。那么有取代的方案吗？有，那就是日志分析工具。这些日志分析工具会详细地查看日志、分析日志，并且把分析的结果通过邮件的方式发送给 root 用户。这样系统管理员每天只要查看日志分析工具发来的邮件，就可以知道服务器的基本情况，而不用逐个检查日志了。日志分析工具将系统管理员从繁重的日常工作中解脱出来，让他们可以去处理更加重要的工作。

在 CentOS 7 中提供了一个日志分析工具 logwatch。如果这个工具没有安装，则需要手工安装。在线安装命令如下：

```
[root@localhost ~]# yum -y install logwatch
```

安装完成之后，需要手工生成 logwatch 的配置文件。默认配置文件是/etc/logwatch/conf/logwatch.conf，不过这个配置文件是空的，需要把模板配置文件复制过来。命令如下：

```
# cp /usr/share/logwatch/default.conf/logwatch.conf /etc/logwatch/conf/
logwatch.conf
#复制配置文件
```

这个配置文件的内容绝大多数是注释，如果把注释去掉，那么这个配置文件的内容如下：

【示例 7.31】查看/etc/logwatch/conf/logwatch.conf 配置文件的内容。

```
[root@localhost ~]# vim /etc/logwatch/conf/logwatch.conf  #查看配置文件
LogDir = /var/log                  #logwatch 会分析和统计/var/log/中的日志
TmpDir = /var/cache/logwatch       #指定 logwatch 的临时目录
MailTo = root                      #日志的分析结果，给 root 用户发送邮件
MailFrom = Logwatch                #邮件的发送者是 Logwatch，在接收邮件时显示
Print =
#是否打印？如果选择 yes，那么日志分析会被打印到标准输出，而且不会发送邮件。这里选择不
打印，给 root 用户发送邮件
#Save = /tmp/logwatch
#如果开启这一项，日志分析工具就不会发送邮件，而是将分析结果保存在/tmp/logwatch 文
件中
Range = yesterday
#分析哪一天的日志。可以识别 All、Today 和 Yesterday，用来分析所有日志、今天的日志和
昨天的日志
```

```
Detail = Low
#日志的详细程度。可以识别 Low、Med 和 High。也可以用数字来表示，范围为 0～10，0 代表最
不详细，10 代表最详细
Service = All                                    #分析和监控所有的日志
Service = "-zz-network"
#不监控-zz-network 服务的日志。"-服务名"表示不分析和监控此服务的日志
Service = "-zz-sys"
Service = "-eximstats"
```

这个配置文件基本不需要修改就会每天默认执行。为什么会每天执行呢？一定是 crond 服务的作用。没错，logwatch 一旦安装，就会在/etc/cron.daily/目录中建立 0logwatch 文件，用于每天定时执行 logwatch 命令，并分析和监控相关日志。

【示例 7.32】马上运行 logwatch 日志分析工具。

```
[root@localhost ~]# logwatch                     #马上运行 logwatch 日志分析工具
[root@localhost ~]# mail                         #查看邮件
……
>N 6 logwatch@localhost.1 Fri Jun 7 11:57 189/5059 "Logwatch for localhost.
localdomain (Linux)"
#第 6 封邮件就是刚刚生成的日志分析邮件，N 表示没有查看
& 6
Message 6:
From root@localhost.localdomain Fri Jun 7 11:57:35 2021 Return-Path:
<root@localhost.localdomain>
X-Original-To: root
Delivered-To: root@localhost.localdomain
To: root@localhost.localdomain
From: logwatch@localhost.localdomain
Subject: Logwatch for localhost.localdomain (Linux)
Content-Type: text/plain; charset="iso-8859-1"
Date: Fri, 7 Jun 2021 11:57:33 +0800 (CST)
Status: R
######## Logwatch 7.3.6 (05/19/07) ################
Processing Initiated: Fri Jun 7 11:57:33 2021
Date Range Processed: all
Detail Level of Output: 0
Type of Output: unformatted
Logfiles for Host: localhost.localdomain
##################################################
#上面是日志分析的时间和日期
……
--------- Connections (secure-log) Begin-----------
#分析 secure.log 日志的内容。统计新建立了哪些用户和组，以及错误登录信息
 New Users:
    ly(503)
    user1 (504)
    user2 (505)
    yl (97)

 New Groups:
    ly(503)
```

```
    user1 (504)
    user2 (505)
    yl (97)

Failed logins:
    User root:
    (null): 2 Time(s)

Root logins on tty's: 5 Time(s).

**Unmatched Entries**
groupadd: group added to /etc/group: name=dovecot, GID=97: 1 Time(s)
groupadd: group added to /etc/group: name=dovenul1, GID=498: 1 Time(s)
groupadd: group added to /etc/gshadow: name=dovecot: 1 Time(s)groupadd:
group added to /etc/gshadow: name=dovenull: 1 Time(s)
--------Connections (secure-log)End-------
----------------SSHD Begin--------------------
```
#分析 SSHD 的日志。可以知道哪些 IP 地址连接过服务器
```
SSHD Killed: 7 Time(s)
SSHD Started: 24 Time(s)
Users logging in through sshd:
192.168.42.104: 10 times
192.168.42.108: 8 times
192.168.42.101: 6 times
192.168.42.126: 4 times
192.168.42.100: 3 times
192.168.42.105: 3 times
192.168.42.106: 2 times
192.168.42.102: 1 time
192.168.42.103: 1 time
SFTP subsystem requests: 3. Time(s)
**Unmatched Entries**
Exiting on signal 15 : 6 time(s)
----------------SSHD End-----------

--------------- yum Begin ----------
```
#统计 YUM 安装的软件。可以知道安装了哪些软件
```
Packages Installed:
    logwatch-7.3.6-49.el6.noarch
-----------yum End-------------

--------Disk Space Begin-------
```
#统计磁盘空间情况
```
Filesystem Size Used Avail Use% Mounted on
/dev/sda3 20G 1.9G 17G 11% /
/dev/sda1 194M 26M 158M 15% /boot
/dev/sr0 3.5G 3.5G 0 100% /mnt/cdrom
---------Disk Space End-----------------
#########Logwatch End #################
```

有了这个日志分析工具，日志管理工作就会轻松很多。当然，在 Linux 中还有其他日志分析工具。

7.4　后台管理

在介绍后台管理之前，需要先介绍一下 Linux 的工作管理机制。

工作管理是指在单个登录终端（也就是登录的 Shell 界面）同时管理多个工作的行为，即用户登录了一个终端，已经在执行一个操作，可以在不关闭当前操作的情况下执行其他操作。例如，在当前终端正在使用 Vim 编辑一个文件，在不停止 Vim 的情况下，如果想在同一个终端执行其他的命令，就应该把 vim 命令放入后台，然后再执行其他命令。把命令放入后台，然后把命令恢复到前台，或者让命令再恢复到后台执行，这些管理操作就是工作管理。

后台管理有几个注意事项：

- 前台是指当前可以操控和可以执行命令的操作环境；后台是指工作可以自行运行，但是不能直接用 Ctrl+c 快捷键来中止，只能使用 fg 或者 bg 命令来调用工作。
- 当前的登录终端只能管理当前终端的工作，而不能管理其他登录终端的工作。比如 tty1 登录的终端是不能管理 tty2 终端中的工作的。
- 放入后台的命令必须可以持续运行一段时间，这样才能捕捉和操作它。
- 放入后台执行的命令不能和前台用户有交互，否则该命令只能放入后台暂停，而不能执行。比如 vim 命令只能放入后台暂停而不能执行，因为 vim 命令需要前台输入信息；top 命令也不能放入后台执行，只能放入后台暂停，因为 top 命令需要和前台交互。

Linux 命令放入后台的方法有两种，下面分别介绍。

1. 命令&——把命令放入后台执行

把命令放入后台的方法是在命令后面加入"空格 &"。使用这种方法放入后台的命令，在后台处于执行状态。需要注意的是，放入后台执行的命令不能与前台有交互，否则这个命令是不能在后台执行的。

【示例 7.33】将命令放入后台。

```
[root@localhost ~]#find / -name install.log &
[1] 3841
#[工作号] 进程号
#把 find 命令放入后台执行，每个后台命令会被分配一个工作号和进程号
```

这样，虽然在执行 find 命令，但在当前终端仍然可以执行其他操作。如果在终端上出现如下信息：

```
[1]   +    Done        find / -name install.log
```

则证明后台的这个命令已经完成了。如果该命令有执行结果，则也会显示到终端上。

其中，[1]是这个命令的工作号，"+"代表这个命令是最近一个被放入后台的。

2．在命令执行过程中按Ctrl+z快捷键，使命令在后台处于暂停状态

使用这种方法放入后台的命令，就算其不和前台有交互，能在后台执行，那么其也处于暂停状态，因为 Ctrl+z 快捷键就是暂停的快捷键。请看如下两个示例：

【示例 7.34】演示快捷键 Ctrl+z 的用法。

```
[root@localhost ~]#top                    #在 top 命令执行的过程中，按 Ctrl+z 快捷键
[1]+ Stopped  top
#top 命令被放入后台，工作号是 1，状态是暂停。虽然 top 命令没有结束，但是也能取得控制台
权限
```

【示例 7.35】演示快捷键 Ctrl+z 的用法。

```
[root@localhost ~]# tar -zcf ly.tar.gz /home/ly    #压缩/home/ly 目录
^Z                                        #在执行过程中，按 Ctrl+z 快捷键
#tar 命令被放入后台，工作号是 2，状态是暂停
[2]+ Stopped tar-zcf ly.tar.gz /home/ly
```

每个被放入后台的命令都会分配一个工作号。第一个被放入后台的命令的工作号是 1；第二个被放入后台的命令的工作号是 2，以此类推。

接下来介绍几个在后台管理中需要使用的命令：jobs、fg、bg、nohup、at 和 crontab。

7.4.1　jobs 命令

jobs 命令可以用来查看当前终端放入后台的工作，jobs 就是工作的意思，工作管理的名字也来源于 jobs 命令。

1．jobs命令

jobs 命令的基本格式如下：

```
jobs [选项]
```

常用的选项如下：

- -l：列出进程的 PID 号。
- -n：只列出上次发出通知后改变了状态的进程。
- -p：只列出进程的 PID 号。
- -r：只列出运行中的进程。
- -s：只列出已停止的进程。

2．jobs命令示例

【示例 7.36】用 jobs 命令查看当前后台工作的进程情况。

```
[root@localhost ~]#jobs -l
[1]- 2023 Stopped top
[2]+ 2034 Stopped tar -zcf ly.tar.gz /home/ly
```

可以看到，当前终端有两个后台工作：一个是 top 命令，工作号为 1，状态是暂停，标志是 "−"；另一个是 tar 命令，工作号为 2，状态是暂停，标志是 "+"。"+" 号代表最近放入后台的工作，也是工作恢复时默认恢复的工作。"−" 号代表倒数第二个放入后台的工作，而第三个及之后的工作就没有 "+" 或 "−" 标志了。

一旦当前的默认工作处理完成，则带 "−" 号的工作就会自动成为新的默认工作，不管此时有多少正在运行的工作，任何时间都会有且仅有一个带 "+" 号的工作和一个带 "−" 号的工作。

7.4.2　fg 命令

fg 是 Foreground 的缩写。前面所讲的都是将工作放到后台去运行，那么如何将后台工作拿到前台来执行呢？使用 fg 命令即可。

1．fg 命令

fg 命令用于把后台工作放到前台来执行，该命令的基本格式如下：

```
fg %工作号
```

注意，在使用 fg 命令时，"%" 可以省略，但若将 "% 工作号" 全部省略，则此命令会将带有 "+" 号的工作恢复到前台。

2．fg 命令示例

【示例 7.37】把后台工作进程转为前台工作。

```
[root@localhost ~]#jobs
[1]- Stopped top
[2]+ Stopped tar-zcf ly.tar.gz /home/ly
[root@localhost ~]# fg                  #恢复 "+" 标志的工作，也就是 tar 命令
[root@localhost ~]# fg %1                #恢复 1 号工作，也就是 top 命令
```

top 命令是不能在后台执行的，如果想要中止 top 命令，要么把 top 命令恢复到前台，然后正常退出；要么找到 top 命令的 PID，使用 kill 命令杀死这个进程。

7.4.3　bg 命令

bg 是 Background 的缩写。前面讲过使用 Ctrl+z 快捷键的方式可以将前台工作放入后台，但是其会处于暂停状态，那么，可不可以让后台工作继续在后台执行呢？答案是肯定的，这就需要用到 bg 命令。

1. bg命令

bg 命令的基本格式如下：

```
bg %工作号
```

和 fg 命令类似，这里的 "%" 可以省略。

2. bg命令示例

【示例 7.38】将前面章节放入后台的两个工作进程恢复运行。

```
[root@localhost ~]# bg %1          #"%"可以省略，可以写成 bg 1
[root@localhost ~]# bg %2          #"%"可以省略，可以写成 bg 2
#把两个命令恢复到后台执行
[root@localhost @]# jobs
[1]+ Stopped top
[2]- Running tar -zcf ly.tar.gz /home/ly &
#tar 命令的状态变为了 Running，但是 top 命令的状态还是 Stopped
```

可以看到，tar 命令确实已经在后台执行了，但是 top 命令怎么还不干活？原因很简单，top 命令是需要和前台交互的，因此不能在后台执行。换句话说，top 命令就是给前台用户显示系统性能的命令，如果 top 命令在后台恢复运行了，那么给谁去看结果呢？因此在使用不同命令的时候需要弄清楚命令是否需要与前台进行交互，然后再决定是否使用工作管理机制。

7.4.4　nohup 命令

进程可以放到后台运行，这里的后台，其实指当前登录终端的后台。这种情况下，以远程管理服务器的方式，在远程终端执行后台命令，如果在命令尚未执行完毕时就退出登录，那么这个后台命令还会继续执行吗？当然不会，此命令的执行会被中断。这就引出一个问题，如果确实需要在远程终端完整执行某些后台命令，应该如何执行呢？有以下 3 种方法：

第一种方法是将需要在后台执行的命令加入/etc/rc.local 文件，让系统在启动时执行这个后台程序。这种方法的问题是，服务器是不能随便重启的，如果有临时后台任务，就不能执行了。

第二种方法是使用系统定时任务，让系统在指定的时间执行某个后台命令。这样放入后台的命令与终端无关，是不依赖登录终端的。

第三种方法是使用 nohup（No Hang Up，不挂起）命令。

这里重点讲解第 3 种即 nohup 命令的用法。nohup 命令的作用就是让后台工作在离开操作终端时也能够正确地在后台执行。

1．nohup命令

nohup 命令的基本格式如下：

```
nohup [命令] &
```

这里的"**&**"表示此命令会在终端的后台工作；如果没有"**&**"，则表示此命令会在终端的前台工作。

2．nohup命令示例

【示例 7.39】使用 nohup 命令实现让 find 命令在后台持续运行。

```
[root@localhost ~]# nohup find /home/ly -print > /home/file.log &
[1] 7626
#使用 find 命令，将/home/ly 下的所有文件放入/home/file.log 文件中并输出
[root@localhost ~]# nohup:appending output to nohup.out
[root@localhost ~]# nohup:appending output to nohup.out
#忽略输入和输出，将信息记录到 nohup.out 文件中
```

接下来的操作要迅速，否则 find 命令就会执行结束了。退出登录，然后再重新登录之后，执行 ps aux 命令，会发现 find 命令还在运行。如果 find 命令执行太快，可以写一个循环脚本（关于脚本详情，在后续章节中会讲到，这里暂且了解下），然后使用 nohup 命令执行。

【示例 7.40】编辑脚本，观察 nohup 命令的执行情况。

```
[root@localhost ~]# vi for.sh
#! /bin/bash
for ((i=0;i<=1000;i=i+1))                  #循环 1000 次
do
echo cat123 >> /home/file.log              #在 file.log 文件中写入 cat123
sleep 10s                                  #每次循环睡眠 10s
done
[root@localhost ~]# chmod 755 for.sh
[root@localhost ~]# nohup /root/for.sh &
[1] 3567
[root@localhost ~]# nohup:appending output to nohup.out
#执行脚本
```

接下来退出登录，重新登录之后，这个脚本仍然可以通过 ps aux 命令看到。

7.4.5　at 命令

要使后台进程定时运行，可以用 at 命令。

1．安装at软件包

要想使用 at 命令，需提前安装好 at 软件包，并开启 atd 服务。因此，首先来看看如何

安装 at 软件包。在 Linux 统中，查看 at 软件包是否已安装可以使用 rpm -q 命令：

```
[root@localhost ~]# rpm -q at
at-3.1.13-24.el7.x86_64
```

可以看到，当前系统已经安装了 at 软件包，如果系统未安装，可以在联网状态下使用如下命令进行安装：

```
[root@localhost ~]# yum -y install at
```

想让 at 命令正确执行，还需要 atd 服务的支持。atd 服务是独立的服务，CentOS 7 目前支持的服务启动命令是 systemctl，而不是之前版本中使用的 service 命令，启动 atd 服务的命令如下：

```
[root@localhost ~]# systemctl start atd.service
```

如果让 atd 服务开机时自启动，则可以使用如下命令：

```
[root@localhost ~]# systemctl enable atd.service
```

安装好 at 软件包并开启 atd 服务之后，at 命令就可以正常使用了，在此之前，还要学习如何对 at 命令进行访问控制。访问控制指的是允许哪些用户使用 at 命令设定定时任务，或者不允许哪些用户使用 at 命令。为了便于理解，可以将其想象成设定黑名单或白名单。at 命令的访问控制是依靠/etc/at.allow（白名单）和 /etc/at.deny（黑名单）这两个文件来实现的，具体规则如下：

- 如果系统中有/etc/at.allow 文件，那么只有写入/etc/at.allow 文件（白名单）中的用户可以使用 at 命令，其他用户不能使用 at 命令。/etc/at.allow 文件的优先级更高，换言之，如果同一个用户既写入/etc/at.allow 文件又写入/etc/at.deny 文件，那么这个用户是可以使用 at 命令的。
- 如果系统中没有/etc/at.allow 文件，只有/etc/at.deny 文件，那么写入/etc/at.deny 文件（黑名单）中的用户则不能使用 at 命令，其他用户可以使用 at 命令。不过这个文件对 root 用户没用。
- 如果系统中这两个文件都不存在，那么只有 root 用户可以使用 at 命令。

系统中默认只有/etc/at.deny 文件，而且这个文件是空的，因此，系统中的所有用户都可以使用 at 命令。不过，如果打算控制用户的 at 命令权限，那么只需要把用户写入/etc/at. deny 文件即可。

【示例 7.41】用实验验证/etc/at.allow 和/etc/at.deny 文件的优先级。

```
[root@localhost ~]# ls -l /etc/at*        #查询/etc 目录下所有以 at 开头的文件
#系统中默认只有 at.deny 文件
-rw-r--r--. 1 root root 1 Oct 31  2018 /etc/at.deny
[root@localhost ~]# echo user1 >> /etc/at.deny
[root@localhost ~]# cat /etc/at.deny
user1                                    #把 user1 用户写入/etc/at.deny 文件
[root@localhost ~]# su - user1
[user1@localhost ~]$ at 02: 00
```

```
You do not have permission to use at.
#切换成 user1 用户，这个用户已经不能执行 at 命令了
[user1@localhost ~]$ exit
logout
#返回 root 身份
[root@localhost ~]# echo user1 >> /etc/at.allow
[root@localhost ~]# cat /etc/at.allow
user1                          #建立/etc/at.allow 文件，并在文件中写入 user1 用户
[root@localhost ~]# su - user1
[user1@localhost ~]$ at 02: 00
at>
#切换成 user1 用户，user1 用户可以执行 at 命令。这时 user1 用户既在/etc/at.deny 文件
中又在/etc/at.allow 文件中，但是/etc/at.allow 文件的优先级更高
[user1@localhost ~]$ exit
logout
#返回 root 身份
[root@localhost ~]# at 02: 00
at>
#root 用户虽然不在/etc/at.allow 文件中，但是也能执行 at 命令，
#root 用户虽然不在/etc/at.allow 文件中，但是也能执行 at 命令，
#说明 root 用户不受这两个文件的控制
```

这个实验说明/etc/at.allow 文件的优先级更高，如果/etc/at.allow 文件存在，则/etc/at.deny 文件失效。/etc/at.allow 文件的管理更加严格，因为只有写入这个文件的用户才能使用 at 命令，如果需要禁用 at 命令的用户较多，则可以把少数用户写入这个文件。/etc/at.deny 文件的管理较为松散，如果允许使用 at 命令的用户较多，则可以把禁用的用户写入这个文件。不过这两个文件都不能对 root 用户生效。

2. at命令

接下来正式介绍 at 命令。基本格式如下：

```
[root@localhost ~] # at [选项] [时间]
```

常用的选项如下：

- -m：当 at 工作完成后，无论命令是否输出，都用 E-mail 通知执行 at 命令的用户。
- -c：工作标识号，显示该 at 工作的实际内容。
- -t：时间，在指定时间提交工作并执行。
- -d：删除某个工作，需要提供相应的工作标识号（ID）。
- -l：列出当前所有等待运行的工作。
- -f：脚本文件，指定所要提交的脚本文件。

at 命令的时间参数的可用格式如表 7.6 所示。

表 7.6 at命令的时间参数及其说明

格　　　式	用　　　法
HH:MM	如04:00 AM。如果时间已过，则会在第二天的同一时间执行
Midnight	表示12:00 AM（也就是00:00）
Noon	表示12:00 PM（相当于12:00）
Teatime	表示4:00 PM（相当于16:00）
英文的月、日期、年份	如May 15 2021表示2021年5月15日，年份可有可无
MMDDYY、MM/DD/YY、MM.DD.YY	如051521表示2021年5月15日
now+时间	以minutes、hours、days或weeks为单位，如now+5 days表示命令在5天之后的此时此刻执行

只要指定正确的时间，就可以在 at 命令中输入需要在指定时间执行的命令。这个命令可以是系统命令，也可以是 Shell 脚本。

3．at命令示例

【示例 7.42】让后台在指定的时间执行 hello.sh。

```
[root@localhost ~]# cat /root/hello.sh
#!/bin/bash
echo "hello world!"
#该脚本会打印"hello world!"
[root@localhost ~]# at now +2 minutes
at> /root/hello.sh >> /root/hello.log
#执行 hello.sh 脚本，并把输出写入/root/hello.log 文件
at> Ctrl+d
#使用 Ctrl+d 快捷键保存 at 任务
job 1 at 2021-05-2017:00    #这是第 1 个 at 任务,会在 2021 年 5 月 20 日 17:00 执行
[root@localhost ~]# at -c 1                        #查询第 1 个 at 任务的内容
......
/root/hello.sh >> /root/hello.log                  #可以看到 at 执行的任务
```

【示例 7.43】让后台在指定的时间执行关机任务。

```
[root@localhost ~]# at 08:00 2021-05-21            #在指定的时间关机
at> /bin/sync
at> /sbin/shutdown -h now
at> Ctrl+d
job 2 at 2021-05-21 08:00
```

在一个 at 任务中是可以执行多个系统命令的。在使用系统定时任务时，不论执行的是系统命令还是 Shell 脚本，最好使用绝对路径来写命令，这样不容易报错。一旦使用 Ctrl+d 快捷键保存 at 任务，实际上就是将这个任务写入了/var/spool/at/目录，在这个目录内的文件可以直接被 atd 服务调用和执行。

另外有两个和 at 相关的命令：atq 和 atrm 命令。atq 命令用于查看当前等待运行的工

作，atrm 命令用于删除指定的工作，使用方法也很简单，下面举几个简单的例子。

【示例 7.44】atq 和 atrm 命令的使用。

```
[root@localhost ~]# atq
1 2021-05-20 02：00 a root
#说明 root 用户有一个 at 任务在 2021 年 5 月 20 日 02：00 执行，工作号是 1
[root@localhost ~]# atrm [工作号]
#删除指定的 at 任务
```

【示例 7.45】观察执行 atrm 命令后的情况。

```
[root@localhost ~]# atrm 9
[root@localhost ~]# atq                 # 删除 9 号 at 任务，再查询就没有 at 任务存在了
```

7.4.6 crontab 命令

前面学习了 at 命令，此命令在指定的时间仅能执行一次任务，但在实际工作中，系统的定时任务一般是需要重复执行的，而 at 命令显然无法满足需求，这时就需要使用 crontab 命令来执行循环定时任务。在介绍 crontab 命令之前，首先要介绍 crond，因为 crontab 命令需要 crond 服务支持。crond 是在 Linux 中用来周期性地执行某种任务或等待处理某些事件的一个守护进程，和 Windows 中的计划任务有些类似。

crond 服务的启动和自启动方法如下：

```
[root@localhost ~]# systemctl start crond.service        #启动 crond 服务
#设定 crond 服务为开机自启动
[root@localhost ~]# systemctl enable crond.service
```

其实，安装完操作系统后，默认会安装 crond 服务工具，并且 crond 服务默认就是自启动的。crond 进程每分钟都会检查是否有要执行的任务，如果有，则会自动执行该任务。

crontab 命令和 at 命令类似，也是通过/etc/cron.allow 和/etc/cron.deny 文件来限制某些用户是否可以使用 crontab 命令。而且原则也非常相似：当系统中有/etc/cron.allow 文件时，只有写入此文件的用户可以使用 crontab 命令，没有写入的用户不能使用 crontab 命令。同样，如果有此文件，/etc/cron.deny 文件会被忽略，因为/etc/cron.allow 文件的优先级更高。

当系统中只有/etc/cron.deny 文件时，写入该文件的用户将不能使用 crontab 命令，没有写入该文件的用户可以使用 crontab 命令。这个规则基本和 at 命令的规则一致，/etc/cron.allow 文件比/etc/cron.deny 文件的优先级高，Linux 系统中默认只有/etc/cron.deny 文件。每个用户都可以实现自己的 crontab 定时任务，但不能将这个用户名写入/etc/cron.deny 文件中。

1. crontab命令

crontab 命令的基本格式如下：

```
# crontab [选项] [file]
```

这里的 file 指的是命令文件的名字，表示将 file 作为 crontab 的任务列表文件并载入 crontab 任务文件中如果在命令行中未指定文件名，则此命令将接受标准输入（键盘）设备所输入的命令，并将它们载入 crontab 任务文件中。

常用的选项如下：

- -u user：用来设定某个用户的 crontab 服务。例如，-u demo 表示设备 demo 用户的 crontab 服务，此选项一般由 root 用户来运行。
- -e：编辑某个用户的 crontab 文件内容。如果不指定用户，则表示编辑当前用户的 crontab 文件。
- -l：显示某用户的 crontab 文件内容，如果不指定用户，则表示显示当前用户的 crontab 文件内容。
- -r：从/var/spool/cron 中删除某用户的 crontab 文件，如果不指定用户，则默认删除当前用户的 crontab 文件。
- -i：在删除用户的 crontab 文件时给出确认提示。

crontab 定时任务非常简单，只需要执行 crontab -e 命令，然后输入想要定时执行的任务即可。当我们执行 crontab -e 命令时，打开的是一个空文件，操作方法和 Vim 是一致的。这个文件的格式需要掌握，文件格式如下：

```
[root@localhost !]# crontab -e #进入 crontab 编辑界面，打开 Vim 编辑你的任务
```

在这个文件中，通过 5 个星号"*"来确定命令或任务的执行时间，这 5 个"*"的具体含义如表 7.7 所示。

表 7.7　*号的含义

星号*	含　　义	范　　围
第一个*	一小时当中的第几分钟（minute）	0～59
第二个*	一天当中的第几小时（hour）	0～23
第三个*	一个月当中的第几天（day）	1～31
第四个*	一年当中的第几个月（month）	1～12
第五个*	一周当中的星期几（week）	0～7（0和7都代表星期日）

在时间表示格式中还有一些特殊符号需要知晓，如表 7.8 所示。

表 7.8　特殊符号及其含义

特　殊　符　号	含　　义
*（星号）	代表任何时间。例如，第一个*就代表一小时内每分钟都执行一次的意思
,（逗号）	代表不连续的时间。例如，0 8,12,16***命令代表在每天的8点0分、12点0分、16点0分都执行一次命令
-（中划线）	代表连续的时间范围。例如，0 5 ** 1-6命令代表在周一到周六的凌晨5点0分执行命令
/（正斜线）	代表每隔多久执行一次。例如，*/10****命令代表每隔10分钟就执行一次命令

当 crontab -e 编辑完成之后，一旦保存退出，那么这个定时任务就会写入/var/spool/cron/目录中，每个用户的定时任务可以用自己的用户名进行区分。只要 crond 服务是启动的，那么 crontab 命令只要保存就会生效。知道了 5 个时间字段的含义，下面用表格的形式列举一些示例，如表 7.9 所示。

表 7.9　时间字段的含义示例

时间字段的含义示例	含　　义
45 22 ***命令	在22点45分执行命令
0 17 ** 1命令	在每周一的17点0分执行命令
0 5 1，15**命令	在每月1日和15日的凌晨5点0分执行命令
40 4 ** 1-5命令	在每周一到周五的凌晨4点40分执行命令
*/10 4 ***命令	在每天的凌晨4点，每隔10分钟执行一次命令
0 0 1，15 * 1命令	在每月的1日和15日，每周一的0点0分都会执行命令

需要注意一点：星期几和几日最好不要同时出现，因为定义的都是天，容易让管理员混淆。现在我们已经对这 5 个时间字段非常熟悉了，可是在"执行的任务"字段中都可以写什么呢？其实既可以定时执行系统命令，也可以定时执行某个 Shell 脚本，这里举几个实际的例子。

2．crontab命令使用示例

【示例 7.46】让系统每隔 5 分钟向/tmp/test 文件中写入一行 OK，以验证系统定时任务是否会执行。

```
[root@localhost ~]# crontab -e              #进入编辑界面
*/5 * * * * /bin/echo "OK">> /tmp/test
```

这个任务可以很简单地验证定时任务是否可以正常执行。如果觉得 5 分钟太长，那么可以换成"*"，让任务每分钟执行一次。crontab 和 at 命令的要求一样，如果定时执行的是系统命令，最好使用绝对路径。

【示例 7.47】让系统在每周二的凌晨 5 点 05 分重启一次。

```
[root@localhost ~]# crontab -e              #进入编辑界面
5 5 * * 2 /sbin/shutdown -r now
```

如果服务器的负载压力比较大，建议每周重启一次，让系统状态归零。例如，绝大多数游戏服务器每周维护一次，维护时最主要的工作就是重启，让系统状态归零。这时可以让服务器自动来定时执行这个工作。

【示例 7.48】在每月的 1 日、10 日和 15 日的凌晨 3:30 分定时执行日志备份脚本 autobak.sh。

```
[root@localhost ~]# crontab -e              #进入编辑界面
30 3 1，10，15 * * /root/sh/autobak.sh
```

这些定时任务保存之后就可以在指定的时间执行了。可以使用命令来查看并删除定时任务。

【示例 7.49】查看并删除定时任务。

```
[root@localhost ~]# crontab -l          #查看 root 用户的 crontab 任务
*/5 * * * * /bin/echo "11">> /tmp/test
5 5 * * 2 /sbin/shutdown -r now
303 1, 10, 15 * * /root/sh/autobak.sh
#删除 root 用户所有的定时任务。如果只想删除某个定时任务，则可以执行 crontab -e 命令进
入编辑模式，然后手工删除
[root@localhost ~]# crontab -r
[root@localhost ~]# crontab -l
no crontab for root                     #删除后，再查询就没有 root 用户的定时任务了
```

3．crontab使用时的注意事项

在书写 crontab 定时任务时，需要注意以下事项：

- 5 个选项都不能为空，必须填写。如果不确定，则使用"*"代表任意时间。
- crontab 定时任务的最小有效时间是分钟，最大有效时间是月。类似 2021 年某时执行、3 点 30 分 30 秒这样的时间都不能被识别。
- 在定义时间时，日期和星期最好不要在一条定时任务中出现，因为它们都是以天为单位，非常容易让管理员混淆。
- 在定时任务中，不管是直接写命令还是在脚本中写命令，最好都使用绝对路径。

4．crontab配置文件设置

通过系统的 crontab 配置文件，可以设置定时启动执行多任务。crontab -e 是每个用户都可以执行的命令，也就是说，不同的用户身份可以执行自己的定时任务。但是有些定时任务需要系统执行，这时就需要编辑/etc/crontab 这个配置文件了。当然，并不是说写入/etc/crontab 配置文件中的定时任务在执行时不需要限制用户身份，而是 crontab -e 命令在定义定时任务时，默认用户的身份是当前登录的用户。而在修改/etc/crontab 配置文件时，定时任务的执行者身份是可以手工指定的。这样定时任务的执行会更加灵活，修改起来也更加方便。

用 Vim 打开 crontab 配置文件，如图 7.11 所示。

```
SHELL=/bin/bash
PATH=/sbin:/bin:/usr/sbin:/usr/bin
MAILTO=root

# For details see man 4 crontabs

# Example of job definition:
# .---------------- minute (0 - 59)
# |  .------------- hour (0 - 23)
# |  |  .---------- day of month (1 - 31)
# |  |  |  .------- month (1 - 12) OR jan,feb,mar,apr ...
# |  |  |  |  .---- day of week (0 - 6) (Sunday=0 or 7) OR sun,mon,tue,wed,thu,fri,sat
# |  |  |  |  |
# *  *  *  *  * user-name  command to be executed
```

图 7.11　crontab 配置文件

crontab 配置文件的内容解释如下：

```
SHELL=/bin/bash                          #标识使用哪种 Shell
#指定 PATH 环境变量。crontab 使用自己的 PATH，而不使用系统默认的 PATH，因此在定时任务
中出现的命令最好使用大写形式
PATH=/sbin: /bin: /usr/sbin: /usr/bin
MAILTO=root                      #如果有报错输出或命令结果有输出，则会向 root 发送信息
# For details see man 4 crontabs    #提示可以去 man 4 crontabs 查看帮助信息
#后面就是 5 个时间选项了
```

修改/etc/crontab 这个配置文件，在其中加入自己的定时任务，不过需要注意指定脚本的执行者身份。只要保存/etc/crontab 文件，这个定时任务就可以执行了。当然前提是 crond 服务是运行的。要想修改/etc/crontab 文件，必须是 root 用户，普通用户不能修改，只能使用用户身份的 crontab 命令。

7.4.7　查看开机信息

在系统启动过程中，Linux 内核还会进行一次系统检测（第一次是使用 BIOS 进行加测），但是检测的过程或者是没有显示在屏幕上，或者是快速地在屏幕上一闪而过。如果开机时来不及查看相关信息，是否可以在开机后查看呢？答案是肯定的，使用 dmesg 命令就可以。无论是在系统启动过程中还是在系统运行过程中，只要是内核产生的信息，都会被存储在系统缓冲区中，如果开机时来不及查看相关信息，可以使用 dmesg 命令将信息调出，此命令常用于查看系统的硬件信息。除此之外，开机信息也可以通过 /var/log/目录中的 dmesg 文件进行查看。

1．dmesg命令

dmesg 命令的用法很简单，基本格式如下：

```
# dmesg
```

2．dmesg命令的使用示例

【示例 7.50】使用 dmesg 命令查看 Linux 系统的开机信息。

```
[root@localhost ~]# dmesg | grep CPU            #查看 CPU 的信息
[0.000000] smpboot: Allowing 128 CPUs, 127 hotplug CPUs
[0.000000] Detected CPU family 17h model 96
[0.000000] setup_percpu: NR_CPUS:5120 nr_cpumask_bits:128 nr_cpu_ids:128
nr_node_ids:1
[0.000000] SLUB: HWalign=64, Order=0-3, MinObjects=0, CPUs=128, Nodes=1
[0.000000] RCU restricting CPUs from NR_CPUS=5120 to nr_cpu_ids=128.
[0.249555] smpboot: CPU0: AMD Ryzen 5 4500U with Radeon Graphics (fam: 17,
model: 60, stepping: 01)
[0.259883] Brought up 1 CPUs
```

此时可以看见 CPU 的相关信息，如其型号为 AMD Ryzen 5 4500U。

【示例 7.51】使用 dmesg 命令查看第一块网卡的信息。

```
[root@localhost ~]# dmesg | grep eth0        #查看第一块网卡的信息
[2.121271] e1000 0000:02:01.0 eth0: (PCI:66MHz:32-bit) 00:0c:29:1a:91:79
[2.121277] e1000 0000:02:01.0 eth0: Intel(R) PRO/1000 Network Connection
```

可以看见，这块网卡的型号为 Intel(R) PRO/1000 Network Connection。

7.4.8　远程登录设置

如果要使远程用户可以登录 Linux 操作系统，事前必须安装登录程序并进行相应设置。可以用于远程登录的程序很多，这里选择常用的 SSH 工具 openssh-server。此工具在 CentOS 7 中已经默认安装，但也有可能在定制安装时未安装此工具，导致无法使用远程登录功能。

1）检查是否已经安装 openssh-server 工具。

```
#yum list installed | grep openssh-server    #检查是否安装了 openssh-server
```

若上述检查命令显示的是如下信息，则说明已经安装了 openssh-server。

```
openssh-server .x86_64          7.4p1-21.e17      @anaconda
```

否则，使用如下命令先安装 openssh-server。

```
# yum install openssh-server
```

打开 sshd 服务，并且设置每次开机时自动开启该服务。

```
# systemctl start sshd
# systemctl enable sshd
```

2）配置 sshd 服务配置文件，该文件的路径为/etc/ssh/sshd_config。使用 Vim 打开该文件，并将文件中监听端口和监听地址前的"#"号去掉。

```
......
#Port 22
#AddressFamily any
ListenAddress 0.0.0.0          # 去掉前面的"#"
ListenAddress ::               # 去掉前面的"#"
......
```

打开允许用户远程登录本机系统的服务。

```
......
# Authentication:
#LoginGraceTime 2m
PermitRootLogin yes            # 去掉前面的"#"
#StrictModes yes
#MaxAuthTries 6
#MaxSessions 10
......
```

开启允许用户名密码登录验证的服务。

```
......
# To disable tunneled clear text passwords, change to no here!
```

```
#PasswordAuthentication yes
#PermitEmptyPasswords no
PasswordAuthentication yes                    # 就是这项
......
```

保存文件并退出。

3）开启 sshd 服务。

```
[root@localhost ssh]# systemctl start sshd.service
```

检查 sshd 服务是否正常开启。

```
[root@localhost ssh]# ps -e | grep ssh
 1191 ?         00:00:00 sshd
 2067 ?         00:00:00 ssh-agent
```

或者查看 22 号端口是否开启监听。

```
[root@localhost ssh]# netstat -an | grep 22
tcp       0      0 0.0.0.0:22              0.0.0.0:*              LISTEN
tcp6      0      0 :::22                   :::*                   LISTEN
```

然后就可以使用 2.3.2 小节所讲的方式进行远程登录并操作 Linux 系统了，而不需要每次都要登录系统进行操作了。

7.5　查　看　资　源

无论何时，资源永远是争夺的对象，每个进程都在争取获得自己需要的资源，而悲哀的是资源有限，因此合理分配资源方能将资源利用率最优化。因此经常查看资源的占用情况是非常有必要的。

7.5.1　查看系统资源的使用情况

如果想动态了解系统资源的使用状况，以及查看当前系统中到底是哪个环节最占用系统资源，则可以使用 vmstat 命令。vmstat 命令是 Virtual Meomory Statistics（虚拟内存统计）的缩写，可用来监控 CPU 使用、进程状态、内存使用、虚拟内存使用、磁盘输入/输出状态等信息。

1. vmstat命令

vmstat 命令的基本格式有如下两种：

```
# vmstat [-a] [刷新延时 刷新次数]
# vmstat [选项]
```

-a 的含义是用 inact/active（活跃与否）来取代 buff/cache 的内存输出信息。

除此之外，vmstat 命令的第二种基本格式的常用选项及其含义如下：

- -f：显示从启动到目前为止，系统复制（fork）的程序数，此信息是从/proc/stat 中的 processes 字段中取得的。
- -s：将系统从启动到目前为止，由一些事件导致的内存变化情况列表说明。
- -S 单位：令输出的数据显示单位，如用 K/M 取代 bytes 的容量。
- -d：列出磁盘有关读写总量的统计表。
- -p 分区设备文件名：查看磁盘分区的读写情况。

2．vmstat命令示例

【示例 7.52】使用 vmstat 命令检测 Linux 操作系统资源的使用情况。

```
#使用 vmstat 检测 Linux 系统资源的使用情况，每隔 1 秒刷新一次，共刷新 3 次
[root@localhost proc]# vmstat 1 3
procs ----------memory----------    ---swap-- -----io---- -system--
------cpu-----
 r  b  swpd  free  buff  cache  si  so  bi  bo  in  cs us sy id wa st
 2  0  0  545048 1116 736864  0  0  13232  124 1049 5353  25 36 38  1  0
 0  0  0  545112 1116 736896  0 0  0  0  98  211  0  0 100  0  0
 1  0  0  542964 1116 736896  0 0  0  0  402 1083  5  2  93  0  0
```

在该命令输出信息中，各个字段以及含义如表 7.10 所示。

表 7.10　vmstat命令的输出字段及其含义

字　　段	信　　息	含　　义
procs	进程	r：等待运行的进程数，数量越大，系统越繁忙
		b：不可被唤醒的进程数，数量越大，系统越繁忙
memory	内存	swpd：虚拟内存的使用情况，单位为KB
		free：空闲的内存容量，单位为KB
		buff：缓冲的内存容量，单位为KB
		cache：缓存的内存容量，单位为KB
swap	交换分区	si：从磁盘中交换到内存中的数据的数量，单位为KB
		so：从内存中交换到磁盘中的数据数量，单位为KB
io	磁盘读/写	bi：从块设备中读入的数据总量，单位是块
		bo：写入块设备的数据总量，单位是块
system	系统	in：每秒被中断的进程次数
		cs：每秒进行的事件切换次数
cpu	中央处理器	us：非内核进程消耗CPU运算时间的百分比
		sy：内核进程消耗CPU运算时间的百分比
		id：空闲CPU的百分比
		wa：等待I/O所消耗的CPU百分比
		st：被虚拟机所盗用的CPU百分比

swap 字段中的 si 和 so 的两个数越大,表明数据需要经常在磁盘和内存之间进行交换,系统性能越差。

io 字段中的 bi 和 bo 两个数越大,代表系统的 I/O 越繁忙。

system 字段中的 in 和 cs 两个数越大,代表系统与接口设备的通信越繁忙。

本机是一台测试用的虚拟机,并没有多少资源被占用,因此资源占比都比较低。如果服务器上的资源占用率比较高,那么使用 vmstat 命令查看到的参数值就会比较大,我们就需要手工进行干预。如果是非正常进程占用了系统资源,则需要分析判断这些进程是如何产生的,不能将进程"一杀"了之;如果是正常进程占用了大量的系统资源,则说明服务器需要升级优化。

7.5.2　查看内存的使用情况

free 命令用来显示系统内存状态,包括系统物理内存、虚拟内存(swap 交换分区)、共享内存和系统缓存的使用情况,其输出和 top 命令的内存部分非常相似。

1. free命令

free 命令的基本格式如下:

```
# free [选项]
```

命令常用的选项及各自的含义。

- -b 以 Byte(字节)为单位,显示内存使用情况。
- -k 以 KB 为单位,显示内存使用情况,此选项是 free 命令的默认选项。
- -m 以 MB 为单位,显示内存使用情况。
- -g 以 GB 为单位,显示内存使用情况。
- -t 在输出的最终结果中,输出内存和 swap 分区的总量。
- -o 不显示系统缓冲区这一列。
- -s 间隔秒数根据指定的间隔时间,持续显示内存使用情况。

2. free命令使用示例

【示例 7.53】用 free 命令查看内存的使用状态。

```
[root@localhost ~]# free -m
           total    used    free    shared    buff/cache    available
Mem:       1980     795     444     40        740           997
Swap:      2047     0       2047
```

第一行显示的是各个列的列表头信息,它们各自的含义如表 7.11 所示。

表 7.11　使用free命令输出的字段信息及其含义

字　　段	含　　义
total	总内存数
used	已经使用的内存数
free	空闲的内存数
shared	多个进程共享的内存总数
buff/cache	缓冲/缓存内存数
available	可获得的内存数

Mem 这一行指的是内存的使用情况，Swap 这一行指的就是 swap 分区的使用情况。

可以看到，系统的物理内存为 1980MB，已经使用了 795MB，空闲 444 MB。swap 分区的总容量为 2047MB，目前尚未使用。

7.5.3　查看登录用户信息

在 Linux 系统中，使用 w 或 who 命令都可以查看服务器上目前已登录的用户信息，两者的区别在于，w 命令除了能知道目前已登录的用户信息之外，还可以知道每个用户执行任务的情况。

1．w命令

w 命令的基本格式如下：

```
# w [选项] [用户名]
```

常用的选项及其含义如下：
- -h：不显示输出信息的标题。
- -l：用长格式输出。
- -s：用短格式输出，不显示登录时间及 JCPU、PCPU 时间。JCPU 指的是与该 tty 终端连接的所有进程占用的时间，不包括过去的后台作业时间；PCPU 指的是当前进程（即 w 项中显示的）所占用的时间。
- -V：显示版本信息。

2．w命令使用示例

【示例 7.54】显示当前用户的登录信息（用 w 命令查看登录用户的信息示例）。

```
[root@localhost ~]# w
13:13:56 up 13:00,  1 user,  load average: 0.08, 0.02, 0.01
USER     TTY      FROM             LOGIN@   IDLE   JCPU   PCPU   WHAT
root     tty1     -                11:04    0.00s  0.36s  0.00s  -bash
root     pts/0    192.168.42.112   13:15    0.00s  0.06s  0.02s  w
```

在上面的输出信息中，第一行信息和使用 top 命令输出的第一行信息非常类似，主要显示当前的系统时间、系统从启动至今已运行的时间、登录到系统中的用户数和系统平均负载。平均负载（load average）指在 1 分钟、5 分钟和 15 分钟内系统的负载状况。从第 3 行开始显示的是当前所有登录系统的用户信息，第 3 行显示的是用户信息的各列标题，从第 4 行开始每行代表一个用户。这些标题的含义如表 7.12 所示。

表 7.12　使用w命令输出的信息标题及其含义

标　　题	含　　义
USER	登录到系统中的用户
TTY	登录终端
FROM	用户从哪里登录的，一般显示远程登录主机的IP地址或者主机名
LOGIN@	用户登录的日期和时间
IDLE	某个程序最近一次从终端开始执行到现在所持续的时间
JCPU	和终端连接的所有进程占用的CPU运算时间。这个时间并不包括过去的后台作业时间，但是包括当前正在运行的后台作业所占用的时间
PCPU	当前进程所占用的CPU运算时间
WHAT	当前用户正在执行的进程名称和选项，即用户当前执行的是什么命令

从 w 命令的输出信息中可知，Linux 服务器上已经登录了两个 root 用户，一个是从本地终端登录的（tty1），另一个是从远程终端登录的（pts/0），登录的来源 IP 是 192.168.42.112。

相比 w 命令，who 命令只能显示当前登录的用户信息，但无法知晓每个用户正在执行的命令。

7.6　案例——把三酷猫变成系统管理员

海鲜店的生意特别好，每天都要忙到很晚。三酷猫下班时经常忘记关闭计算机。三酷猫想起了刚学的后台任务 crontab，于是在系统里设置了一个定时关机任务，具体操作如下：

```
# crontab -e                          #编辑当前用户的任务配置
# 使用 Vim 编辑器打开配置文件，然后按 o 键添加一行并进入编辑模式
# 输入以下任务内容
0 18 * * * /sbin/shutdown -h now      #每天的 18 点整执行关机命令
#按 Esc 键，切换到命令模式
:wq                                   #输入保存命令
```

经过以上操作，系统中添加了一个定时任务，每天 18 点整时会执行 /sbin/shutdown -h now 命令进行关机。

7.7　练习和实验

一．练习

1．填空题

1)（　　　）命令用于显示所有包含其他使用者的进程信息。
2)（　　　）命令可以用于实时监测系统运行的进程信息。
3)（　　　）命令用于调整进程的优先级。
4) CentOS 7 默认安装的防火墙软件是（　　　）。
5) 系统日志文件由（　　　）服务进行统一管理。

2．判断题

1) nohup 命令的作用是让程序在后台执行。　　　　　　　　　　　　（　　）
2) 系统的定时任务需要重复执行时，一般使用 crontab 命令进行设置。　　（　　）
3) job 命令可以用来查看当前终端放入后台的工作。　　　　　　　　（　　）
4) vmstat 命令用于查看系统资源的使用情况。　　　　　　　　　　　（　　）
5) free 命令用于查看系统磁盘的剩余空间。　　　　　　　　　　　　（　　）

二．实验

实验 1：使用 crontab 任务。

1) 添加一个任务，每隔两分钟向/usr/local/check.txt 中输入一行文字，内容是当前时间。

2) 查看/usr/local/check.txt 文件的内容，并观察该文件的内容是否与应该显示的内容相符。

3) 记录步骤并形成实验报告。

实验 2：启用防火墙 firewalld。

1) 开启防火墙 firewalld，并将其设置为开机启动模式。

2) 添加策略：禁止虚拟机的宿主计算机使用 ssh 登录 Linux，并测试结果。

3) 删除上一步设置的策略。

4) 形成实验报告。

第 2 篇
进阶提高

第 1 篇介绍 Linux 的各种基本命令的使用，而第 2 篇则侧重于 Linux 命令的综合运用和编程方法。本篇的主要内容如下：

▶▶ 第 8 章　Shell 基础

▶▶ 第 9 章　Shell 脚本编程基础

▶▶ 第 10 章　函数

第 8 章　Shell 基础

Shell 的英文意思为"壳"。它就像 Linux 内核外面包裹着的一个外壳，外界无法窥探内核的内容，而只能通过 Shell 才能接触内核——Shell 是外界与内核联系的桥梁。Shell 是一个用 C 语言编写的程序，它既是一种命令语言，又是一种程序设计语言。Shell 是一种应用程序，这个应用程序提供了一个界面，用户通过这个界面访问操作系统内核提供的服务，类似于 DOS 系统中的 command.com 和 Windows 系统中的 cmd.exe。本章将对 Linux 系统的 Shell 的主要功能进行阐述，具体内容如下：

- 初识 Shell；
- Shell 变量；
- 传递参数；
- 算术运算符；
- 输入和输出重定向；
- 管道。

8.1　初识 Shell

Shell 是 Linux 系统中最常用的工具，只要打开终端（Terminal）工具，就是在调用 Shell。本节介绍 Shell 的发展历史、主要功能及继承限制等内容。下面让我们揭开 Shell 的神秘面纱，一窥它的真实面容。

8.1.1　Shell 的发展历史

Shell 有多种形式，但基本上可以分为两大类：一类是图形用户界面 Shell（Graphical User Interface Shell，GUI Shell），如应用最广泛的 Windows Explorer（微软的 Windows 系列操作系统的资源管理器），以及广为人知的 Linux Shell。其中，Linux Shell 包括 X Window Manager（BlackBox 和 FluxBox），以及功能更强大的 CDE、GNOME、KDE 和 Xfce。另一类是命令行式 Shell（Command Line Interface Shell，CLI Shell），例如 SH（Bourne Shell）、CSH、TCSH、Bash、KSH、ZSH 和 FISH 等（UNIX 及类 UNIX 系统），COMMAND.COM（CP/M 系统），MS-DOS、PC-DOS、DR-DOS、FreeDOS 等（DOS 系统），以及 cmd.exe 等。

传统意义上的 Shell 指的是命令行式的 Shell。本书所讲的 Linux 命令也通过 Shell 环境来执行。Shell 是操作系统最外面的一层，以接口方式与 Linux 内核进行交互。Linux 使用者通过 Shell 来执行各种 Linux 命令，然后通过 Shell 输出命令的执行结果。Shell 可以通过交互方式或脚本方式执行命令。Shell 脚本是放在文件中的一串与 Linux 命令相关的代码，可以被重复使用。

每个 Linux 用户可以拥有他自己的 Shell 界面，以满足个性化 Shell 的需要。同 Linux 一样，Shell 也有多种不同的版本，其常见的版本如下：

- Bourne Shell：简称 SH，它是贝尔实验室开发的 Shell。
- Bash：Bourne Again Shell，它是 GNU 操作系统上默认的 Shell 版本。
- KSH：Korn Shell，它是对 Bourne Shell 的扩展，其大部分功能与 Bourne Shell 兼容。
- CSH：C Shell，它是 Sun 公司 Shell 的 BSD 版本。
- ZSH：Z Shell，Z 是最后一个字母，Z Shell 也就是终极 Shell 的意思，它集成了 Bash 和 KSH 的重要特性，同时又增加了自己独有的特性。

本书推荐使用 Bash，它易用和免费，在日常工作中应用广泛。同时，Bash 也是大多数 Linux 系统默认的 Shell。在一般情况下，人们并不区分 Bourne Shell 和 Bash，因此如 #!/bin/sh 同样也可以改为 #!/bin/bash。

【示例 8.1】用 Linux 下的/etc/shells 文件给出系统中所有已知（不一定安装）的 Shell 版本信息。

```
# cat /etc/shells
/bin/sh
/bin/bash
/usr/bin/sh
/usr/bin/bash
/bin/tcsh
/bin/csh
#可以看见，本系统中有 SH、bash、TCSH 和 CSH 几种 Shell
```

【示例 8.2】将用户默认的 Shell 设置在/etc/passwd 文件中。

```
# cat /etc/passwd
root:x:0:0:root:/root:/bin/bash          #root 用户的默认 Shell 为 bash
……
```

8.1.2　Shell 的主要功能

以 Bash 为例，Shell 的主要功能涉及 5 个方面：历史命令与命令补全、命令别名和常用快捷键、输入和输出重定向、多命令顺序执行与管道符号、通配符和其他特殊符号。

1.　历史命令与命令补全

历史命令为用户在 Shell 上连续执行命令后在/etc/profile 文件里同步操作的历史记录，它可供用户查看以前执行过哪些命令。历史命令默认保存 1000 条，可以在/etc/profile 文件中进行修改，修改完成后重新登录即可生效。

（1）查询历史记录的命令 history

查询历史记录的命令是 history，具体的命令格式如下：

```
history [选项] [历史命令保存文件]
```

主要选项如下：

- -c：清空历史命令。
- -w：把缓存中的历史命令写入文件~/.bash_history 中加以保存。

（2）history 命令应用示例

【示例 8.3】用历史命令 history 查看当前登录用户执行过的 Linux 命令。

```
# history
    1  ls /dev/sda
    2  ls /dev/sda*
    3  fdisk -l
    4  ls /dev/sda*
    5  ls /dev
    6  fdisk -l
    7  fdisk -l /dev/sdb
    8  fdisk /dev/sdb
```

历史命令可以反复调用，这样可以省去重复输入的麻烦，具体使用方法如下：

- 上下方向键：调用缓存中的历史命令。
- !n：重复执行第 n 条命令。
- !!：重复执行上一条命令。
- !字符串：重复执行最后一条以这个字符串开头的命令。

在 Bash 中，补全命令与文件是非常方便与常用的功能，只要在输入命令或文件的时候按 Tab 键就会自动进行补全。

【示例 8.4】补全命令。

```
# user
useradd      userhelper  usernetctl
userdel      usermod     users
#按 Tab 键时，如果只有一个以 user 开头的命令，则该命令就会出现，如果有多条以 user 开头
 的命令，则需要按两次 Tab 键，才会出现所有以 user 开头的命令
```

2．命令别名和常用快捷键

有些命令很长，不好记。命令别名可以临时给命令起个好记的别名，相当于给朋友起个外号，本名和外号都是指同一个人，那么命令的本名和别名也是指同一条命令。

（1）给命令起别名的命令 alias

给命令起别名的命令是 alias，格式如下：

```
alias 别名="原命令"            #起别名
alias                         #查别名
```

（2）alias 命令应用示例

【示例 8.5】查询系统中的别名。

```
# alias
alias cp='cp -i'                        #=左边的 cp 为别名，=右边为带参数的命令
alias egrep='egrep --color=auto'
alias fgrep='fgrep --color=auto'
alias grep='grep --color=auto'
alias l.='ls -d .* --color=auto'
alias ll='ls -l --color=auto'
alias ls='ls --color=auto'
alias mv='mv -i'
alias rm='rm -i'
```

（3）不同命令的执行顺序及永久性的别名设置

不同命令执行的先后顺序不同。绝对路径和相对路径执行的命令处于第一顺位，别名命令处于第二顺位，Bash 的内部命令处于第三顺位，按照$PATH 环境定义的目录查找顺序找到的第一个命令处于第四顺位。

使用 alias 命令命名的别名是临时的，系统重启后就不存在了。如果要使别名永久生效，可以修改.bashrc 文件，这个文件是当前用户 home 目录下的一个隐藏文件，因此前面有一个点号。直接在当前用户 home 目录下使用 Vim 进行编辑即可，命令如下：

```
# vim .bashrc
```

（4）Bash 命令快捷键

平常使用 Bash 命令时，出于便捷操作的需要，经常会用到快捷键。Bash 命令常用的快捷键如表 8.1 所示。

表 8.1　Bash命令的快捷键

快　捷　键	作　　用
Ctrl+a	把光标移动到命令行的开头
Ctrl+e	把光标移动到命令行的结尾
Ctrl+c	强制终止当前的命令
Ctrl+l	清屏，相当于clear命令
Ctrl+u	删除或剪切光标之前的命令
Ctrl+k	删除或剪切光标之后的命令
Ctrl+y	粘贴Ctrl+u或Ctrl+k所剪切的内容
Ctrl+r	在历史命令中搜索
Ctrl+d	退出当前终端
Ctrl+z	暂停并退至后台
Ctrl+s	暂停屏幕输出
Ctrl+q	恢复屏幕输出

3．输入和输出重定向

标准的输入和输出涉及的设备主要有两个：一个是负责输入的键盘，另一个是负责输出的显示器。输入对应的设备文件名为/dev/stdin，文件描述符（文件代号）为 0，是标准输入类型；输出对应的设备文件名有两个，即/dev/stdout 及/dev/stderr，文件描述符分别是 1 和 2，表示标准输出及标准错误输出。

在通常情况下，输入和输出通过键盘与显示器来完成，但是有时也需要通过文件将数据输入存储设备中，或者通过存储设备将数据输出到文件中，这时就需要使用输入和输出重定向，顾名思义就是将输入和输出的方向重新定义。这里仅仅介绍概念，具体的实际操作在 8.5 节中会详细介绍。

4．多命令顺序执行与管道符号

多条命令按照一定的顺序执行，这涉及多个语句，如果这些语句使用一条命令完成，则执行与否需要按照一定的逻辑关系进行判别。具体的语句中会含有一些执行符号，主要有"；""&&""||"这 3 种，具体格式如表 8.2 所示。

表 8.2　多命令执行符号

多命令执行符号	格　　式	作　　用
；	命令1;命令2	多个命令按顺序执行，命令之间没有任何逻辑联系
&&	命令1&&命令2	逻辑与。只有命令1执行正确，命令2才会执行。如果命令1执行不正确，则命令2不会执行
||	命令1||命令2	逻辑或。只有命令1执行不正确，命令2才会执行。如果命令1执行正确，则命令2不会执行

管道符号"|"的命令格式如下：

命令 1 | 命令 2

以上命令表示将命令 1 执行的结果或者命令 1 的正确输出作为命令 2 的操作对象。关于管道符号的具体应用将在 8.6 节中详细介绍。

5．通配符和其他特殊符号

通配符类似于某些牌类游戏中的万能牌，可以起到匹配其他字符的作用。主要的通配符及其作用如表 8.3 所示。

表 8.3　通配符及其作用

通　配　符	作　　用
?	匹配一个任意字符
*	匹配0个或任意多个任意字符，也就是可以匹配任何内容
[]	匹配中括号中的任意一个字符，如[abc]代表匹配字符a、b或者c中的任意一个

通　配　符	作　用
[-]	匹配中括号中的任意一个字符，-代表一个范围，如[a-z]代表匹配一个小写字母
[^]	逻辑非，表示匹配中括号里不包含的一个字符，如[^0-9]代表匹配一个不是数字的字符

【示例 8.6】通配符的基础操作演示。

```
# ls
012  12abc  abc  bcd
# ls *abc                    # 列出所有以 abc 结尾的文件
12abc  abc
# ls ?abc                    #列出以 abc 结尾且 abc 前面只有一个字符的文件
ls: cannot access ?abc: No such file or directory
# ls ??abc                   #列出以 abc 结尾且 abc 前面有两个字符的文件
12abc
# ls [0-9][0-9]abc           #列出以 abc 结尾且 abc 前面有两个数字字符的文件
12abc
```

在 Bash 中还有一些符号也有特殊的含义，如表 8.4 所示。

表 8.4　其他符号及其作用

符　号	作　用
''	单引号。在单引号中的所有的特殊符号都没有特殊含义
""	双引号。在双引号中的特殊符号都没有特殊含义，但是$、`和\是例外，它们有特殊含义，分别表示调用变量的值、引用命令和转义符
``	反引号。反引号中的内容是系统命令，在Bash中会先执行，它和$()的作用一样，推荐使用$()，因为反引号容易看错
$()	和反引号一样，用来引用系统命令
#	以#开头的行代表注释
$	用于调用变量的值
\	转义符，跟在\后的特殊符号将失去特殊含义，变为普通字符

【示例 8.7】演示特殊符号的基础操作。

```
# name=ly
# echo '$name'               #特殊符号$在单引号中将失去特殊含义，仅作为普通字符
$name
# echo "$name"               #特殊符号$在双引号中有特殊含义，表示调用变量
ly
```

8.1.3　继承限制

在 Linux 系统中，进程之间有一个明显的继承关系，所有进程都是 PID 为 1 的 init 进程的后代。内核在系统启动的最后阶段启动 init 进程，该进程用于读取系统的初始化脚本并执行其他相关程序，最终完成系统启动的整个过程。用户登录 Linux 后会获得一个 Bash

（Shell），这个 Bash 就是一个独立的进程（Shell 父进程）。之后在 Bash（Shell）下面执行的任何命令都是由这个 Bash 所衍生的，那些被执行的命令称为子进程（Shell 子进程）。在继承的过程中会有一些限制条件，子进程只会继承父进程的环境变量但不会继承父进程的自定义变量。除非把自定义变量设置为环境变量，否则原本 Bash 中的自定义变量在进入子进程后就会消失不见，一直到离开子进程并回到原本的父进程后这个自定义变量才会出现。

运行 Shell 时会同时存在 3 种变量：一种是局部变量，它在脚本或命令中定义，仅在当前 Shell 实例中有效，其他 Shell 启动的程序不能访问它。另一种是环境变量，包括 Shell 启动在内的所有程序都能访问环境变量，有些程序需要环境变量来保证其正常运行，必要的时候 Shell 脚本也可以定义环境变量。最后一种是 Shell 变量，它是由 Shell 程序设置的特殊变量，Shell 变量中的一部分是环境变量，一部分是局部变量，这些变量能够保证 Shell 正常运行。Shell 变量的详细内容将在 8.2 节中介绍。

8.2　Shell 变量

Shell 变量是一种弱类型（无须声明变量类型）变量。在默认情况下，一个变量保存一个字符串，Shell 并不关心这个字符串是什么含义，因此若要进行数学运算，则必须使用一些命令。Shell 变量可分为两类：局部变量和环境变量。局部变量只在创建它们的 Shell 中可用，而环境变量则可以在创建它们的 Shell 及其派生出来的任意子进程中使用。有些变量是用户创建的，其他的则是专用的 Shell 变量。本节着重介绍 Shell 变量的设置、查询、修改、删除，以及环境变量的设置与变量的范围等内容。

8.2.1　变量的设置

变量命名需要遵循的规则如下：
- 变量名必须以字母或下划线开头，其余的字符可以是字母、数字或下划线。
- 变量名是大小写敏感的。
- 不能使用 Bash 关键字。

有效的 Shell 变量名，如 var2、_var、ly_2_LY、LY；无效的 Shell 变量名，如 2var、v?ar、for（Bash 关键字）。

定义变量时，变量名不加符号$，主要有 3 种格式：

```
my_name=value
my_name='value'
my_name="value"
```

my_name 是变量名，value 是赋给变量的值。如果 value 不包含任何空白符号（如空格、Tab 缩进等），那么可以不使用引号；如果 value 包含空白符，那么必须要使用引号。

给变量赋值时，等号周围不能有任何空白符。要给变量赋空值，可以在等号后跟一个换行符。

定义变量时，变量的值用单引号或双引号引起来，它们到底有什么区别呢？以下面的代码为例来说明。

【示例 8.8】展示单引号和双引号变量值的区别。

```
name="ThreeCoolCat"
n1='author: ${name}'
n2="author: ${name}"
echo $n1                    # echo 命令用于将字符串显示在屏幕上，也可以用来显示变量值
author: ${name}            # 显示结果
echo $n2
author: ThreeCoolCat       #显示结果
```

以单引号包围变量的值时，单引号里面是什么就输出什么，即使内容中有变量和命令（命令需要反引起来），也会把它们原样输出。这种方式比较适合显示纯字符串的情况，即不希望解析变量、命令等的场景。以双引号包围变量的值时，输出时会先解析双引号里面的变量和命令，而不是把双引号中的变量名和命令原样输出。这种方式比较适合字符串中附带有变量和命令并且想将其解析后再输出的变量定义。

建议：如果变量的内容是数字，那么可以不加引号；如果真的需要原样输出就加单引号；其他没有特别要求的字符串等最好都加上双引号（定义变量时加双引号是最常见的使用场景）。

【示例 8.9】使用一个定义过的变量（只要在变量名前面加符号$即可）。

```
author="ThreeCoolCat"
echo $author
echo ${author}
```

变量名外面的花括号{}是可选的，加花括号是为了帮助解释器识别变量的边界，比如下面这种情况：

```
skill="VB"
echo "I am good at ${skill}Script"
```

如果不给 skill 变量加花括号，写成 echo "I am good at $skillScript"，解释器就会把 $skillScript 当成一个变量（其值为空），执行结果就不是期望的那样了。建议给所有变量加上花括号{}，这是一个良好的习惯。

Shell 也支持将命令的执行结果赋值给变量，常见的有以下两种方式：

```
var=`command`
var=$(command)
```

第一种方式把命令用反引号包围起来，但由于反引号和单引号非常相似，容易混淆，因此不推荐使用这种方式；第二种方式把命令用$()包围起来，这样区分更加明显，因此推荐使用这种方式。

【示例 8.10】在 ly 目录下创建一个名为 log.txt 的文本文件，文本的内容为"编写 Linux 教程"。使用 cat 命令将 log.txt 的内容读取出来，并赋值给一个变量，然后使用 echo 命令输出。

```
[root@localhost ~]$ cd ly
[root@localhost ly]$ log=$(cat log.txt)
[root@localhost ly]$ echo $log
编写 Linux 教程
[root@localhost ly]$ log=`cat log.txt`
[root@localhost ly]$ echo $log
编写 Linux 教程
```

8.2.2　变量的查询

set、env 和 export 这 3 个命令都可以用来显示 Shell 变量，这三者有何区别呢？
- set 用来显示本地变量，显示当前 Shell 的变量，包括当前用户的变量。
- env 用来显示环境变量，显示当前用户的变量。
- export 用来显示和设置环境变量，显示当前导出为用户变量的 Shell 变量。

每个 Shell 都有自己特有的变量，姑且称为本地变量。本地变量和用户变量是不同的，用户变量与 Shell 无关，不管用什么 Shell，用户变量都在，如 HOME 和 SHELL 等这些变量。但不同的 Shell 其本地变量不同，如 BASH_ARGC 等，这些本地变量只有用 set 命令才会显示，它们是 Bash 特有的。export 不加参数的时候，会显示哪些变量被导出成用户变量，因为一个 Shell 本地变量可以通过 export 导出成一个用户变量。

【示例 8.11】使用 set 命令显示本地变量。

```
# set
ABRT_DEBUG_LOG=/dev/null
BASH=/usr/bin/bash
BASHOPTS=checkwinsize:cmdhist:expand_aliases:extglob:extquote:force_
fignore:histappend:interactive_comments:progcomp:promptvars:sourcepath
BASH_ALIASES=()
BASH_ARGC=()
BASH_ARGV=()
BASH_CMDS=()
BASH_COMPLETION_COMPAT_DIR=/etc/bash_completion.d
BASH_LINENO=()
BASH_SOURCE=()
BASH_VERSINFO=([0]="4" [1]="2" [2]="46" [3]="2" [4]="release" [5]=
"x86_64-redhat-linux-gnu")
BASH_VERSION='4.2.46(2)-release'
COLORTERM=truecolor
COLUMNS=80
……
```

【示例 8.12】使用 env 命令查看所有环境变量。

```
# env
LC_PAPER=en_US.UTF-8
```

```
XDG_VTNR=1
SSH_AGENT_PID=1977
XDG_SESSION_ID=1
HOSTNAME=localhost.localdomain
LC_MONETARY=en_US.UTF-8
IMSETTINGS_INTEGRATE_DESKTOP=yes
VTE_VERSION=5202
TERM=xterm-256color
SHELL=/bin/bash
XDG_MENU_PREFIX=gnome-
HISTSIZE=1000
GNOME_TERMINAL_SCREEN=/org/gnome/Terminal/screen/cd1d1cbd_4fb4_4a92_b39c_
a46d516ba750
LC_NUMERIC=en_US.UTF-8
IMSETTINGS_MODULE=none
USER=root
……
```

【示例 8.13】使用 export 命令查看当前导出的 Shell 变量。

```
# export
declare -x COLORTERM="truecolor"
declare -x DESKTOP_SESSION="gnome-classic"
declare -x DISPLAY=":0"
declare -x GDMSESSION="gnome-classic"
declare -x GDM_LANG="en_US.UTF-8"
declare -x GNOME_DESKTOP_SESSION_ID="this-is-deprecated"
declare -x GNOME_SHELL_SESSION_MODE="classic"
declare -x GNOME_TERMINAL_SCREEN="/org/gnome/Terminal/screen/cd1d1cbd_
4fb4_4a92_b39c_a46d516ba750"
declare -x GNOME_TERMINAL_SERVICE=":1.111"
declare -x HISTCONTROL="ignoredups"
declare -x HISTSIZE="1000"
declare -x HOME="/root"
declare -x HOSTNAME="localhost.localdomain"
……
```

Linux 作为一个多用户、多任务的操作系统，能够为每个用户提供独立且合适的工作运行环境，因此，一个相同的环境变量会因为用户身份的不同而具有不同的值。echo 命令可以查看单个环境变量。

【示例 8.14】查看 HOME 变量在不同用户身份下有哪些值。

```
# echo $HOME
/root
# su - user1                        #切换到 user1 用户身份
$ echo $HOME
/home/user1
```

8.2.3　变量的修改

【示例 8.15】对已定义的变量重新赋值（实际上就是修改变量）。

```
url="http://www.threecoolcat.com"
```

```
echo ${url}
url="http://www.threecoolcat.com/index/"
echo ${url}
```

第二次对变量赋值时不能在变量名前加$，只有在使用变量时才能加$。

使用 readonly 命令可以将变量定义为只读变量，只读变量的值不能被改变。

【示例 8.16】尝试更改只读变量（结果提示此变量是只读的，无法更改）。

```
#!/bin/bash
url="https://www.threecoolcat.com"
readonly Url
url="https://www.threecoolcat.com"
```

运行脚本，结果如下：

```
/bin/sh: NAME: This variable is read only.
```

8.2.4 变量的删除

使用 unset 命令可以删除变量。命令格式如下：

```
unset 变量名
```

变量被删除后不能再次使用，而且 unset 命令不能删除只读变量。

【示例 8.17】使用 unset 命令删除变量。

```
#!/bin/sh
url="https://www.threecoolcat.com"
unset url
echo $url
```

由于变量被删除，示例 8.17 的执行结果将没有任何输出。

在处理全局变量时，如果只是在子进程中删除了一个全局变量，则删除操作只对子进程有效，该变量在父进程中依然可用。

【示例 8.18】创建全局变量 global，进入 bash 子进程，在子进程中将 global 变量删除，但在父进程中 global 变量依然存在。

```
#var="global"
#export var
#echo $var
global
#bash                        #进入子进程
#echo $var
global                       #在子进程中可以显示该变量
#unset var                   #在子进程中删除变量
#echo
#exit                        #回到父进程
exit
#echo $var                   #显示该变量，依然存在
global
```

因此，如果需要删除全局变量，需要在父进程中将其删除。

8.2.5　环境变量的设置

经常提到环境变量，什么是环境变量？

首先，变量是计算机系统中用于保存可变值的数据类型，可以直接通过变量名称来提取对应的变量值。在 Linux 系统中，环境变量用来定义系统运行环境的一些参数，如每个用户不同的家目录（HOME）、邮件存放位置（MAIL）等。Linux 系统中的环境变量的名称一般都是大写的，这是一种约定俗成的规范。

由上文可知，使用 env 命令可以查看 Linux 系统中所有的环境变量，Linux 系统能够正常运行并且为用户提供服务，需要数百个环境变量来协同工作。下面只列举 10 个常用的环境变量，如表 8.5 所示。

表 8.5　常用的环境变量

环境变量名称	作　　用
HOME	用户的主目录（也称家目录）
SHELL	用户使用的Shell解释器名称
PATH	定义命令行解释器搜索用户执行命令的路径
EDITOR	用户默认的文本解释器
RANDOM	生成一个随机数
LANG	系统语言、语系名称
HISTSIZE	输出的历史命令记录条数
HISTFILESIZE	保存的历史命令记录条数
PS1	Bash解释器的提示符
MAIL	邮件保存路径

【示例 8.19】使用 export 命令直接修改 PATH 的值。

```
#export PATH=/home/mysql/bin:$PATH
#export PATH=$PATH:/home/mysql/bin          # 或者把 PATH 放在前面
```

上述配置的执行结果如下：

生效时间：立即生效；

生效期限：当前终端有效，窗口关闭后无效；

生效范围：仅对当前用户有效。

注意：在配置的环境变量中不要忘了加上原来的配置，即$PATH 部分，以避免覆盖原来的配置值。

【示例 8.20】通过修改用户目录下的~/.bashrc 文件进行配置。

```
#vim ~/.bashrc
# 在最后一行加上新的路径
export PATH=$PATH:/home/mysql/bin
```

上述配置的执行结果如下：

生效时间：使用相同的用户打开新的终端时生效，或者手动执行 source ~/.bashrc 命令生效；

生效期限：永久有效；

生效范围：仅对当前用户有效。

如果有后续的环境变量加载文件覆盖了 PATH 定义，则可能不生效。

【示例 8.21】通过修改用户目录下的~/.bash_profile 文件进行配置（和修改~/.bashrc 文件类似，也是在文件最后加上新的路径即可）。

```
vim ~/.bash_profile
# 在最后一行加上新的路径
export PATH=$PATH:/home/mysql/bin
```

上述配置的执行结果如下：

生效时间：使用相同的用户名打开新的终端时生效，或者手动执行 source ~/.bash_profile 命令时生效；

生效期限：永久有效；

生效范围：仅对当前用户有效。

如果没有~/.bash_profile 文件，则可以编辑~/.profile 文件或者新建一个。

【示例 8.22】使用命令 vim /etc/bashrc 修改系统配置（需要具有管理员权限，或者对该文件的写入权限）。

```
# 如果/etc/bashrc 文件不可编辑，需要将其修改为可编辑状态
#chmod -v u+w /etc/bashrc
#vim /etc/bashrc
# 在最后一行加上新的路径
export PATH=$PATH:/home/mysql/bin
```

上述配置的执行结果如下：

生效时间：打开新的终端时生效，或者手动执行 source /etc/bashrc 命令生效；

生效期限：永久有效；

生效范围：对所有用户有效。

【示例 8.23】使用 vim/etc/profile 命令修改系统配置（需要管理员权限或者对该文件的写入权限，和 vim /etc/bashrc 类似）。

```
# 如果/etc/profile 文件不可编辑，需要将其修改为可编辑状态
#chmod -v u+w /etc/profile
#vim /etc/profile
# 在最后一行加上新的路径
export PATH=$PATH:/home/mysql/bin
```

上述配置的执行结果如下：

生效时间：打开新的终端时生效，或者手动执行 source /etc/profile 命令生效；

生效期限：永久有效；

生效范围：对所有用户有效。

【示例 8.24】使用命令 vim /etc/environment 修改系统环境的配置文件（需要具有管理员权限或者对该文件的写入权限）。

```
# 如果/etc/ environment 文件不可编辑，需要将其修改为可编辑状态
#chmod -v u+w /etc/environment
#vim /etc/ environment
# 在最后一行加上新的路径
export PATH=$PATH:/home/mysql/bin
```

上述配置的执行结果如下：

生效时间：打开新的终端时生效，或者手动执行 source /etc/environment 命令生效；

生效期限：永久有效；

生效范围：对所有用户有效。

以上列出了环境变量的各种配置方法，那么 Linux 是如何加载这些配置的呢？是以什么顺序加载的呢？特定的加载顺序会导致相同名称的环境变量定义被覆盖或者不生效。

环境变量可以简单地分成用户自定义的环境变量及系统级别的环境变量。

用户级别的环境变量定义文件有~/.bashrc 和~/.profile（有些系统为~/.bash_profile）；系统级别的环境变量定义文件有/etc/bashrc、/etc/profile(有些系统为/etc/bash_profile）和/etc/environment。

另外，在用户环境变量中，系统会首先读取~/.bash_profile（或者~/.profile）文件，如果没有该文件则读取~/.bash_login，根据这些文件内容再去读取~/.bashrc。

Linux 加载环境变量的大致顺序是

/etc/environment、/etc/profile、/etc/bashrc、~/.profile 和~/.bashrc。

8.2.6　变量的范围

在前面介绍的 export 命令中提到了变量范围的概念。如果在运行程序时有父进程与子进程，则变量能否被引用与 export 有关，使用 export 命令后的变量，称之为环境变量。环境变量可以被子进程引用，可以将它们看作全局变量。其他自定义的变量不会出现在子进程中，可以将它们看作局部变量。

为何环境变量的数据能被子进程引用？这与内存配置有关。当启动 Shell 时，操作系统会分配一块内存区域供 Shell 使用，这块内存区域中的变量可让子进程使用。如果在父进程中使用 export 功能，则可以让自定义的变量内容写入这块内存区域中，成为环境变量，于是全局可用。当加载另外一个 Shell 时，启动子进程，那么子 Shell 可以将父 Shell 的环境变量所在的内存区域导入自己的环境变量区域中。

通过这种关系，可以让某些变量在不同且相关的进程之间存在，帮助系统管理员更好

地操作系统环境。

　　另外，环境变量是由固定的变量名与用户（或系统设置的变量值）两部分组成的，完全可以自行创建环境变量来满足工作需求。

　　【示例 8.25】设置一个名称为 WORKDIR 的环境变量，以方便用户更轻松地进入一个层次较深的目录。

```
[root@localhost ~]# mkdir /home/work1
[root@localhost ~]# WORKDIR=/home/work1
[root@localhost ~]# cd $WORKDIR
[root@localhost work1]# pwd
/home/work1
```

　　但是这样的环境变量不具有全局性，作用范围也有限，默认情况下不能被其他用户使用。

　　【示例 8.26】使用 export 命令将变量范围提升为全局环境变量，这样其他用户就可以使用了。

```
#切换到 user1，发现无法使用 WORKDIR 自定义的变量
[root@localhost work1]# su user1
[user1@localhost ~]$ cd $WORKDIR
[user1@localhost ~]$ echo $WORKDIR
[user1@localhost ~]$ exit                    #退出 user1 身份
[root@localhost work1]# export WORKDIR
[root@localhost work1]# su user1
[user1@localhost ~]$ cd $WORKDIR
[user1@localhost work1]$ pwd
/home/work1
```

8.3　传　递　参　数

　　在执行 Shell 脚本时向脚本传递参数，脚本内获取参数的格式如下：

```
$n
```

　　n 代表一个数字，如果 n 为 1，则执行脚本的第一个参数，如果 n 为 2，则执行脚本的第二个参数，以此类推。

　　以下示例将向脚本传递 3 三个参数并分别输出，其中，$0 为执行的文件名（包含文件路径）。

　　【示例 8.27】用 Vim 打开脚本文件 test.sh，内容如下：

```
#!/bin/bash
# author:ly
# url:www.threecoolcat.com
echo "Shell 传递参数示例："；
echo "执行的文件名：$0"；
echo "第一个参数为：$1"；
echo "第二个参数为：$2"；
```

```
echo "第三个参数为：$3";
```

为脚本设置可执行权限，并执行脚本

```
$ chmod +x test.sh
$ ./test.sh 1 2 3
```

输出结果如下：

```
Shell 传递参数示例：
执行的文件名：./test.sh
第一个参数为：1
第二个参数为：2
第三个参数为：3
```

另外还有几个特殊的字符用来处理脚本参数，如表 8.6 所示。

表 8.6　处理脚本参数的特殊字符

参 数 处 理	说　　　明
$#	传递给脚本的参数个数
$*	以一个单字符串显示所有向脚本传递的参数，如"$*"用引号括起来的情况，表示以 "$1 $2 … $n"的形式输出所有参数
$$	脚本运行的当前进程ID号
$!	后台运行的最后一个进程的ID号
$@	与$*相同，但是$@使用时需要加引号，并在引号中分别返回每个参数，如"$@"用 引号括起来的情况、以"$1" "$2" … "$n" 的形式输出所有参数
$-	显示Shell使用的当前选项，与set命令的功能相同
$?	显示最后命令的退出状态。0表示没有错误，除此之外的任何值都表明有错误

【示例 8.28】观察 Shell 如何传递参数。

编辑脚本：

```
#!/bin/bash
# author:ly
# url:www.threecoolcat.com
echo "Shell 传递参数实例：";
echo "第一个参数为：$1";
echo "参数个数为：$#";
echo "传递的参数作为一个字符串显示：$*";
```

为脚本设置可执行权限，并执行脚本：

```
$ chmod +x test.sh
$ ./test.sh 1 2 3
```

输出结果如下：

```
Shell 传递参数实例：
第一个参数为：1
参数个数为：3
传递的参数作为一个字符串显示：1 2 3
```

强调一下$*与$@的异同点：

- 相同点：$*与$@都是引用所有参数。
- 不同点：不同点只有在双引号中才能体现出来。假设在脚本运行时写了 3 个参数，分别是 1、2、3，则" * "等价于"1 2 3"（传递了一个参数），而"@"等价于"1""2""3"（传递了 3 个参数）。

【示例 8.29】在 Shell 传递参数中观察$*与$@的区别。

编辑脚本

```
#!/bin/bash
# author:ly
# url:www.threecoolcat.com
echo "\$*演示: "
for i in "$*"; do
    echo $i
done

echo "\$@演示: "
for i in "$@"; do
    echo $i
done
```

执行脚本，输出结果如下：

```
$ chmod +x test.sh
$ ./test.sh 1 2 3
$* 演示:
1 2 3
$@ 演示:
1
2
3
```

以上示例涉及脚本程序编写中的一些语法句型，在后续的章节中会详细介绍。这里先学习$*与$@两种参数传递方式的区别，$*表示一个整体，化零为整，$@表示每个个体，化整为零。

8.4　算术运算符

如果要执行算术运算，就离不开各种运算符号，和其他编程语言类似，Shell 也有很多算术运算符，下面介绍常见的 Shell 算术运算符，如表 8.7 所示。

表 8.7　常见的Shell算术运算符

算术运算符	含　义
+、-	加法（或正号）、减法（或负号）
*、/、%	乘法、除法、取余（取模）
**	幂运算
++、--	自增和自减，可以放在变量的前面，也可以放在变量的后面
!、&&、||	逻辑非（取反）、逻辑与（and）、逻辑或（or）
<、<=、>、>=	比较符号（小于、小于或等于、大于、大于或等于）
==、!=、=	比较符号（==表示相等、! =表示不相等；=用于字符串，表示相当于）
<<、>>	向左移位、向右移位
~、|、&、^	按位取反、按位或、按位与、按位异或
=、+=、-=、*=、/=、%=	赋值运算符，复合赋值运算符。例如，a+=1 相当于 a=a+1，a-=1 相当于 a=a-1

　　表 8.7 中的算术运算符实际上可以细分为算术运算符、逻辑运算符、比较运算符、赋值运算符等，这里统称算术运算符。乍一看其实和 C 语言中的运算符极为类似。但是，Shell 和其他编程语言不同，Shell 不能直接进行算数运算，必须使用数学计算命令，这让初学者感觉很困惑，也让有经验的程序员感觉很奇怪。

　　下面我们先来看一个反面的例子：

　　【示例 8.30】一反常态的 Shell 数学计算。

```
$ echo 2+8
2+8
$ a=23
$ b=$a+55
$ echo $b
23+55
$ b=90
$ c=$a+$b
$ echo $c
23+90
```

　　从上面的运算结果可以看出，默认情况下，Shell 不会直接进行算术运算，而是把+两边的数据（数值或者变量）当作字符串，把+当作字符串连接符，最终的结果是把两个字符串拼接在一起形成一个新的字符串。这是因为，在 Bash Shell 中，如果不特别指明，每个变量的值都是字符串，无论给变量赋值时有没有使用引号，值都会以字符串的形式存储。换句话说，Bash shell 在默认情况下不会区分变量类型，即使你将整数和小数赋值给变量，它们也会被视为字符串，这一点和大部分的编程语言不同。

　　要想让数学计算发挥作用，必须使用数学计算命令，Shell 中常用的数学计算命令如表 8.8 所示。

表 8.8　数学计算命令

运算操作符/运算命令	说　　明
(( ))	用于整数运算，效率很高，推荐使用
let	用于整数运算，和(())类似
$[]	用于整数运算，不如(())灵活
expr	可用于整数运算，也可以处理字符串。比较麻烦，需要注意各种细节
bc	Linux的一个计算器程序，可以处理整数和小数。Shell本身只支持整数运算，想计算小数就得使用bc这个外部的计算器
declare -i	将变量定义为整数，然后再进行数学运算时就不会被当作字符串了。其功能有限，仅支持最基本的数学运算（加、减、乘、除和取余），不支持逻辑运算、自增和自减运算等，因此在实际开发中很少使用

目前建议只学习(())和 bc 即可。后面还会介绍 expr 的用法。(())可以用于整数计算，bc 可以用于浮点数计算。在接下来的章节中将逐一为大家讲解 Shell 中的各种运算符号及运算命令。

8.4.1　整数运算

双小括号(( ))是 Bash Shell 中专门用来进行整数运算的命令，它的效率很高，写法灵活，是常用的运算命令。

📋说明：(( ))只能进行整数运算，不能对小数（浮点数）或者字符串进行运算。后续讲到的 bc 命令可以用于小数运算。

1. 双小括号的整数运算

双小括号(( ))的语法格式如下：

```
((表达式))
```

其实就是将数学运算表达式放在"(("和"))"之间。

表达式可以只有一个，也可以有多个，多个表达式之间以逗号分隔。对于多个表达式的情况，以最后一个表达式的值作为整个(( ))命令的执行结果。可以使用$获取(( ))命令的结果，这和使用$获得变量值是类似的。(( ))的详细用法如表 8.9 所示。

表 8.9　双小括号的详细用法

运算操作符/运算命令	说　　明
((a=10+66))	完成计算后给变量赋值，将10+66的结果赋给变量a。使用变量时不用加$前缀，(( ))会自动解析变量名

续表

运算操作符/运算命令	说　　　明
a=$((10+66))	可以在(( ))前面加上$符号获取(( ))命令的执行结果，也即获取整个表达式的值。以a=$((10+66))为例，即将10+66这个表达式的运算结果赋值给变量a。类似c=((a+b))这样的写法是错误的，不加$就不能取得表达式的结果
((a>7 && b==c))	(( ))也可以进行逻辑运算，在if语句中常会使用逻辑运算
echo $((a+10))	需要立即输出表达式的运算结果时，可以在(( ))前面加$符号
((a=10+66, b=a+10))	对多个表达式同时进行计算

在(( ))中使用变量时无须加上$前缀，(( ))会自动解析变量名，这使得代码更加简洁，也符合程序员的书写习惯。

2．双小括号的整数运算使用示例

【示例8.31】利用(( ))进行简单的数值计算。

```
$ echo $((1+1))
2
$ echo $((6-3))
3
$ i=5
$ ((i=i*2))              #可以使用复合赋值运算符，简写为 ((i*=2))。
$ echo $i               #使用 echo 输出变量结果时要加$。
10
```

【示例8.32】利用(( ))进行稍微复杂一些的综合算术运算。

```
$ ((a=1+2**3-4%3))
$ echo $a
8
$ b=$((1+2**3-4%3))     #运算后将结果赋值给变量，变量放在了括号外面
$ echo $b
8
$ echo $((1+2**3-4%3))  #也可以直接将表达式的结果输出，注意不要丢掉$符号
8
$ a=$((100*(100+1)/2))  #利用公式计算 1+2+3+...+100 的和
$ echo $a
5050
$ echo $((100*(100+1)/2))  #也可以直接输出表达式的结果
5050
```

【示例8.33】利用(( ))进行逻辑运算。

```
$ echo $((3<8))         #3<8 的结果是成立的，因此输出了 1，1 表示真
1
$ echo $((8<3))         #8<3 的结果是不成立的，因此输出了 0，0 表示假
0
$ echo $((8==8))        #判断是否相等
1
$ if ((8>7&&5==5))
```

```
> then
> echo yes
> fi
yes
```

最后是一个简单的 if 语句，它的意思是，如果 8>7 成立，并且 5==5 成立，那么输出 yes。显然，这两个条件都是成立的，因此输出了 yes。关于 if 语句的详细用法，详见 9.2 节。

【示例 8.34】利用(( ))进行自增（++）和自减（--）运算。

```
$ a=10
#如果++在 a 的后面，那么在输出整个表达式时会输出 a 的值。因为 a 为 10，所以表达式的值为
10。和 C 语言中自增和自减的用法一致
$ echo $((a++))
10
$ echo $a           #执行上面的表达式后，因为有 a++，a 会自增 1，所以输出 a 的值为 11
11
$ a=11
#如果--在 a 的后面，那么在输出整个表达式时会输出 a 的值。因为 a 为 11，所以表达式的值为 11
$ echo $((a--))
11
$ echo $a           #执行上面的表达式后，因为有 a--，a 会自动减 1，所以 a 为 10
10
$ a=10
#如果--在 a 的前面，那么在输出整个表达式时先进行自增或自减计算。因为 a 为 10 且要自减，
所以表达式的值为 9
$ echo $((--a))
9
$ echo $a           #执行上面的表达式后 a 自减 1，因此 a 为 9
9
#如果++在 a 的前面，则输出整个表达式时先进行自增或自减计算。因为 a 为 9 且要自增 1，所以
输出 10
$ echo $((++a))
10
$ echo $a           #执行上面的表达式后 a 自增 1，因此 a 为 10
10
```

对于前自增（前自减）和后自增（后自减）的用法，和 C 语言中的语法一致，只作简单说明：

执行 echo $((a++))和 echo $((a--))命令输出整个表达式时，输出的值即为 a 的值，表达式执行完毕后，会再对 a 进行++、--运算，即先赋值后自增(自减)。

执行 echo $((++a))和 echo $((--a))命令输出整个表达式时，会先对 a 进行++、--运算，然后再输出表达式的值（为 a 运算后的值），即先自增(自减)再赋值。

【示例 8.35】利用(( ))同时对多个表达式进行计算。

```
$ ((a=3+5, b=a+10)) #先计算第一个表达式，再计算第二个表达式
$ echo $a $b
8 18
#以最后一个表达式的结果作为整个(( ))命令的执行结果，最后一个表达式是 a+b，即 8+18=26
$ c=$((4+8, a+b))
```

```
$ echo $c
26
```

8.4.2　浮点数运算

bc 命令是任意精度计算器语言，通常在 Linux 中当计算器用。它类似基本的计算器，使用这个计算器可以进行基本的数学运算。

【示例 8.36】直接使用 bc 命令进入交互式模式。

```
#bc
bc 1.06.95
Copyright 1991-1994, 1997, 1998, 2000, 2004, 2006 Free Software Foundation,
Inc.
This is free software with ABSOLUTELY NO WARRANTY.
For details type `warranty'.
2+3
5
5-2
3
2+3*1
5
输入 quit 退出
```

【示例 8.37】计算浮点数。

```
#bc
bc 1.06.95
Copyright 1991-1994, 1997, 1998, 2000, 2004, 2006 Free Software Foundation,
Inc.
This is free software with ABSOLUTELY NO WARRANTY.
For details type `warranty'.
2.1+3.33
5.43
5.0-2.0
3.0
2+3*1.1
5.3
输入 quit 退出
```

【示例 8.38】使用管道符（管道符的用法在后面章节中会详细介绍，这里先直观了解一下。本示例是将管道符前面的结果通过管道输入管道后的语句中，然后再输出结果）。

```
#echo "15+5" | bc              #将 15+5 的结果通过 bc 程序输出
20
```

【示例 8.39】设小数位。例如，将 scale 参数设置为 2，即 scale=2（2 代表保留小数点后两位）。

```
bc -q                          # 去掉 bc 后的环境信息，因为没有用处
```

```
scale=2
10/3
3.33                      # 保留两位小数。在结果不确定多少位的时候保留 2 位
scale=2
1.001+2.001               #结果确定是 3 位，依然显示 3 位
3.002
```

【示例 8.40】用 ibase 和 obase 进行其他进制的运算。

```
# bc -q
ibase=2
111
7
obase=16                  #以十六进制输出
23*2
2E
obase=10                  #以十进制输出，十六进制输入。十六进制 100 转化为十进制的 256
ibase=16
10*10
256
obase=16                  #以十六进制输出，二进制输入。二进制 1111 转化为十六进制的 15
ibase=2
1111
15
```

🔔注意：obase 要放在 ibase 前面，因为 ibase 设置后，后面的数字都是以 ibase 的进制来换算的。

【示例 8.41】计算平方和平方根。

```
# bc -q
10^3                      #计算 10 的 3 次方
1000
sqrt(144)                 #计算 144 的平方根
12
```

8.5   输入和输出重定向

大多数操作系统命令一般是从终端接收输入并将产生的输出发送回终端。一个命令通常从一个叫标准输入的地方读取输入，默认情况下，这恰好是本地终端。同样，一个命令通常将其输出写入标准输出，默认情况下，这也是本地终端。如果不使用标准的输入、输出，则相当于在原来的道路上行驶的汽车需要改变方向，这称为重定向，意思为重新定方向。这里的方向就是输入的来源，需要重新定义，输出的去向也需要重新定义。重定向命令列表如表 8.10 所示。

表 8.10　重定向命令

命　　令	说　　明
command > file	将输出重定向到file
command < file	将输入重定向到file
command >> file	将输出以追加的方式重定向到file
n > file	将文件描述符为n的文件重定向到file
n >> file	将文件描述符为n的文件以追加的方式重定向到file
n >& m	将输出文件m和n合并
n <& m	将输入文件m和n合并
<< tag	将开始标记tag和结束标记tag之间的内容作为输入

说明：需要注意的是，文件描述符 0 通常是标准输入（STDIN），1 是标准输出（STDOUT），
2 是标准错误输出（STDERR）。

8.5.1　输出重定向

重定向一般通过在命令间插入特定的符号来实现。这些符号的语法如下：

```
command 1>file1
```

上面是执行 command1 命令然后将输出的内容存入 file1。可以将 ">" 这个符号看成
一个箭头，尖的部分所指的方向就是进入的方向，也就是目的；开口的部分就是来自何方，
也就是源头。

注意：任何 file1 内已经存在的内容将被新内容替代。如果要将新内容添加在文件末尾，
请使用>>操作符，即：

```
command 1>>file1
```

【示例 8.42】执行 who 命令，将命令的完整输出重定向在用户文件 users 中。

```
# who > users
```

执行后并没有在终端输出信息，这是因为输出已从默认的标准输出设备（终端屏幕）
上重定向到指定的文件中。

【示例 8.43】使用 cat 命令查看文件内容。

```
#cat users
root console  May 31 17:35
threecoolcat    console  May 31 17:35
ly      ttys000 Dec  1 11:33
```

【示例 8.44】输出重定向覆盖文件内容。

```
#echo "www.threecoolcat.com"> users
```

```
#cat users
www. threecoolcat.com                    #原来的内容被全部覆盖为新的内容
```

【示例 8.45】使用>>将新内容追加到文件末尾，以防止文件内容被覆盖。

```
#echo "www.threecoolcat.com">> users
#cat users
www.threecoolcat.com
www.threecoolcat.com
```

8.5.2　输入重定向

和输出重定向一样，Linux 命令也可以从文件中获取输入，命令如下：

```
command 1<file1
```

这样，本来需要从键盘获取输入的命令会转移到从文件中读取内容。注意，输出重定向是大于号(>)，输入重定向是小于号(<)。

【示例 8.46】统计上述 users 用户文件的行数（普通做法）。

```
#wc -l users
2 users
```

【示例 8.47】将输入重定向到 users 用户文件中。

```
#wc -l < users
2
```

💬注意：上面两个例子的结果不同，示例 8.46 会输出文件名，示例 8.47 不会，因为它只
　　　知道从标准输入读取内容。

重定向可以同时进行输入和输出，执行 command1 命令从文件 infile 中读取内容，然后将输出写入 outfile 中，格式如下：

```
command 1< infile > outfile
```

8.5.3　深入理解输入和输出重定向

一般情况下，每个 UNIX/Linux 命令运行时都会自动打开 3 个文件：

- 标准输入文件（stdin）：stdin 文件描述符为 0，UNIX 程序默认从 stdin 中读取数据。
- 标准输出文件（stdout）：stdout 文件描述符为 1，UNIX 程序默认向 stdout 中输出数据。
- 标准错误文件（stderr）：stderr 文件描述符为 2，UNIX 程序会向 stderr 流中写入错误信息。

在默认情况下，command >file 将 stdout 重定向到 file，command < file 将 stdin 重定向到 file。如果希望 stderr 重定向到 file，可以这样写：

```
$ command 2>file
```

如果希望 stderr 追加到 file 文件末尾，可以这样写：

```
$ command 2>>file
```

其中，数字 2 表示标准的错误文件（stderr）。

如果希望将 stdout 和 stderr 合并后重定向到 file，可以这样写：

```
$ command > file 2>&1
或者
$ command >> file 2>&1
```

如果希望对 stdin 和 stdout 都重定向，可以这样写：

```
$ command < file1 >file2
```

command 命令将 stdin 重定向到 file1，将 stdout 重定向到 file2。

Shell 中还有一种特殊的重定向方式 Here Document，它是用来将输入重定向到一个交互式 Shell 脚本或程序的一种方式。它的基本的形式如下：

```
command << delimiter
    document
delimiter
```

它的作用是将两个 delimiter 之间的内容（document）作为输入传递给 command。

🔔注意：需要注意的是：结尾的 delimiter 一定要顶格写，前面不能有任何字符，后面也不能有任何字符，包括空格和 Tab 缩进。开始的 delimiter 前后的空格会被忽略。

【示例 8.48】在命令行中计算 Here Document 的行数。

```
$ wc -l << COOL              # COOL 在此处即为 delimiter
    www.threecoolcat.com     #此行为 document
COOL                         #另一个 delimiter
3                            # 输出结果为 3 行
```

【示例 8.49】将 Here Document 用在脚本中。

```
#!/bin/bash
# author:ly
# url:www.threecoolcat.com
cat << COOL
www.threecoolcat.com
COOL
```

执行以上脚本，输出结果如下：

```
www.threecoolcat.com
```

如果希望执行某个命令，但又不希望在屏幕上显示输出结果，那么可以将输出重定向到 /dev/null 中：

```
$ command > /dev/null
```

/dev/null 是一个特殊的文件，写入该文件中的内容都会被丢弃；如果尝试从该文件中读取内容，那么什么也读不到。但是/dev/null 文件非常有用，将命令的输出重定向到该文件中会起到禁止输出的效果。

如果希望屏蔽 stdout 和 stderr，可以这样写：

```
$ command > /dev/null 2>&1
```

注意这里如果是数字 0 则表示标准输入（STDIN），数字 1 表示标准输出（STDOUT），数字 2 表示标准错误输出（STDERR）。这里的 2 和>之间不可以有空格，2>是一体的时候才表示错误输出。

8.6 管　　道

通过前面的学习，我们已经知道了怎样从文件重定向输入及重定向输出到文件。Shell还有一种功能，就是可以将两个或者多个命令（程序或者进程）连接到一起，把一个命令的输出作为下一个命令的输入，以这种方式连接的两个或者多个命令就形成了管道（Pipe）。

8.6.1　管道的基本用法

Linux 管道使用竖线符号（|）连接多个命令，这个符号称为管道符。

1. 管道的使用格式及原理

Linux 管道的具体语法格式如下：

```
command1 | command2
command1 | command2 [ | commandN... ]
```

当在两个命令之间设置管道时，管道符 |左边命令的输出就变成了右边命令的输入。只要第一个命令向标准输出写入，而第二个命令是从标准输入读取，那么这两个命令就可以形成一个管道。大部分的 Linux 命令都可以用来形成管道。

可以使用一张图片来显示管道的使用原理，如图 8.1 所示。

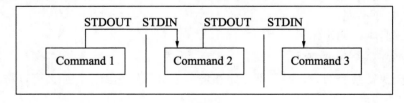

图 8.1　管道的使用原理

这里需要注意的是，图 8.1 中的 command1 必须有正确输出，而 command2 必须可以处理 command1 的输出结果，而且 command2 只能处理 command1 的正确输出结果，不能处理 command1 的错误信息。

　　为什么使用管道？先看下面一组命令，使用 mysqldump（一个数据库备份程序）来备份一个叫作 cloud 的数据库：

```
mysqldump -u root -p '123456' cloud> /tmp/clouddb.backup
gzip -9 /tmp/clouddb.backup
scp /tmp/clouddb.backup username@backup_ip:/backup/mysql/
```

上述这组命令主要做了如下任务：

- mysqldump 命令用于将名为 cloud 的数据库备份到文件/tmp/clouddb.backup。其中，-u 和-p 选项分别指出数据库的用户名 root 和密码 123456。
- gzip 命令用于压缩较大的数据库文件以节省磁盘空间。其中，-9 表示最慢的压缩速度及最好的压缩效果。
- scp 命令（secure copy，安全拷贝）用于将数据库备份文件复制到 IP 地址为 backup_ip 的备份服务器的/backup/mysql/目录下。其中，username 是登录远程服务器的用户名，命令执行后需要输入密码。

上述 3 个命令依次执行。如果使用管道的话，则可以将 mysqldump、gzip 和 ssh 命令相连接，这样就避免了需要创建临时文件/tmp/clouddb.backup，而且可以同时执行这些命令并达到相同的效果。

　　使用管道后的命令如下：

```
mysqldump -u root -p '123456' cloud | gzip -9 | ssh username@backup_ip"cat >
/backup/clouddb.gz"
```

使用管道的命令有如下特点：

- 命令的语法紧凑并且使用简单。
- 通过使用管道，将三个命令串联到一起就完成了远程 MySQL 备份的复杂任务。
- 从管道输出的标准错误会混合到一起。

上述命令的数据流如图 8.2 所示。

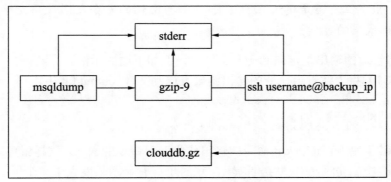

图 8.2　带管道操作的数据流

乍看起来，管道也有重定向的作用，它也改变了数据输入、输出的方向。那么，管道和重定向之间到底有什么不同呢？

简单地说，重定向操作符将命令与文件连接起来，用文件来接收命令的输出结果；而管道符将命令与命令连接起来，用第二个命令来接收第一个命令的输出结果。例如：

```
command > file
command1 | command1
```

不妨在学习管道时尝试如下命令，来看一下会发生什么变化：

```
command1 > command2
```

结论是，有时尝试的结果会很糟糕。这是一个实际的例子，一个 Linux 系统管理员以超级用户（root 用户）的身份执行如下命令：

```
cd /usr/bin
ls > less
```

第一条命令是将当前目录切换到大多数程序所存放的目录下，第二条命令是告诉 Shell 用 ls 命令的输出结果重写文件 less。因为/usr/bin 目录下已经包含名称为 less（less 程序）的文件，第二条命令用 ls 输出的文本重写了 less 程序，因此破坏了文件系统中的 less 程序。这是使用重定向操作符错误重写文件的一个教训，因此在使用它时要慎之又慎。

2．管道使用示例

下面举一些关于管道使用的示例。

【示例 8.50】将 ls 命令的输出结果发送给 grep 命令。

```
$ ls | grep log.txt                          # 查看文件 log.txt 是否存在于当前目录下
log.txt
#可以在命令的后面使用选项，例如使用-al 选项：
$ ls -al | grep log.txt
-rw-rw-r--.  1 rootroot    0 Jun15 17:26 log.txt
```

📖提示：管道符"|"与两侧的命令之间可以没有空格，例如将上述命令写成 ls -al|grep
　　　　log.txt。但是还是建议在管道符"|"与两侧的命令之间使用空格，以增加命
　　　　令或代码的可读性。

也可以将管道的输出重定向到一个文件中，例如下面的示例。

【示例 8.51】将上述管道命令的输出结果发送到文件 output.txt 中。

```
$ ls -al | grep log.txt >output.txt
$ cat output.txt
-rw-rw-r--.  1 rootroot    0 Jun 15 17:26 log.txt
```

【示例 8.52】使用管道将 cat 命令的输出作为 less 命令的输入。这样就可以将 cat 命令的输出每次按照一个屏幕的尺寸进行显示，这对于查看显示长度大于一个屏幕的文件内容很有帮助。

```
cat /var/log/message | less
```

【示例 8.53】查看指定进程的运行状态，并将输出重定向到文件中。

```
$ ps aux | grep httpd > /tmp/ps.output
$ cat /tmp/ps.output
root      4101    13776  0   10:11 pts/3    00:00:00 grep httpd
root      4578    1      0   Jun 09 ?        00:00:00 /usr/sbin/httpd
apache    19984   4578   0   Jun 29 ?       00:00:00 /usr/sbin/httpd
apache    19985   4578   0   Jun 29 ?       00:00:00 /usr/sbin/httpd
apache    19986   4578   0   Jun 29 ?       00:00:00 /usr/sbin/httpd
apache    19987   4578   0   Jun 29 ?       00:00:00 /usr/sbin/httpd
......
```

值得关注的是可以使用重定向操作符>或>>将管道中最后一个命令的标准输出进行重定向，其语法如下：

```
command1 | command2 | ... | commandN > output.txt
command1 < input.txt | command2 | ... | commandN > output.txt
```

【示例 8.54】使用 mount 命令显示当前挂载的文件系统信息，并使用 column 命令将列的输出格式化，最后将输出结果保存到一个文件中。

```
$ mount | column -t >mounted.txt
$ cat mounted.txt
proc  on /proc     type  proc  (rw,nosuid,nodev,noexec,relatime)
sysfs on /sys      type  sysfs (rw,nosuid,nodev,noexec,relatime,seclabel)
tmpfs on /dev/shm  type  tmpfs (rw,nosuid,nodev,seclabel)
tmpfs on /run      type  tmpfs (rw,nosuid,nodev,seclabel,mode=755)
......
```

8.6.2　选取命令

在使用管道时，经常需要对输出结果按照一些条件进行筛选，这时就需要使用选取命令了，如 cut 和 grep。

1. cut命令

cut 命令是从某行信息中选取某部分想要的信息。命令格式如下：

```
cut -d'分隔字符'-f 范围
cut -c 字符范围
```

主要参数说明如下：

- -d：后面接分隔字符，通常与-f 一起使用。
- -f：根据-d 将信息分隔成数段，-f 后接数字，表示取出第几段。
- -c：以字符为单位取出固定字符区间的信息。

【示例 8.55】截取 PATH 变量的内容。

```
#echo $PATH
/bin:/usr/bin:/sbin:/usr/sbin:/usr/local/bin:usr/X11R6/bin:/usr/games
#echo $PATH |cut -d ':' -f 5    #以冒号为分隔符，截取 PATH 变量中的第 5 段
#echo $PATH |cut -d ':' -f 3,5  #以冒号为分割符，截取 PATH 变量中的第 3 段和第 5 段
```

```
#export |cut -c 12-          #截取 export 命令输出的第 12 字符以后所有字符串
```

2．grep命令

cut 是对一行内容进行切割，然后去除其中的一部分。grep 是对一行内容进行分析，如果有想要的信息，就将该行提取出来。也可以使用 grep 命令得到去除想要的内容之后的其他内容。grep 命令的格式如下：

```
grep [参数] '查找字符串' 文件名
```

主要参数说明如下：

- -a：以 text 文件的方式查找 binary 文件中的数据。
- -c：计算找到'查找字符串'的次数。
- -i：忽略大小写。
- -n：顺便输出行号。
- -v：反向选择。

【示例8.56】查找含有 boot 的行。

```
# last | grep 'boot'
reboot    system boot  3.10.0-1127.el7. Mon Jun 28 10:02 - 10:12  (00:10)
reboot    system boot  3.10.0-1127.el7. Fri Jun 25 08:34 - 10:12 (3+01:38)
reboot    system boot  3.10.0-1127.el7. Thu Jun 24 15:46 - 10:12 (3+18:26)
reboot    system boot  3.10.0-1127.el7. Thu Jun 24 08:25 - 10:12 (4+01:47)
reboot    system boot  3.10.0-1127.el7. Tue Jun 22 10:53 - 10:12 (5+23:19)
reboot    system boot  3.10.0-1127.el7. Mon Jun 21 15:25 - 10:12 (6+18:47)
……
```

【示例8.57】查找不含 boot 的行。

```
# last | grep -v 'boot'
root     pts/0       :0           Mon Jun 28 10:03   still logged in
root     :0          :0           Mon Jun 28 10:03   still logged in
root     pts/0       :0           Fri Jun 25 09:13 - crash (3+00:49)
root     :0          :0           Fri Jun 25 08:35 - crash (3+01:26)
root     pts/0       :0           Thu Jun 24 15:51 - crash  (16:43)
……
```

【示例8.58】取出含有 boot 的行并进行分割，再取出第一部分。

```
# last | grep 'boot' | cut -d ' ' -f 1
reboot
reboot
reboot
reboot
……
```

8.6.3　排序命令

很多情况下，需要对查询后的数据进行排序，方便以后按照一定的规律进行查找，这时就需要使用排序命令。常用的排序命令有 sort、wc 和 uniq。

1. sort命令

sort 命令是以行为单位对数据进行排序。具体的命令格式如下：

```
sort [参数] 文件或标准输出
```

主要参数说明如下：

- -f：忽略大小写差异，如 A 与 a 视为编码相同。
- -b：忽略最前面的空格部分。
- -M：以月份的名字来排序，如 JAN 和 DEC 等排序方法。
- -n：使用数值进行排序。
- -r：反向排序。
- -u：去重，在输出行中去除重复的行。
- -t：分隔符号，预设是用 Tab 键来分隔。
- -k：以哪个区间（field）进行排序。

【示例 8.59】对/etc/passwd 的账号进行排序。

```
# cat /etc/passwd | sort
abrt:x:173:173::/etc/abrt:/sbin/nologin
adm:x:3:4:adm:/var/adm:/sbin/nologin
avahi:x:70:70:Avahi mDNS/DNS-SD Stack:/var/run/avahi-daemon:/sbin/nologin
bin:x:1:1:bin:/bin:/sbin/nologin
chrony:x:993:988::/var/lib/chrony:/sbin/nologin
colord:x:997:994:User for colord:/var/lib/colord:/sbin/nologin
daemon:x:2:2:daemon:/sbin:/sbin/nologin
dbus:x:81:81:System message bus:/:/sbin/nologin
ftp:x:14:50:FTP User:/var/ftp:/sbin/nologin
games:x:12:100:games:/usr/games:/sbin/nologin
gdm:x:42:42::/var/lib/gdm:/sbin/nologin
……
```

【示例 8.60】/etc/passwd 的内容是以:隔开的，以冒号分隔每一段，要求取第三段进行排序。

```
# cat /etc/passwd | sort -t ':' -k 3
root:x:0:0:root:/root:/bin/bash
ly:x:1000:1000:ly:/home/ly:/bin/bash
qemu:x:107:107:qemu user:/:/sbin/nologin
operator:x:11:0:operator:/root:/sbin/nologin
usbmuxd:x:113:113:usbmuxd user:/:/sbin/nologin
bin:x:1:1:bin:/bin:/sbin/nologin
games:x:12:100:games:/usr/games:/sbin/nologin
……
```

2. uniq命令

uniq（Unique）命令以整行为单位，先进行排序，排序之后，重复的行只显示一次，因此这个命令有去重的作用。命令格式如下：

```
uniq 参数
```

主要参数说明如下：

- -i：忽略大小写差异。
- -c：进行计数。

【示例 8.61】使用 last 命令列出历史登录信息，然后使用 cut 命令截取第一列信息并进行排序，每个账号只显示一次并统计每个账号使用了多少次。

```
# last | cut -d ' ' -f 1 | sort | uniq -c
      1
     36 reboot
     84 root
      1 wtmp
```

3. wc命令

wc（Word Count）命令可以显示文件的行数、字数和字符数，命令格式如下：

```
wc [参数]
```

主要参数说明如下：

- -l：仅列出行。
- -w：仅列出多少字（英文单字）。
- -m：多少字符。

【示例 8.62】查看/etc/passwd 中有多少个账号。

```
# cat /etc/passwd | wc -l
50
```

【示例 8.63】查看/etc/passwd 文件的行数、字数和字符数。

```
# cat /etc/passwd | wc
     50      96    2580
```

8.6.4　其他命令

在使用管道的过程中，除了以上介绍的选取命令和排序命令之外，还会使用一些其他的命令。下面简单介绍这些命令的使用方法。

1. 双向重定向命令：tee

tee 命令可以在数据流的处理过程中将某段信息保存下来，使其既能在屏幕上输出又能保存到某一个文件中。tee 命令的原理如图 8.3 所示。

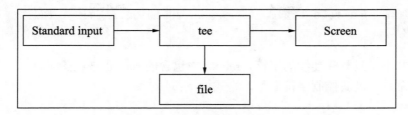

图 8.3　tee 命令的原理

tee 命令的格式如下：

```
tee [参数] 文件名
```

主要参数说明如下：

• -a：以累加的方式将数据加入文件中。

【示例 8.64】查询最近用户的登录情况，并将其保存到 info 文件中。

```
# last | tee info | cut -d ' ' -f 1
root
root
reboot
root
……
# cat info
root     pts/0        :0              Mon Jun 28 10:03   still logged in
root     :0           :0              Mon Jun 28 10:03   still logged in
reboot   system boot  3.10.0-1127.el7. Mon Jun 28 10:02 - 10:54  (00:51)
root     pts/0        :0              Fri Jun 25 09:13 - crash (3+00:49)
```

如果 tee 后接的文件已存在，则内容会被覆盖，加上 -a 参数则会累加。

2．字符转换命令：tr、col、join、paste和expand

1）tr 命令：用来删除一段信息中的文字，或者进行文字信息的替换。命令格式如下：

```
tr [参数] '字符串'
```

主要参数说明如下：

• -d：删除信息中指定的字符串。

• -s：替换掉重复的字符。

【示例 8.65】删除示例 8.64 生成的 info 文件中所有的 root 字符串。

```
#删除前
# cat info
root     pts/0        :0              Mon Jun 28 10:03   still logged in
root     :0           :0              Mon Jun 28 10:03   still logged in
reboot   system boot  3.10.0-1127.el7. Mon Jun 28 10:02 - 10:54  (00:51)
root     pts/0        :0              Fri Jun 25 09:13 - crash (3+00:49)
 #删除后
# cat info | tr -d 'root'
   ps/0         :0              Mn Jun 28 10:03   sill lgged in
   :0           :0              Mn Jun 28 10:03   sill lgged in
```

```
eb   sysem b  3.10.0-1127.el7.  Mn Jun 28 10:02 - 10:54  (00:51)
     ps/0         :0            Fi Jun 25 09:13 - cash (3+00:49)
......
```

删除时并不是只删除连续的字符，reboot 中包含的 root 也被删除了。

2）col 命令：过滤控制字符命令，格式如下：

```
col [参数]
```

主要参数说明如下：

- -x：将 Tab 键换成对等的空格键。
- -b：在文字内有反斜杠（/）时，仅保留反斜杠最后跟的那个字符。

【示例 8.66】将 man 命令的帮助文档保存为 man_help，使用-b 参数过滤所有的控制字符。

```
# man man | col -b > man_help
# cat man_help
MAN(1)                   Manual pager utils          MAN(1)

NAME
      man - an interface to the on-line reference manuals

SYNOPSIS
      man [-C   file]   [-d]  [-D]  [--warnings[=warnings]]  [-R encoding]
[-L
      locale] [-m system[,...]] [-M path] [-S list]  [-e  extension]
[-i|-I]
      [--regex|--wildcard]   [--names-only]   [-a]   [-u]  [--no-subpages]
[-P
      pager] [-r prompt] [-7] [-E encoding] [--no-hyphenation] [--no-justifi-
      cation]   [-p string]  [-t]  [-T[device]]  [-H[browser]]  [-X[dpi]]
[-Z]
      [[section] page ...] ...
......
```

col 命令经常用于将 man page 转存为纯文本文件。

3）join 命令：如果在两个文件中有一行相同的数据，则把相同的字段放在前面。命令格式如下：

```
join [参数] 文件1 文件2
```

主要参数说明如下：

- -t：join 命令默认以空格符分隔数据，并且会对比第一个字段中的数据，如果两个文件的第一个字段相同，则将两条数据连成一行。
- -i：忽略大小写差异。
- -1：说明第一个文件通过哪个字段进行分析。
- -2：说明第二个文件通过哪个字段进行分析。

【示例 8.67】将/etc/passwd 与/etc/shadow 中的相关数据整合成一列。

```
# head -3 /etc/passwd /etc/shadow
==> /etc/passwd <==
```

```
root:x:0:0:root:/root:/bin/bash
bin:x:1:1:bin:/bin:/sbin/nologin
daemon:x:2:2:daemon:/sbin:/sbin/nologin

==> /etc/shadow <==
root:$6$RNGEziM7$2e/EJd3hThS8TMqHSgDIfeDf7dJUG1dbJ0ik1goybGYmLGZL.sHNv1
Ltb4.1HUksxTI0Cs3PJw5g/YirSImKg1:17643:0:99999:7:::
bin:*:17110:0:99999:7:::
daemon:*:17110:0:99999:7:::

# join -t ':' /etc/passwd /etc/shadow
root:x:0:0:root:/root:/bin/bash:$6$RNGEziM7$2e/EJd3hThS8TMqHSgDIfeDf7dJ
UG1dbJ0ik1goybGYmLGZL.sHNv1Ltb4.1HUksxTI0Cs3PJw5g/YirSImKg1:17643:0:999
99:7:::
bin:x:1:1:bin:/bin:/sbin/nologin:*:17110:0:99999:7:::
daemon:x:2:2:daemon:/sbin:/sbin/nologin:*:17110:0:99999:7:::
```

【示例 8.68】将/etc/passwd 中按冒号分隔的第 4 个字段与/etc/group 中的第 3 个字段进行比较，如果相同，则将它们同行的数据放在一起。

```
# join -t ':' -1 4 /etc/passwd -2 3 /etc/group
0:root:x:0:root:/root:/bin/bash:root:x:
1:bin:x:1:bin:/bin:/sbin/nologin:bin:x:
2:daemon:x:2:daemon:/sbin:/sbin/nologin:daemon:x:
4:adm:x:3:adm:/var/adm:/sbin/nologin:adm:x:
join: /etc/passwd:6: is not sorted: sync:x:5:0:sync:/sbin:/bin/sync
7:lp:x:4:lp:/var/spool/lpd:/sbin/nologin:lp:x:
```

4）paste 命令：直接将两个文件中的内容粘贴在一起，中间以 Tab 键隔开。命令格式如下：

```
paste [参数] 文件 1 文件 2
```

主要参数说明如下：

- -d：后面可以接分隔字符，默认以 Tab 进行分隔。
- -：如果文件部分写成-，表示接收 standard input 数据。

【示例 8.69】使用 paste 命令将文件 file、testfile 和 testfile1 进行合并。

```
#首先使用 cat 指令查看 3 个文件的内容
#cat file                        #file 文件的内容
zhangsan 100
lisi 95
wangwu 90
#cat testfile                    #testfile 文件的内容
ly 80
#cat testfile1                   #testfile1 文件的内容
threecoolcat 96
zouliu 75

#paste file testfile testfile1   #合并指定文件的内容
zhangsan 100
lisi 95
wangwu 90
ly  80
```

```
threecoolcat 96
zouliu 75
```

如果使用 paste 命令的参数-s，则可以将一个文件中的多行数据合并为一行进行显示。

【示例 8.70】将文件 file 中的 3 行数据合并为一行并进行显示。

```
#paste -s file                          #合并指定文件中的多行数据
zhangsan 100  lisi 95  wangwu 90
```

需要注意的是：参数-s 只是调整文件的内容显示方式，并不会改变原文件的内容格式。

5）expand 命令：把 Tab 键转换为空格键。命令格式如下：

```
expand [参数] 文件名
```

主要参数说明如下：

- -i：不转换非空白符后的制表符。
- -t：后面接数字，一般一个 Tab 键可以用 8 个空格来代替，也可以自行定义一个 Tab 键代表几个空格。
- -：如果文件部分写成-，表示接收 standard input 数据。

【示例 8.71】将文件中每行的第一个 Tab 符替换为 6 个空格符，非空白符后的制表符不进行转换。

```
# expand -i -t 6 info
原文件内容：
    abc def                     #abc 前面是一个 Tab 符
转换后的内容：
abc def                         #abc 前面变成了 6 个空格
```

6）split 命令：切割命令。顾名思义，其是将一个大文件依据文件大小或行数切割成几个小文件。命令格式如下：

```
split [参数] 文件 PREFIX
```

主要参数说明如下：

- -b：后面可接要切割的文件的大小，可加单位，如 B（字节）、K（千字节）、M（兆字节）等。
- -l：以行数进行切割。
- PREFIX：代表前导符，可作为切割文件的前导文字。

【示例 8.72】将文件 info 以每 6 行切割成一个文件。

```
#split -6 info
```

以上命令执行后，指令"split"会将原来的大文件"README"切割成多个以"x"开头的小文件。而在这些小文件中，每个文件只有 6 行内容

使用指令"ls"查看当前的目录结构

```
#ls                                      #执行 ls 指令
info xaa xad xag xab xae xah xac xaf xai #获得当前的目录结构
```

8.7　案例——三酷猫输出账单

因为每个分店的业务量比较多，所以三酷猫把账单按日期进行保存，每天都创建一个单独的账单文件。现在到了月底，三酷猫想统计一下本月的销售情况，这就需要把本月每天的账单都汇总到一个月度账单文件里。具体操作如下：

```
# cd /usr/local/bills                                    # 进入账单目录
# 依次将账单内容输出到 sales202108.txt 中
# cat seafood_2021-08-01.txt >> sales_202108.txt
# cat seafood_2021-08-02.txt >> sales_202108.txt
……
# cat seafood_2021-08-30.txt >> sales_202108.txt

# cat seafood_2021-08-31.txt >> sales_202108.txt
```

执行完以上命令后，2021 年 8 月所有的销售数据都汇总到了 sales202108.txt 文件中。

8.8　练习和实验

一．练习

1．填空题

1）CentOS 7 系统默认的 Shell 程序是（　　　）。

2）运行 Shell 时存在 3 种变量：（　　　）、（　　　）和（　　　）。

3）使用（　　　）命令可以查询全部的环境变量，使用（　　　）命令可以显示单个的环境变量值。

4）在 Linux 系统中，（　　　）命令是任意精度计算器语言，通常可以当计算器用。

5）使用（　　　）命令可以删除变量。

2．判断题

1）expert 命令的作用是将变量的作用范围提升为全局环境变量。　　　　　（　　）

2）Linux 管道使用符号（＞）连接多个命令，这个符号称为管道符。　　　（　　）

3）重定向可以同时进行输入和输出，执行 command1，从文件 infile 中读取内容，然后将输出写入 outfile 中。　　　　　　　　　　　　　　　　　　　　　　　　（　　）

4）需要按照大小或行数切割文件时，使用 split 命令。　　　　　　　　　（　　）

5）wc 命令只能统计文件的行数，而不能统计文件的字数。　　　　　　　（　　）

二．实验

实验 1：根据 8.4 节的内容，动手测试 Shell 的运算功能。

1）使用表达式执行整数运算和浮点数运算。

2）使用 bc 方式执行整数运算和浮点数运算。

3）形成实验报告。

实验 2：更改环境变量中的语言，并查看结果。

1）查看环境变量中的当前语言 LANG。

2）将环境变量中的语言 LANG 切换为中文或英文后查看效果，然后再切换回原来的语言。

3）形成实验报告。

第 9 章　Shell 脚本编程基础

Shell 脚本（Shell Script）与 Windows 和 DOS 下的批处理功能相似，它将各类命令预先放入一个文件中以方便一次性执行，可以方便 Linux 系统管理员进行设置和管理。但它比 Windows 下的批处理功能更强大，比用其他程序编辑的效率更高，因为它使用了 Linux/UNIX 中的命令。换一种说法是，Shell 脚本是利用 Shell 的功能编写的一个程序，这个程序使用纯文本文件将一些 Shell 语法与指令写在里面，然后用语法、管道命令及数据流重定向等功能将它们组合在一起，以达到自动执行一组命令（进行批处理）的目的。

Shell 脚本提供了数组、循环、条件及逻辑判断等重要功能，让使用者可以直接通过 Shell 来编写程序，而不必使用类似于 C 语言等开发语言编写程序。

Shell 和 Shell 脚本有什么区别呢？确切地说，Shell 就是一个命令行解释器，它的作用是遵循一定的语法，将输入的命令解释后传给系统。它为用户提供了一个向 Linux 发送请求以便运行程序的接口级程序，用户可以用 Shell 来启动、挂起、停止甚至编写一些程序。Shell 本身是一个用 C 语言编写的程序，它是用户使用 Linux 的桥梁。Shell 既是一种命令语言，又是一种程序设计语言。作为命令语言，它可以互动式地解释和执行用户输入的命令；作为程序设计语言，它可以定义各种变量和参数，并提供许多在高阶语言中才具有的控制结构，包括循环和分支。虽然它不是 Linux 系统内核的一部分，但是它调用了系统内核的大部分功能来执行程序和创建文档，并以并行的方式协调各个程序的运行。本章将从以下几个方面介绍 Shell 脚本：

- 初识脚本；
- 运算符与条件判断；
- 数组；
- 循环；
- 脚本调试。

9.1　初识脚本

通常，当人们提到 Shell 脚本语言时，想到的往往是 Bash、Ksh、SH 或者其他类似的 Linux/UNIX 脚本语言。脚本语言是用户与计算机进行交流的另一个途径。在图形化窗口中，用户可以移动鼠标并单击各种对象，如按钮、列表和选框等。如果用户想要用计算机完成相同的任务（如批量对文件类型进行转换），在图形化窗口中进行操作却十分不便，因为要进行大量的重复操作。要想让这些事情变得简单并且自动化，可以使用 Shell 脚本。本节简单介绍脚本的一些基础知识，并编写和执行第一个脚本。

9.1.1　脚本知识

一些编程语言，如 Pascal、C 和 Java 等，在执行前需要先进行编译，它们需要合适的编译器让代码完成某个任务。另外一些编程语言，如 PHP、JavaScript 和 Python 等，则不需要编译器编译代码就可以运行程序，它们需要解释器。Shell 脚本就像解释器一样，但它通常用于调用外部已编译的程序，然后捕获输出结果，退出代码并根据情况进行相应的处理。在 Linux 中，最流行的 Shell 脚本语言之一就是 Bash。

在没有 Shell 脚本语言之前，在 Linux 下只能一行一行地执行相关命令。尤其是那些要重复执行 Linux 命令的工作，通过人工反复输入和执行，非常麻烦。

于是 Linux 科学家就发明了 Shell 脚本语言，让 Shell 脚本自动、反复地执行 Shell 脚本语言命令。

Shell 脚本语言跟其他编程语言类似，包括基本的语法定义、代码执行结果的标准输出（Stdout）、代码执行出错时提供的标准错误（Stderr）信息，当然也提供代码的标准输入（Stdin）功能。

所有的脚本命令都存储在脚本代码文件里，该文件通过文字编辑器进行编写，其文件扩展名必须为.sh 才能被执行。

9.1.2　执行第一个脚本

Shell 脚本就是一个纯文本文件，这个文件可以被编辑，在编写的过程中需要注意几个问题：命令自上而下，从左到右执行；命令、选项与参数之间的空格都会被忽略，包括空行及 Tab 键所产生的空白；如果读取到 CR 符号（回车符号），则尝试执行该行命令；# 作为注释符号，其后的内容将视为注释文字而被忽略。

1．执行脚本文件的方法

执行脚本文件有如下几种方法：

（1）直接执行脚本文件

被执行的文件必须具有可读与可执行权限才能直接在 Linux 的终端命令界面中被执行。直接执行可以分为绝对路径和相对路径两种。

- 绝对路径：如果 test 文件是脚本文件，路径为/home/ly/test.sh，那么就使用/home/ly/test.sh 来执行。
- 相对路径：如果 test 文件是脚本文件，工作目录在/home/ly 下，那么可以使用./test.sh

来执行。

（2）变量 PATH 功能

如果将 test.sh 放到 PATH 指定的目录下（详见 8.2.6 小节所讲的设置方法），如~/bin/，则可以同使用内置 Linux 命令一样直接在终端命令界面中执行 test。

（3）用 bash 程序执行

如通过 bashtest.sh 或 sh test.sh 来执行，这是脚本文件没有可执行权限的情况下推荐的一种执行方式。

2．编写第一个脚本

不知道大家有没有印象，在学习任何编程语言的时候，第一个程序几乎都是 Hello World，这可能是计算机编程行业的一个优良传统。这里也不例外，我们也从 Hello World 开始编写第一个 Shell 脚本程序。

【示例 9.1】使用 Vim 编辑 test.sh 脚本文件，其代码如下：

```
#touch test.sh              #在/home/ly目录下创建test.sh文件
#vimtest.sh                 #编辑test.sh文件
#!/bin/bash
#this program shows "Hello World" in your screen.
PATH=/bin:/sbin:/usr/bin:/usr/sbin:/usr/local/bin:/usr/local/sbin:~/bin
export PATH
echo "Hello World \n"
exit 0
~
~
```

上述脚本文件的具体说明如下：

- #!/bin.bash：声明在 test.sh 脚本文件中使用的是 Bash 语法。当这个语句被执行时，就能够加载 Bash 的相关环境配置文件并执行 bash，以便让下面的命令能够被顺利地执行。
- 程序内容说明：除了#!/bin/bash 中的"#!"是用来声明 Shell 脚本之外，其他的#都用于注释。因此 test.sh 文件的第 2 行就是简单的注释，说明这个程序是用来干什么的。一个程序员应具有良好的编程习惯，应该使用注释的方式说明程序的功能、版本信息、作者信息和文件创建日期等。
- 主要环境变量：务必将一些重要的环境变量设置好。其中，最重要的是 PATH 与 LANG，这样在执行程序时可以执行一些外部命令而不必写绝对路径，可以省去许多麻烦。
- 主要程序部分：将主要的程序写好即可，在本例中就是 echo 这一行。
- 执行结果告知：即定义返回值，利用 exit 命令让程序中断并给系统返回一个数值。在本例中，exit 0 代表退出程序并给系统返回 0，利用$?可以接收这个返回值。

通过如下方式执行 test.sh：

```
# sh test.sh
```

```
Hello World

# echo $?
0
```

当然也可以使用./test.sh 直接运行这个程序，前提是该程序需要有可读及可执行权限。示例如下：

```
# ll                               #查询 test.sh 的权限属性，没有 x 属性
-rw-r--r--. 1 root ly 181 Jun 30 09:35 test.sh
# chmod a+x test.sh                #增加 test.sh 文件的 x 属性
# ./test.sh                        #在文件目录下直接执行
Hello World
```

9.2　运算符与条件判断

为了增加脚本代码执行的灵活性，Shell 脚本提供了条件判断语句用于解决逻辑判断问题。条件判断语句依赖条件表达式来决定逻辑执行方向。这里的条件表达式通过各种运算符来实现运算。

9.2.1　算术运算符

原生的 Bash 不支持简单的数学运算，但是可以通过其他命令来实现，如 bc、双小括号和 expr。其中，bc 和双小括号在前面的章节中已经详细介绍过，而且 bc 是一种计算程序，适用于在交互式模式下使用，而不适用于脚本编程。这里介绍 expr 的用法。

expr 是一款表达式计算工具，使用它能完成表达式的求值操作。

【示例 9.2】将两个数相加（注意，使用的是反引号 ` 而不是单引号'）。

在当前目录下创建 test.sh 文件，使用 Vim 编辑文件。

```
#!/bin/bash
val=`expr 2 + 2`                 # 不能写成 2+2，要用空格隔开
echo "sum is : ${val}"
```

执行脚本，输出结果如下：

```
# ./test.sh
sum is : 4
```

示例中有两点需要注意：

- 表达式和运算符之间要有空格。例如，2+2 是错误的，必须写成 2 + 2，这与大家熟悉的大多数编程语言不一样。
- 完整的表达式要被反引号（`）包含。注意，这个字符不是常用的单引号，它在键盘上的 Esc 键的下边。

表 9.1 列出了常用的算术运算符，这里假定变量 a 为 10，变量 b 为 20。

表 9.1　常用的算术运算符

运 算 符	说 明	举 例
+	加法	expr $a + $b结果为30
-	减法	expr $a - $b结果为-10
*	乘法	expr $a * $b结果为200，乘号前面需要有转义符号\
/	除法	expr $b / $a结果为2
%	取余	expr $b % $a结果为0
=	赋值	a=$b把变量b的值赋给a
==	相等	用于比较两个数字，如果相同，则返回true，例如[$a == $b]返回false
!=	不相等	用于比较两个数字，如果不相同，则返回true，例如[$a != $b]返回true

注意：条件表达式要放在方括号之间，并且$a 和$b 两侧要有空格。例如，[a==b]是错误的，必须写成 [$a == $b]。

【示例 9.3】演示基本的赋值、加、减、乘、除、取余、比较算术运算符的使用方法。在当前目录下创建 test.sh 文件，使用 Vim 编辑文件。

```
#!/bin/bash
a=10
b=20
echo "a = $a , b = $b"

val=`expr $a + $b`
echo "a + b = $val"

val=`expr $a - $b`
echo "a - b = $val"

val=`expr $a \* $b`
echo "a * b = $val"

val=`expr $b / $a`
echo "b / a = $val"

val=`expr $b % $a`
echo "b % a = $val"

if [ $a == $b ]              #if…then…fi是条件语句，使用方法详见 9.2.7 小节
then
    echo "a 等于 b"
elif [ $a != $b ]
then
    echo "a 不等于 b"
fi
```

执行脚本，输出结果如下：

```
# ./test.sh
a = 10 , b = 20
```

```
a + b = 30
a - b = -10
a * b = 200
b / a = 2
b % a = 0
a 不等于 b
```

🔔注意:

- 乘号（*）前面必须加反斜杠（\）才能实现乘法运算;
- 可以使用双小括号运算符替代 expr，读者可以自己去尝试。

9.2.2　关系运算符

关系运算符只支持数字，不支持字符串，除非字符串的值是数字。

表 9.2 列出了常用的关系运算符，这里假定变量 a 为 10，变量 b 为 20。

表 9.2　常用的关系运算符

运　算　符	说　　明	举　　例
-eq	检测两个数是否相等，如果相等，则返回true	[$a -eq $b]返回false
-ne	检测两个数是否不相等，如果不相等，则返回true	[$a -ne $b]返回true
-gt	检测左边的数是否大于右边的数，如果是，则返回true	[$a -gt $b]返回false
-lt	检测左边的数是否小于右边的数，如果是，则返回true	[$a -lt $b]返回true
-ge	检测左边的数是否大于或等于右边的数，如果是，则返回true	[$a -ge $b]返回false
-le	检测左边的数是否小于或等于右边的数，如果是，则返回true	[$a -le $b]返回true

其中：

- eq 就是 Equal，等于的意思。
- ne 就是 Not Equal，不等于的意思。
- gt 就是 Greater than，大于的意思。
- lt 就是 Less than，小于的意思。
- ge 就是 Greater than or Equal，大于或等于的意思。
- le 就是 Less than or Equal，小于或等于的意思。

【示例 9.4】演示关系运算符的使用方法。

在当前目录下创建 test.sh 文件，使用 Vim 编辑文件。

```
#!/bin/bash
a=10
b=20
if [ $a -eq $b ]                    #可以写成 if [ $a == $b ]
then
   echo "a 等于 b"
else
   echo "a 不等于 b"
```

```
fi

if [ $a -ne $b ]          # 可以写成 if [ $a != $b ]
then
  echo "a 不等于 b"
else
  echo "a 等于 b"
fi

if [ $a -gt $b ]          # 可以写成 if [ $a \> $b ]，注意大于号前面有转义字符\
then
  echo "a 大于 b"
else
  echo "a 不大于 b"
fi

if [ $a -lt $b ]          # 可以写成 if [ $a \< $b ]，注意小于号前面有转义字符\
then
  echo "a 小于 b"
else
  echo "a 不小于 b"
fi

if [ $a -ge $b ] # 可以写成 if [ $a \> $b ] ||[ $a == $b ]，注意不支持使用>=
then
  echo "a 大于或等于 b"
else
  echo "a 小于 b"
fi

if [ $a -le $b ] # 可以写成 if [ $a \< $b ] ||[ $a == $b ]，注意不支持使用<=
then
  echo "a 小于或等于 b"
else
  echo "a 大于 b"
fi
```

执行脚本，输出结果如下：

```
# ./testshell.sh
a 不等于 b
a 不等于 b
a 不大于 b
a 小于 b
a 小于 b
a 小于或等于 b
```

9.2.3　布尔运算符

布尔运算符用于判断最后的结果是 true 还是 false。表 9.3 列出了常用的布尔运算符，这里假定变量 a 为 10，变量 b 为 20。

表 9.3 常用的布尔运算符

运 算 符	说 明	举 例
!	非运算	表达式为true，则返回false，否则返回true，如[! false]返回true
-o	或运算	有一个表达式为true，则返回true，如[$a -lt 20 -o $b -gt 100]返回true
-a	与运算	两个表达式都为true才返回true，如[$a -lt 20 -a $b -gt 100]返回false

【示例9.5】演示布尔运算符的基本使用方法。

```bash
#!/bin/bash
a=10
b=20
if [ $a != $b ]
then
   echo "$a != $b : a 不等于 b"
else
   echo "$a == $b: a 等于 b"
fi

if [ $a -lt 100 -a $b -gt 15 ]   #可以写成 if [ $a -lt 100 ] && [ $b -gt 15 ]
then
   echo "$a 小于100且$b 大于15 : 返回 true"
else
   echo "$a 小于100且$b 大于15 : 返回 false"
fi

if [ $a -lt 100 -o $b -gt 100 ]#可以写成 if [ $a -lt 100 ] || [ $b -gt 100 ]
then
   echo "$a 小于100或$b 大于100 : 返回 true"
else
   echo "$a 小于100或$b 大于100 : 返回 false"
fi

if [ $a -lt 5 -o $b -gt 100 ]   #可以写成 if [ $a -lt 5 ] || [ $b -gt 100 ]
then
   echo "$a 小于5或$b 大于100 : 返回 true"
else
   echo "$a 小于5或$b 大于100 : 返回 false"
fi
```

执行脚本，输出结果如下：

```
# ./test.sh
10 != 20 : a 不等于 b
10 小于100且20大于15 : 返回 true
10 小于100或20大于100 : 返回 true
10 小于5或20大于100 : 返回 false
```

9.2.4　逻辑运算符

这里的逻辑运算符提供逻辑与和逻辑或的计算方法。表 9.4 列出了 Shell 的逻辑运算符，这里假定变量 a 为 10，变量 b 为 20。

表 9.4　逻辑运算符

运　算　符	说　　明	举　　例
&&	逻辑AND	[[$a -lt 100 && $b -gt 100]]返回false
||	逻辑OR	[[$a -lt 100 || $b -gt 100]]返回true

【示例 9.6】演示逻辑运算符的基本使用方法。

```
#!/bin/bash
a=10
b=20

if [[ $a -lt 100 && $b -gt 100 ]] #可以写成 if [ $a -lt 100 ] && [ $b -gt 100 ]
then
   echo "返回 true"
else
   echo "返回 false"
fi

if [[ $a -lt 100 || $b -gt 100 ]] #可以写成 if [ $a -lt 100 ] || [ $b -gt 100 ]
then
   echo "返回 true"
else
   echo "返回 false"
fi
```

执行脚本，输出结果如下：

```
# ./test.sh
返回 false
返回 true
```

9.2.5　字符串运算符

字符串的运算不能使用关系运算符，需要使用专用的字符串运算符。表 9.5 列出了常用的字符串运算符，这里假定变量 a 为 abc，变量 b 为 efg。

表 9.5　常用的字符串运算符

运　算　符	说　　明	举　　例
=	检测两个字符串是否相等，如果相等，则返回true	[$a = $b]返回false
!=	检测两个字符串是否相等，如果不相等，则返回true	[$a != $b]返回true

续表

运　算　符	说　　明	举　　例
-z	检测字符串长度是否为0，如果为0，则返回true	[-z $a]返回false
-n	检测字符串长度是否不为0，如果不为0，则返回true	[-n "$a"]返回true
$	检测字符串是否为空，如果不为空，则返回true	[$a]返回true

【示例 9.7】演示字符串运算符的基本用法。

```bash
#!/bin/bash
a="abc"
b="efg"

if [ $a = $b ]
then
   echo "$a = $b : a 等于 b"
else
   echo "$a = $b: a 不等于 b"
fi

if [ $a != $b ]
then
   echo "$a != $b : a 不等于 b"
else
   echo "$a != $b: a 等于 b"
fi

if [ -z $a ]
then
   echo "-z $a : 字符串长度为 0"
else
   echo "-z $a : 字符串长度不为 0"
fi

if [ -n "$a" ]                          # 注意：这里的 $a 两侧有双引号
then
   echo "-n $a : 字符串长度不为 0"
else
   echo "-n $a : 字符串长度为 0"
fi

if [ $a ]
then
   echo "$a : 字符串不为空"
else
   echo "$a : 字符串为空"
fi
```

执行脚本，输出结果如下：

```
# ./test.sh
abc = efg: a 不等于 b
```

```
abc != efg ：a 不等于 b
-z abc ：字符串长度不为 0
-n abc ：字符串长度不为 0
abc ：字符串不为空
```

说明：在[]表达式中，常见的＞和＜前需要加转义字符，表示比较字符串的大小，以 ASCII 码进行比较。[]表达式不直接支持＞和＜运算符，以及逻辑运算符||和&&，||需要用-a 来表示，&&需要用-o 来表示。

[[]]运算符是[]运算符的扩充，它支持＞和＜符号运算，并且不需要转义符，它还是以字符串来比较大小，它支持逻辑运算符||和&&，并且不再使用-a 和-o。

9.2.6　文件测试运算符

文件测试运算符用于检测 Linux 文件的各种属性。属性检测描述如表 9.6 所示。假设 file 为/test.sh，而文件属性如下：

```
# ll test.sh
-rwxr--r--. 1 root root 84 Jul  6 15:31 test.sh
```

表 9.6　文件测试运算符

操 作 符	说 明	举 例
-b file	检测文件是否块设备文件，如果是，则返回true	[-b $file]返回false
-c file	检测文件是否字符设备文件，如果是，则返回true	[-c $file]返回false
-d file	检测文件是否目录，如果是，则返回true	[-d $file]返回false
-f file	检测文件是否普通文件（既不是目录，也不是设备文件），如果是，则返回true	[-f $file]返回true
-g file	检测文件是否设置了SGID位，如果是，则返回true	[-g $file]返回false
-k file	检测文件是否设置了粘滞位（Sticky Bit），如果是，则返回true	[-k $file]返回false
-p file	检测文件是否命名管道，如果是，则返回true	[-p $file]返回false
-u file	检测文件是否设置了SUID位，如果是，则返回true	[-u $file]返回false
-r file	检测文件是否可读，如果是，则返回true	[-r $file]返回true
-w file	检测文件是否可写，如果是，则返回true	[-w $file]返回true
-x file	检测文件是否可执行，如果是，则返回true	[-x $file]返回false
-s file	检测文件是否空（文件大小是否大于0），不为空，则返回true	[-s $file]返回true
-e file	检测文件（包括目录）是否存在，如果是，则返回true	[-e $file]返回true
-Sfile	检测文件是否socket文件，如果是，则返回true	[-S $file]返回false
-L file	检测文件是否存在并且是一个符号链接	[-L $file]返回false

【示例 9.8】演示文件测试运算符的基本用法。

```
#!/bin/bash
file="./test.sh"                # 将 file 定义为字符串，表示 test.sh 文件的路径

if [ -r $file ]
then
    echo "文件可读"
else
    echo "文件不可读"
fi

if [ -w $file ]
then
    echo "文件可写"
else
    echo "文件不可写"
fi

if [ -x $file ]
then
    echo "文件可执行"
else
    echo "文件不可执行"
fi

if [ -f $file ]
then
    echo "为普通文件"
else
    echo "为特殊文件"
fi

if [ -d $file ]
then
    echo "文件是目录"
else
    echo "是文件，不是目录"
fi

if [ -s $file ]
then
    echo "文件不为空"
else
    echo "文件为空"
fi

if [ -e $file ]
then
    echo "文件存在"
else
    echo "文件不存在"
fi
```

执行脚本，输出结果如下：

```
# ./test.sh
文件可读
文件可写
文件可执行
为普通文件
是文件，不是目录
文件不为空
文件存在
```

9.2.7　if…then 语句

上面的许多示例都使用了 if…then 语句。if…then 就是"如果…那么"的意思，表示如果满足某条件，则运行某一条语句。

1．if语句的基本用法

if 语句的基本语法格式如下：

```
if condition
then
    command1
    command2
    ……
    commandN
fi
```

可以看到，如果满足 condition（条件），则执行 command1，command2……注意，最后有个 fi，它是 if 的逆向拼写，就像是和 if 形成了一个类似于括号的形式，将这一段语句形成了一段语句块，显得更加结构化，也代表 if 语句的结束。

if…then 可以写成一行，适用于终端命令提示符的场景。

【示例 9.9】演示 if…then 的用法。

```
# a=20; b=10; if [ $a -gt $b ]; then echo "true"; fi
true
```

如果改为多行，则需要编辑脚本文件。

【示例 9.10】编辑脚本文件/test.sh。

```
#!/bin/bash
a=20
b=10
if [ $a -gt $b ]                 # 如果 a 大于 b
then                             #则输出 true
    echo "true"
fi
```

执行脚本，输出结果如下：

```
# ./test.sh
true
```

在示例 9.10 中，如果 a 大于 b，则输出 true，如果 a 不大于 b，则没有输出信息，因此需要加一个否则条件，即如果 a 大于 b，则输出 true，否则就输出 false。那么这样的语法结构相对于前面就有一些微小的变化。

2. 多条件判断if语句的用法

执行两种条件判断结果的 if 语句的使用方法如下。

if…else 的语法格式如下：

```
if condition
then
    command1
    command2
    ……
    commandN
else
    command
fi
```

执行三种及以上的条件判断结果的 if 语句使用方法如下。

if…elif…else 的语法格式如下：

```
if condition1
then
    command1
elif condition2
then
    command2
else
    commandN
fi
```

【示例 9.11】判断两个变量是否相等。

```
#!/bin/bash
a=10
b=20
if [ $a == $b ]
then
   echo "a 等于 b"
elif [ $a -gt $b ]
then
   echo "a 大于 b"
elif [ $a -lt $b ]
then
   echo "a 小于 b"
else
   echo "没有符合的条件"
fi
```

执行脚本，输出结果如下：

```
# ./test.sh
a 小于 b
```

if…else 语句经常与 test 命令结合使用，test 是检测某个条件是否成立的命令，在 9.2.9 小节中会详细介绍，这里先了解一下。

【示例 9.12】演示 test 命令的用法。

```
#!/bin/bash
num1=$[2*3]
num2=$[1+5]
if test $[num1] -eq $[num2]
then
    echo '两个数字相等!'
else
    echo '两个数字不相等!'
fi
```

执行脚本，输出结果如下：

```
# ./test.sh
两个数字相等!
```

9.2.8　case 语句

条件判断语句除了使用 if 语句之外，还可以通过 case…esac 语句来实现。该语句与 C 语言中的 switch…case 语句类似，是一种多分支选择结构，每个 case 分支以右圆括号开始，用两个分号（;;）表示 break（中断），即执行结束，跳出整个 case…esac 语句，esac 这个奇怪的单词的使用原理和 fi 一样，就是将 case 反过来作为结束标记。

1．case…esac语法

case…esac 语法格式如下：

```
case 值 in
模式 1)
    command1
    command2
    …
    commondN
    ;;
模式 2)
    command1
    command2
    …
    commondN
    ;;
…
模式 N)
    command1
    command2
```

```
    …
        commondN
    ;;
esac
```

case 后是取值，值可以是变量或常数。值后是关键字 in，接下来是匹配的各种模式，每一种模式最后必须以右括号结束。

2．case…esac使用示例

【示例 9.13】演示 case…esac 语句的用法。

首先创建/website.sh 文件并使用 Vim 编辑该文件。

```
#!/bin/sh
site="sina"
case "$site" in
"sina") echo "新浪网"
    ;;
"google") echo "谷歌搜索"
    ;;
"taobao") echo "淘宝网"
    ;;
esac
```

然后执行脚本，输出结果如下：

```
# ./website.sh
新浪网
```

9.2.9　test 命令

前面提过 test 命令，它是用于检查某个条件是否成立，可以进行数值、字符和文件三个方面的测试。下面用几个示例来说明 test 的用法。

1．test命令格式

test 命令的使用格式如下：

```
test 条件表达式
```

2．test命令的使用示例

【示例 9.14】进行数值测试。

首先创建/test.sh 文件并使用 Vim 编辑该文件。

```
#!/bin/sh
num1=100
num2=100
if test $[num1] -eq $[num2]              # 使用 test 命令检查条件是否成立
then
```

```
        echo "两个数相等!"
else
        echo "两个数不相等!"
fi
```

然后执行脚本，输出结果如下：

```
# ./test.sh
两个数相等!
```

【示例 9.15】进行字符串测试。

首先创建/test.sh 文件并使用 Vim 编辑该文件。

```
#!/bin/bash
word1="threecoolcat"
word2="threecoolcats"
if test $word1 = $word2
then
        echo "两个字符串相等!"
else
        echo "两个字符串不相等!"
fi
```

然后执行脚本，输出结果如下：

```
# ./test.sh
两个字符串不相等!
```

【示例 9.16】进行文件测试。

首先创建/test.sh 文件并使用 Vim 编辑该文件。

```
#!/bin/bash
cd /bin                      # 进入/bin 目录
if test -e ./bash            #检测/bin 目录下是否存在 bash 文件或目录
then
        echo "文件已存在!"
else
        echo "文件不存在!"
fi
```

然后执行脚本，输出结果如下：

```
# ./test.sh
文件已存在!
```

3．test命令与逻辑操作符

Shell 还提供了与（-a）、或（-o）、非（!）3 个逻辑操作符用于将测试条件连接起来，其优先级为："!"最高，"-a"次之，"-o"最低。

【示例 9.17】创建/test.sh 文件并使用 Vim 编辑该文件。

```
#!/bin/bash
cd /bin
# 检测/bin 目录下是否有名为 notFile 或者 bash 的文件或目录
if test -e ./notFile -o -e ./bash
```

```
then
    echo "至少有一个文件存在！"
else
    echo "两个文件都不存在"
fi
```

执行脚本，输出结果如下：

```
# ./test.sh
至少有一个文件存在！
```

下面的示例用于展示几个易混淆的符号的区别。result=$[a + b]等同于 result='expr $a + $b '，除非读者清楚自己在干什么，否则请避免在 test 命令中使用单引号，因为使用它可能会导致难以察觉的错误，尤其是对于 Shell 初学者。我们用下面的例子来说明原因。

【示例 9.18】模拟终端某一指令输出为空时用 test -z 配合单引号进行判断的效果。

```
#! /bin/bash
wrong=``                        #注意：反引号内没有任何字符
echo $wrong
if test -z '$wrong'             # 此处为单引号
then
  echo "The result is empty."
else
  echo "The result is not empty."
fi

if test -z "$wrong"             # 此处为双引号
then
    echo "The result is empty"
else
    echo "The result is not empty"
fi

if test -z `$wrong`             # 此处为反引号
then
    echo "The result is empty"
else
    echo "The result is not empty"
fi
```

执行脚本，输出结果如下：

```
# ./test.sh
The result is not empty.
The result is empty
The result is empty
```

执行后的结果与所期望的正好相反，这是因为单引号会将其内部的内容原样输出。此时，不论命令的输出是否为非空，最终都会被判为非空，而且很难察觉到错误的根源是单引号。

9.3　数　　组

在数组中可以存放多个值，并且可以是不同类型的值。Bash Shell 只支持一维数组，不支持多维数组，初始化时不需要定义数组的大小（与 PHP 类似，与 C 语言不同）。与大部分编程语言类似，数组元素的下标由 0 开始。

9.3.1　创建数组

Shell 数组用小括号括起来，元素之间用空格分隔，具体的语法格式如下：

```
array_name=(value1 ... valueN)
```

【示例 9.19】创建字符串数组。

```
#!/bin/bash
my_array=(A B C D)                    #数组包含 4 个字符串元素
echo ${my_array[@]}                   #显示数组中的所有元素值
```

执行脚本，输出结果如下：

```
# ./test.sh
A B C D
```

也可以使用下标来定义数组：

```
array_name[0]=value0
array_name[1]=value1
array_name[2]=value2
```

【示例 9.20】创建数值数组。

```
#!/bin/bash
my_array=()                           #定义数组 my_array
my_array[0]=10                        #给下标为 0 的元素赋值为 10
my_array[2]=30                        #给下标为 2 的元素赋值为 30
echo ${my_array[0]}                   #显示数组中下标为 0 的元素值
echo ${my_array[2]}                   #显示数组中下标为 0 的元素值
```

执行脚本，输出结果如下：

```
# ./test.sh
10
30
```

9.3.2　读取数组元素

读取数组元素值的一般格式如下：

```
${array_name[index]}
```

【示例 9.21】 读取数组元素。

```
#!/bin/bash
my_array=(A B C D)
echo "第一个元素为：${my_array[0]}"
echo "第二个元素为：${my_array[1]}"
echo "第三个元素为：${my_array[2]}"
echo "第四个元素为：${my_array[3]}"
```

执行脚本，输出结果如下：

```
# ./test.sh
第一个元素为：A
第二个元素为：B
第三个元素为：C
第四个元素为：D
```

【示例 9.22】 使用@或*获取数组中的所有元素。

```
#!/bin/bash
my_array[0]=A
my_array[1]=B
my_array[2]=C
my_array[3]=D

echo "数组的元素为：${my_array[*]}"
echo "数组的元素为：${my_array[@]}"
```

执行脚本，输出结果如下：

```
# ./test.sh
数组的元素为：A B C D
数组的元素为：A B C D
```

9.3.3　修改数组元素

修改数组元素就是直接使用数组下标调用数组元素并给其重新赋值。

【示例 9.23】 直接在交互式模式下修改数组元素。

```
a=(1 2 3 4 5 6 7 8)
# a[1]=100
# echo ${a[*]}
1 100 3 4 5 6 7 8
# a[5]=200
# echo ${a[*]}
1 100 3 4 5 200 7 8
```

当然，也可以编写脚本程序，读者可以自行进行实验。

9.3.4　删除数组元素

在 Shell 中，使用 unset 关键字来删除数组元素，具体格式如下：

```
unset array_name[index]
```

其中，array_name 表示数组名，index 表示数组下标。

如果不写下标，而写成下面的形式：

```
unset array_name
```

那么就是删除整个数组，所有元素都会被删除。

【示例 9.24】删除数组元素。

```
#!/bin/bash
arr=(1 2 3 4 5 6)
unset arr[1]                        #删除下标为 1 的元素，也就是数字 2
echo ${arr[@]}
unset arr                           #删除所有元素
echo ${arr[*]}
```

执行脚本，输出结果如下：

```
# ./test.sh
1 3 4 5 6
```

注意最后的空行，什么也没有输出，因为数组被删除了，所以输出为空。

9.4 循　　环

程序的三大结构是顺序结构、分支结构及循环结构。前两种结构前面已经介绍过了，其中，顺序结构在每个程序中必然会出现，分支结构在面临不同选择时需要使用，而循环结构是在需要重复做某件事情时需要用的。循环结构大大提高了编码效率，同时也是这 3 种结构中的重点和难点。Shell 支持 for 循环、while 循环及 until 循环。

9.4.1 for 循环

与其他编程语言类似，Shell 支持 for 循环，for 循环也是使用最广泛的一种循环类型。

1．for循环的语法格式

for 循环的一般格式如下：

```
for var in item1 item2 ... itemN
do
    command1
    command2
    ……
    commandN
done
```

在交互式模式下也可以将各语句写成一行，各语句之间使用分号间隔：

```
for var in item1 item2 ... itemN; do command1; command2… done;
```

当变量值在列表里时，for 循环即执行一次所有命令，可以使用变量名获取列表中的当前取值。命令可以是任何有效的 Shell 命令和语句。in 列表可以包含数值、字符串和文件名。in 列表是可选的，如果不选它，则 for 循环使用命令行的位置参数。

2．for循环使用示例

【示例 9.25】按顺序输出当前列表中的数字（先新建文件/test.sh，然后使用 Vim 编辑该文件）。

```
#!/bin/bash
for loop in 1 2 3 4 5
do
    echo "The value is: $loop"
done
```

执行脚本，输出结果如下：

```
# ./test.sh
The value is: 1
The value is: 2
The value is: 3
The value is: 4
The value is: 5
```

【示例 9.26】按顺序输出字符串中的字符（先新建文件/test.sh，然后使用 Vim 编辑该文件）。

```
#!/bin/bash
for str in 'This is a string'
do
    echo $str
done
```

执行脚本，输出结果如下：

```
# ./test.sh
This is a string
```

9.4.2　while 循环

while 循环用于不断执行一系列命令，也用于从输入文件中读取数据。while 循环通常为测试条件，当条件为真时则执行循环体的内容，因此也称 while 循环为"当循环"。

1．while循环的语法格式

while 循环的格式如下：

```
while condition
do
    command
done
```

2．while循环使用示例

【示例 9.27】以下是一个基本的 while 循环。测试条件是：如果 a 小于或等于 5，那么条件返回真。a 从 1 开始，每次循环处理时 a 加 1。运行上述脚本，返回数字 1～5，然后终止（新建文件/test.sh，然后使用 Vim 编辑该文件）。

```
#!/bin/bash
a=1
while (( $a<=5 ))                #也可以使用[[ ]]运算符
do
    echo $a
    let a++                      #let 命令是用于计算的一种命令，就是"让…."的意思
done
```

执行脚本，输出结果如下：

```
# ./test.sh
1
2
3
4
5
```

以上示例使用了 let 命令，它用于执行一个或多个表达式，在变量计算中不需要加上$来表示变量。

while 循环可用于读取键盘的输入信息。在下面的例子中，输入信息被设置为变量 name，按 Ctrl+d 结束循环。

【示例 9.28】新建文件/test.sh，并使用 Vim 编辑该文件。

```
#!/bin/bash
echo "按<Ctrl+d>键退出"
echo -n "输入你最喜欢的人:"
while read name
do
    echo "是的！$name 是一个好人"
done
```

执行脚本，输出结果如下：

```
# ./test.sh
按<Ctrl+d>键退出
输入你最喜欢的人:threecoolcat
是的！threecoolcat 是一个好人
```

9.4.3　until 循环

until 循环用于执行一系列命令直至条件为 true 时停止，因此其也称为"直到循环"。until 循环与 while 循环在处理方式上刚好相反。一般，while 循环优于 until 循环，但在某些时候（只是极少数情况下），until 循环更加有用。

1. until循环的语法格式

until 循环的语法格式如下:

```
until condition
do
    command
done
```

condition 一般为条件表达式,如果返回值为 false,则继续执行循环体内的语句,否则跳出循环。

2. until循环使用示例

【示例 9.29】使用 until 命令输出数字 0~5(新建文件/test.sh,然后使用 Vim 编辑该文件)。

```
#!/bin/bash
a=0
until [ ! $a -lt 6 ]
do
  echo $a
  a=`expr $a + 1`                          #或使用 leta++
done
```

执行脚本,输出结果如下:

```
# ./test.sh
0
1
2
3
4
5
```

9.4.4　循环控制

在循环过程中,有时需要在未达到循环结束条件时强制跳出循环。Shell 使用两个命令来实现该功能,这两个命令分别是 break 和 continue。

1. break命令

break 命令允许跳出所有循环(终止执行后面的所有循环)。

【示例 9.30】脚本进入死循环直至用户输入的数字大于 5(要跳出这个循环并返回 Shell 提示符,需要使用 break 命令。先新建文件/game.sh,然后使用 Vim 编辑该文件)。

```
#!/bin/bash
while :
do
    echo -n "输入 1 到 5 之间的数字:"
```

```
    read aNum
    case $aNum in
        1|2|3|4|5) echo "你输入的数字为 $aNum!"
        ;;
        *) echo "你输入的不是 1 到 5 之间的数字!游戏结束"
            break
        ;;
    esac
done
```

执行脚本，输出结果如下：

```
# ./game.sh
输入 1 到 5 之间的数字:3
你输入的数字为 3!
输入 1 到 5 之间的数字:7
你输入的不是 1 到 5 之间的数字!游戏结束
```

2．continue命令

continue 命令与 break 命令类似，只有一点差别，即它不会跳出所有循环，仅跳出当前循环。对上面的例子进行修改：

【示例 9.31】编辑/game.sh 文件。

```
#!/bin/bash
while :
do
    echo -n "输入 1 到 5 之间的数字："
    read aNum
    case $aNum in
        1|2|3|4|5) echo "你输入的数字为 $aNum!"
        ;;
        *) echo "你输入的不是 1 到 5 之间的数字!"
            continue
            echo "游戏结束"
        ;;
    esac
done
```

执行脚本，输出结果如下：

```
# ./game.sh
输入 1 到 5 之间的数字:3
你输入的数字为 3!
输入 1 到 5 之间的数字:7
你输入的不是 1 到 5 之间的数字!
输入 1 到 5 之间的数字:
```

运行代码发现，当输入大于 5 的数字时，该例中的循环不会结束，语句 echo "游戏结束" 永远不会被执行，可以通过 Ctrl+c 终止程序。

9.5　脚　本　调　试

Shell 是一种程序设计语言，既然是程序，那么写完一个 Shell 脚本之后，应该如何调试呢？那就需要跟踪脚本的执行情况。

【示例 9.32】已经编写了如下 Shell 脚本/test.sh：

```
#! /bin/bash
echo "hello, threecoolcat"
echo "today is `date +%Y-%m-%d`"
echo "tomorrow is $(date -d tomorrow +%Y-%m-%d)"
```

sh -x file.sh 命令可以显示执行的信息，并且将执行的每条命令及其结果依次显示出来。每行开始处的+号后面的内容就是要执行的命令名，如果有多个加号则代表命令的嵌套行，如果前面没有加号，则代表输出执行结果。

执行结果如下：

```
# sh -x test.sh
+ echo hello,threecoolcat
hello,threecoolcat
++ date +%Y-%m-%d
+ echo 'today is 2021-07-08'
today is 2021-07-08
++ date -d tomorrow +%Y-%m-%d
+ echo 'tomorrow is 2021-07-09'
tomorrow is 2021-07-09
```

命令 sh +x file.sh 与 sh file.text 的效果相同，均不显示跟踪执行的信息，直接显示最终的结果。

【示例 9.33】不显示执行信息。

```
# sh +x test.sh
hello,threecoolcat
today is 2021-07-08
tomorrow is 2021-07-09
```

【示例 9.34】在脚本中使用 set -x 和 set +x 命令调试部分脚本。

```
#! /bin/bash
echo "hello, threecoolcat"
set -x
echo "today is `date +%Y-%m-%d`"
set +x
echo "tomorrow is $(date -d tomorrow +%Y-%m-%d)"
```

set -x 表示启用命令跟踪，set +x 表示禁用命令跟踪。执行结果如下：

```
# sh test.sh
hello, threecoolcat
++ date +%Y-%m-%d
+ echo 'today is 2021-07-08'
```

```
today is 2021-07-08
+ set +x
tomorrow is 2021-07-09
```

9.6　案例——三酷猫快速统计账单

三酷猫每天都记账，到了月底，它想要统计当月黄鱼和带鱼共卖了多少钱。三酷猫用 more 命令看了一下账单 sales202108，其部分内容如下：

```
销售店号 1000 海鲜一号店
销售日期：2021 年 8 月 16 日，星期一
销售数量：黄鱼 120 斤，带鱼 289 斤
销售金额：黄鱼 1080 元，带鱼 560 元
销售记录员：三酷猫

销售店号 1000 海鲜一号店
销售日期：2021 年 8 月 18 日，星期二
销售数量：黄鱼 120 斤，带鱼 289 斤
销售金额：黄鱼 2080 元，带鱼 570 元
销售记录员：三酷猫

销售店号 1000 海鲜一号店
销售日期：2021 年 8 月 18 日，星期三
销售数量：黄鱼 120 斤，带鱼 289 斤
销售金额：黄鱼 3080 元，带鱼 520 元
销售记录员：三酷猫

销售店号 1000 海鲜一号店
销售日期：2021 年 8 月 19 日，星期四
销售数量：黄鱼 120 斤，带鱼 289 斤
销售金额：黄鱼 2000 元，带鱼 600 元
销售记录员：三酷猫

销售店号 1000 海鲜一号店
销售日期：2021 年 8 月 20 日，星期五
销售数量：黄鱼 120 斤，带鱼 289 斤
销售金额：黄鱼 1500 元，带鱼 540 元
销售记录员：三酷猫
```

以上是 8 月份第三周的账单，三酷猫又打开了 Vim 编辑器写了一个统计脚本，命名为 tongji.sh，内容如下：

```
huangyu=0                              # 黄鱼数量
daiyu=0                                # 带鱼数量
for i in `cat sales202108.txt`
do
if [[ $i = *黄鱼*元* ]]; then
```

```
var1=$(echo $i | sed -r "s/销售金额：黄鱼([0-9]+)元，带鱼[0-9]+元/\1/")
    huangyu=` expr $huangyu + $var1 `
    var2=$(echo $i | sed -r "s/销售金额：黄鱼[0-9]+元，带鱼([0-9]+)元/\1/")
    daiyu=` expr $daiyu + $var2 `
fi
done
echo 黄鱼共： $huangyu 元，带鱼共： $daiyu 元
```

三酷猫执行了以上脚本，得到的结果如下：

```
# sh tongji.sh
黄鱼共： 9740 元，带鱼共： 2790 元
```

注意：sed 是 Linux 下的命令行编辑命令，常用于处理文本文件的内容。

9.7　练习和实验

一．练习

1．填空题

1）在 Shell 脚本中，（　　）符号用于声明 Shell 脚本，（　　）符号用于注释。

2）在 Shell 脚本的算术运算符中， = 是（　　）运算符，== 是（　　）运算符。

3）在 Shell 脚本中，判断两个字符串是否相等使用符号（　　）。

4）Shell 支持（　　）循环、（　　）循环和（　　）循环。

5）在 Shell 循环中，用于循环控制的命令有（　　）和（　　）。

2．判断题

1）和大多数编程语言一样，Shell 需要编译后才能执行。　　　　　　（　　）

2）expr 是一款表达式计算工具，使用它能完成表达式的求值操作，并且表达式需要用反引号包起来。　　　　　　　　　　　　　　　　　　　　　　　（　　）

3）在 Shell 脚本中使用 if 时可以不用 fi 结束语句。　　　　　　　（　　）

4）test 命令可以搭配布尔运算符和逻辑运算符共同用于条件判断。　（　　）

5）Shell 脚本不支持数组类型。　　　　　　　　　　　　　　　　　（　　）

二．实验

实验 1：日志统计。

1）使用 Shell 脚本统计在/var/log/secure 文件中记录的登录成功的次数。

2）形成实验报告。

实验 2：使用 Shell 制作简单的计算器。

1）脚本名称为 calc.sh，输入参数有 2 个，输入格式为数值 1 运算符（加减乘除） 数值 2，运行结果为两个数值之和。例如，输入 calc.sh 1 2，返回结果为 3。

2）给脚本增加执行权限。

3）记录步骤并写出实验报告。

第 10 章　函　　数

Shell 有一个非常重要的特性，就是它可作为一种编程语言来使用。因为 Shell 是一个解释器，所以它不能对其自身编写的程序进行编译，而是每次从磁盘加载这些程序时对其进行解释。而程序的加载和解释都是非常耗时的。针对此问题，许多 Shell（如 Bash）都包含 Shell 函数，Shell 把这些函数放在内存中，这样每次需要执行时就不必再从磁盘读入。Shell 还以一种内部格式来存放这些函数，这样就不必耗费大量的时间来解释它们。如果 Shell 函数成功地执行了所要执行的文件，则它会返回程序的任务 ID。任务 ID 是一个唯一的数值，用来指明正在运行的程序。如果 Shell 函数不能打开命名的程序，则会产生错误。

Bash Shell 提供的用户自定义函数功能可以解决在 Shell 脚本中多次重写大段代码的烦琐问题。将 Shell 脚本代码放进函数中进行封装，这样就可以在脚本的任何地方多次使用它们。本章将介绍如何创建自定义的 Shell 脚本函数，以及如何运用这些函数。本章的主要内容如下：

- 函数的定义；
- 函数的返回值；
- 函数中的变量；
- 函数的递归调用；
- 创建库；
- 在命令行中使用函数。

10.1　函数的定义

Shell 函数本质上是一段可以重复使用的脚本代码，这段代码被提前编写好并放在指定的位置，使用时直接调用即可。Shell 中的函数和 C++、Java 及 Python 等其他编程语言中的函数类似，只是在语法细节上有所差别。定义的函数需要被调用才能被执行。

1. Shell函数的定义

Shell 函数定义的标准语法格式如下：

```
function name()
{
```

```
    statements
    [return value]
}
```

下面对函数中的各个部分进行说明。

- function：Shell 中的关键字，专门用来定义函数。
- name：函数名，后面跟小括号。
- statements：函数要执行的代码，是实现函数主要功能的代码。
- return value：函数的返回值，其中，return 是 Shell 的关键字，专门用在函数中以返回一个值，这一部分也可以省略。

由花括号{ }包围的部分称为函数体。调用一个函数，实际上就是执行函数体中的代码。

函数定义也有简化的写法，如果嫌麻烦，在进行函数定义时也可以不写 function 关键字。语法格式如下：

```
name()
{
    statements
    [return value]
}
```

如果写了 function 关键字，也可以省略函数名后面的小括号：

```
function name
{
    statements
    [return value]
}
```

建议使用标准的写法，这样能够做到见名知意，一看就懂。

2．Shell函数的调用

函数被创建出来就是为了使用。使用函数也叫调用函数。调用 Shell 函数时可以给它传递参数也可以不传递。如果不传递参数，直接给出函数名称即可。调用格式如下：

```
name
```

如果传递参数，那么多个参数之间以空格分隔：

```
name param1 param2 param3
```

不管是哪种形式，函数名称后面都不需要带小括号。

和其他编程语言有很大不同的是，Shell 函数在定义时不能指明参数，但是在调用时却可以传递参数，并且给它传递什么参数它就接收什么参数。

另外，当其他脚本代码调用所定义的函数时，必须将该函数代码放在脚本开始的部分，直至 Shell 解释器首次发现它时才可以使用。

下面举一些示例来说明函数的定义和调用。

（1）不带参数的函数定义和调用

【示例 10.1】定义一个函数，输出 htttp://www.threecoolcat.com（新建脚本文件/test.sh，然后使用 Vim 编辑该文件）。

```
#!/bin/bash
function url()                              #先进行函数定义
{
    echo "http://www.threecoolcat.com"
}
url                                        #然后进行函数调用
```

执行脚本文件 test.sh，输出结果如下：

```
# ./test.sh
http://www.threecoolcat.com
```

【示例 10.2】定义一个函数，定义时省略 function 关键字。

```
#!/bin/bash
url()                                      #函数定义，省略了 function 关键字
{
    echo "http:// www.threecoolcat.com "
}
url                                        #函数调用
```

执行 test.sh 脚本，输出结果如下：

```
# ./test.sh
http://www.threecoolcat.com
```

【示例 10.3】定义一个函数，定义时将函数名称后的小括号省略。

```
#!/bin/bash
function url        #函数定义。如果省略了函数名后的小括号，则 function 关键字不能省略
{
    echo "http:// www.threecoolcat.com "
}
url                                        #函数调用
```

执行脚本，输出结果如下：
```
# ./test.sh
http://www.threecoolcat.com
```

（2）带参数的函数定义和调用

【示例 10.4】定义一个函数，计算所有参数的和（新建文件/test.sh，然后使用 Vim 编辑该文件）。

```
#!/bin/bash
function getsum()
{
    local sum=0
    for n in "$@"                          #遍历函数的所有参数
    do
        ((sum+=n))
    done
    return $sum
```

```
}
getsum 10 20 30 40                    #调用函数并传递参数
echo $?
```

执行脚本，输出结果如下：

```
# ./test.sh
100
```

$@表示函数的所有参数，$?表示函数的退出状态，即返回值。此处借助 return 关键字将所有数字的和返回，并使用$?得到这个值。

和 C++、Java 和 Python 等大部分编程语言不同，Shell 中的函数在定义时不能指明参数，但是在调用时却可以传递参数。函数参数是 Shell 位置参数中的一种，在函数内部可以使用$n 来接收。例如，$1 表示第 1 个参数，$2 表示第 2 个参数，以此类推，但是$10 不能获取第 10 个参数，获取第 10 个参数需要使用${10}。也就是说，当 n>=10 时，需要使用${n}来获取参数。

【示例 10.5】新建文件/test.sh 并使用 Vim 编辑该文件。

```
#!/bin/bash
function param()
{
    echo "第 1 个参数为$1 !"
    echo "第 2 个参数为$2 !"
    echo "第 10 个参数为$10 !"
    echo "第 10 个参数为${10} !"
    echo "第 11 个参数为${11} !"
    echo "参数总数有$#个!"
    echo "作为一个字符串输出所有参数$* !"
}
param 1 2 3 4 5 6 7 8 9 30 90
```

执行脚本，输出结果如下：

```
# ./test.sh
第 1 个参数为 1 !
第 2 个参数为 2 !
第 10 个参数为 10 !
第 10 个参数为 30 !
第 11 个参数为 90 !
参数总数有 11 个!
作为一个字符串输出所有参数 1 2 3 4 5 6 7 8 9 30 90 !
```

示例 10.5 中的$10 和${10}完全不一样。

除了$n，还有另外三个比较重要的变量：$#可以获取传递的参数个数；$@或者$*可以一次性获取所有的参数。$n、$#、$@和$*等都属于特殊变量，如表 10.1 所示。

表 10.1　特殊变量

参 数 处 理	说　　明
$#	传递给脚本或函数的参数个数
$*	以一个单字符串显示所有向脚本传递的参数
$$	脚本运行的当前进程的ID号
$!	后台运行的最后一个进程的ID号
$@	与$*相同，但是使用时加引号并在引号中返回每个参数
$-	显示使用Shell的当前选项，与set命令的功能相同
$?	显示最后一个命令的退出状态。0表示没有错误，其他任何值都表明有错误

10.2　函数的返回值

Shell 会把函数当成一个小型脚本，当脚本运行结束后会返回一个退出状态码。其实，在 Shell 中运行的每个命令都使用退出状态码，告诉 Shell 它已经运行完毕。

函数返回值有三种方式：退出状态码、return 语句和使用函数输出。

1. 默认的退出状态码

在默认情况下，函数的退出状态码是函数的最后一条命令返回的退出状态码。Linux 提供了一个专门的变量$?，来保存上个已执行命令的退出状态码。

【示例 10.6】新建脚本文件/test.sh 并使用 Vim 编辑该文件。

```
#!/bin/bash
func()
{
    echo "hello."
    ls -l badfile
}
echo "test the function: "
func
echo "the exit status is $?"
```

执行脚本，输出结果如下：

```
# ./test.sh
test the function:
hello.
ls: cannot access badfile: No such file or directory
the exit status is:2
```

函数的退出状态码是 2，这是因为函数的最后一条命令没有执行成功，但是无法知道函数的其他命令是否执行成功。

【示例 10.7】新建脚本文件/test.sh 并使用 Vim 编辑该文件。

```
#!/bin/bash
func()
{
    ls -l badfile
    echo "hello. "
}
echo "test the function: "
func
echo "the exit status is $?"
```

执行脚本，输出结果如下：

```
# ./test.sh
test the function:
ls: cannot access badfile: No such file or directory
hello.
the exit status is:0
```

在示例 10.7 中，由于函数的最后一条语句 echo 运行成功，因此该函数的退出状态码是 0，尽管其中有一条命令并没有正常运行。从上面两个示例可以看出，使用函数的默认值退出状态码是很危险的（存在状态码误导提示的情况），因此可以使用其他方法来解决这个问题。

2．return语句

return 语句对于使用过其他编程语言（如 C 和 Python）的读者来说应该非常熟悉。Shell 函数的返回值可以和其他语言的返回值一样，可以通过 return 语句返回，而这个通过 return 返回的值实际上就是指定一个整数值来定义函数的退出状态码。下面的例子展示 return 语句的用法。

【示例 10.8】新建脚本文件/test.sh 并使用 Vim 编辑该文件。

```
#!/bin/bash
function mytest()
{
  echo "arg1 = $1"
  if [ $1 = "1" ] ;then
    return 1
  else
    return 0
  fi
}

echo "mytest 1"
mytest 1
echo $?                          # 显示返回值的结果

echo "mytest 0"
mytest 0
echo $?                          # 显示返回值的结果

echo "mytest 2"
mytest 2
echo $?                          # 显示返回值的结果
```

执行脚本，输出结果如下：

```
# ./test.sh
mytest 1
arg1 = 1
1
mytest 0
arg1 = 0
0
mytest 2
arg1 = 2
0
```

以上代码定义了一个函数 mytest，根据输入的参数是否 1 来返回 1 或者返回 0。函数的返回值通过调用函数或者最后执行的值而获得。另外需要注意的是，return 只能返回整数值，它和 C 语言的区别是，它返回的只有是整数值时才是正确的值，如果返回其他的值，则是错误的值。

📖 **提示**：记住重要的两点：一是函数一结束就取返回值，二是退出状态码的范围是 0~255。如果要返回较大的整数值或者字符串值，则不能使用 return 这种方式。

3. 使用函数输出

就像将命令的输出内容保存到 Shell 变量中一样，可以对函数的输出内容采用相同的处理方法。使用这种方法可以获得任何类型的函数输出，并且可以将其保存至变量中。

【**示例 10.9**】通过键盘输入一个整数，输出结果是该数的两倍数（新建脚本文件/test.sh，然后使用 Vim 编辑该文件）。

```
#!/bin/bash
function double()
{
    read -p "Enter a value:" value
    echo $[ $value * 2 ]
}
result=$(double)
echo "The new value is $result"
```

执行脚本，输出结果如下：

```
# ./test.sh
Enter a value:400
The new value is 800
# ./test.sh
Enter a value:10
The new value is 20
```

从示例 10.9 可以看出，函数 double 会使用 echo 语句来显示计算结果。该脚本会获取 double 函数的输出内容而不是查看退出状态码。这里使用了 read 命令输出一条简短的消息并向用户询问输入值，Shell 并不会将其作为标准输出的一部分，而是忽略掉。如果使用 echo 语句生成这条消息并向用户询问，那么该条消息将会与输出值一起被读入 Shell 变量中。

通过使用函数输出的方式，可以返回浮点值和字符串值。

10.3　函数中的变量

10.1 节和 10.2 节已经初步接触了函数变量的使用，这里继续深入讨论。

在 Shell 脚本函数中使用变量时，需要特别注意变量的定义方式及处理方式。

1．Shell函数传递参数

在 Shell 中，函数可以使用标准的参数环境变量来表示命令行上传给函数的参数。在函数体内部，函数名会在$n 变量中定义，函数命令行上的任何参数都会通过$1 和$2 等定义（$1 表示第一个参数，$2 表示第二个参数）。同时也可以使用特殊变量"$#"来判断传给函数的参数数目。

在脚本中指定函数时，必须将参数和函数放在同一行中。例如：

```
fun $value1 5
```

其中，fun 就是一个函数。

【示例 10.10】简单函数的传参及返回值的展示（新建脚本文件/test.sh，然后使用 Vim 编辑该文件）。

```
function fun()
{
    echo $1
    return 20
}
fun tom
echo $?
```

执行脚本，输出结果如下：

```
# ./test.sh
tom
20
```

【示例 10.11】新建脚本文件/test.sh，并使用 Vim 编辑该文件。

```
#!/bin/bash
function test
{
    if [ $# -eq 0 ] || [ $# -gt 2 ]
    then
        echo -1
    elif [ $# -eq 1 ]
    then
        echo $[ $1 + $1 ]
    else
        echo $[ $1 + $2 ]
```

```
      fi
}
echo -n "Adding 10 and 15:"
value=$(test 10 15)
echo $value
echo -n "Adding one number:"
value=$(test 10)
echo $value
echo -n "Adding no numbers:"
value=$(test)
echo $value
echo -n "Adding three numbers:"
value=$(test 10 15 20)
echo $value
```

执行脚本，输出结果如下：

```
# ./test.sh
Adding 10 and 15:25
Adding one number:20
Adding no numbers:-1
Adding three numbers:-1
```

在示例 10.11 中，test 函数首先会检查脚本传给它的参数数目。如果没有任何参数或者参数大于两个，test 函数会返回-1。如果只有一个参数，test 函数会将参数与自身相加。如果有两个参数，test 函数会将它们两个进行相加。

如果函数使用特殊的环境变量作为自己的参数值，则无法直接获取脚本在命令行中的参数值，下面的示例将会失败。

【示例 10.12】新建脚本文件/test1.sh 并使用 Vim 编辑该文件。

```
#!/bin/bash
function badfun
{
    echo $[ $1 * $2 ]
}
if [ $# -eq 2 ]
then
    value=$(badfun)
    echo "the result is $value"
else
    echo "badtest"
fi
```

执行脚本，输出结果如下：

```
# ./test1.sh
badtest
# ./test1.sh 10 15
./test1.sh: line 4: *  : syntax error: operand expected (error token is "*  ")
the result is
```

尽管函数也使用了$1 和$2 变量，但是它们和脚本主体中的$1 和$2 变量并不相同。如果要在函数中使用这些值，则必须要在调用函数时手动将它们传递过去。

【示例 10.13】新建脚本文件/test1.sh 并使用 Vim 编辑该文件。

```
#!/bin/bash
function badfun
{
    echo $[ $1 * $2 ]
}
if [ $# -eq 2 ]
then
    value=$(badfun $1 $2)                    #这一行代码和上例中的代码不一样
    echo "the result is $value"
else
    echo "badtest"
fi
```

执行脚本，输出结果如下：

```
# ./test1.sh 10 15
the result is 150
```

将$1 和$2 变量传给函数之后，它们就能与其他变量一样供函数使用了。

2．变量的处理

函数通常使用以下两种类型的变量：全局变量和局部变量。

（1）全局变量

全局变量是指在 Shell 脚本中的任何地方都有效的变量。当在脚本的主体部分定义一个全局变量时，可以在函数内读取它的值；当在函数内定义一个全局变量时，可以在主体部分读取它的值。

默认情况下，在脚本中定义的任何变量都是全局变量。在函数外定义的变量可以在函数内正常访问。

全局变量的作用范围是当前的 Shell 进程，而不是当前的 Shell 脚本文件，这两个是不同的概念。打开一个 Shell 窗口就创建了一个 Shell 进程，打开多个 Shell 窗口就创建了多个 Shell 进程，每个 Shell 进程都是独立的，拥有不同的进程 ID。在一个 Shell 进程中可以执行多个 Shell 脚本文件，此时全局变量在这些脚本文件中都有效。

【示例 10.14】通过 Shell 进程的方式处理变量（打开一个 Shell 窗口，定义一个变量 a 并为其赋值 10，这时在同一个 Shell 窗口中可正确打印变量 a 的值）。

```
# a=10
# echo $a
10
```

再打开一个新的 Shell 窗口，同样输出变量 a 的值，但结果却为空：

```
# echo $a
```

由此可以看出，全局变量 a 仅仅在定义它的第一个 Shell 进程中有效，对新的 Shell 进程没有影响。变量名相同但变量值可以不相同。

下面的示例是一个"反面教材"，展示了全局变量使用不当会造成的错误结果。

【示例 10.15】新建脚本文件/test.sh 并使用 Vim 编辑该文件。

```
#!/bin/bash
function bad
{
    temp=$[ $value + 5 ]
    result=$[ $temp * 2 ]
}
temp=4
value=6
bad
echo "The result is $result"
if [ $temp -gt $value ]
then
    echo "temp is large"
else
    echo "temp is smaller"
fi
```

执行脚本，输出结果如下：

```
# ./test.sh
The result is 22
temp is large
```

由于 bad 函数使用了 temp 变量，这个变量是一个全局变量，它的值在脚本中使用时受到了影响，产生了意想不到的后果。要解决这个问题，就需要使用局部变量。

（2）局部变量

如果不需要在函数中使用全局变量，那么在函数内部使用的任何变量都可以声明成局部变量，只需要在变量声明的前面加上关键字 local 即可。local 关键字可以保证变量只局限在该函数中。

将示例 10.15 中的 temp 变量做下改动，就能得到正确的结果。

【示例 10.16】新建脚本文件/test.sh 并使用 Vim 编辑该文件。

```
#!/bin/bash
function bad
{
local temp=$[ $value + 5 ]        #加上 local 关键字，使 temp 变量成为局部变量
    result=$[ $temp * 2 ]
}
temp=4
value=6
bad
echo "The result is $result"
if [ $temp -gt $value ]
then
    echo "temp is large"
else
    echo "temp is smaller"
fi
```

执行脚本，输出结果如下：

```
# ./test.sh
The result is 22
temp is smaller
```

local 关键字可以保证变量只局限于函数内，如果在脚本中除了该函数之外还有同样名字的变量，那么 Shell 会保持这两个变量的值是分离的。通过局部变量可以很轻松地将函数变量和脚本变量隔开，只共享需要共享的变量即可。

10.4　函数的递归调用

有这样一个经久不衰的故事：从前有座山，山上有座庙，庙里有一个老和尚和一个小和尚，老和尚给小和尚讲故事，讲什么故事呢？从前有座山，山上有座庙，庙里有一个老和尚和一个小和尚，老和尚给小和尚讲故事，讲什么故事呢？……这个故事将永远继续下去，无休无止。实际上在这个故事中可以发现，如果故事是一个函数的话，那么这个函数在不断地调用自己。

递归调用函数就是指函数调用自身进行求解。通常，递归函数有基值，也就是所谓的递归的终点，函数最终会递推到达该值。许多高级的数学算法都使用递归将复杂等式的递归层次反复降低，直到到达基值指定的层次。在上面的故事中因为没有递归终点，所以停止不了，陷入死递归。因此递归必须要有终点才可以正常使用。

递归算法的一个经典示例是计算阶乘。一个数的阶乘是这个数乘以它前面的所有数的积。比如计算 5 的阶乘：5! $=1×2×3×4×5=120$。如果使用递归的话，则可以简化成：x! $=x·(x-1)$!也就是 x 的阶乘等于 x 乘以 x-1 的阶乘。

【示例 10.17】新建文件/test.sh 并使用 Vim 编辑该文件。

```
#!/bin/bash
function factorial
{
    if [ $1 -eq 1 ]
    then
        echo 1
    else
        local temp=$[ $1 - 1 ]
        local result=$(factorial $temp)          #函数自己调用自己
        echo $[ $result * $1 ]
    fi
}
read -p "Enter value:" value
result=$(factorial $value)
echo "The factorial of $value is:$result"
```

执行脚本，输出结果如下：

```
# ./test.sh
Enter value:6
The factorial of 6 is:720
```

10.5　创　建　库

如果每个脚本都要对相同的函数进行定义，而且各个脚本对该函数只调用一次，那么上述函数和调用的做法看似并没有减少重复的代码。Shell 可以创建函数的库文件，然后在不同的脚本中引用这个库文件，从而调用对应的函数。

首先要创建公共库文件，其中包含多个脚本需要调用的函数。然后在用到这些函数的脚本文件中包含这个公共库文件。下面的示例将会创建一个包含 3 个函数的库文件。

【示例 10.18】新建脚本文件/func 并使用 Vim 编辑该文件。

```
function add                    #自定义函数 add
{
    echo $[ $1 + $2 ]
}

function mul                    #自定义函数 mul
{
    echo $[ $1 * $2 ]
}

function div                    #自定义函数 div
{
    if [ $2 -ne 0 ]
    then
        echo $[ $1 / $2 ]
    else
        echo -1
    fi
}
```

在示例 10.18 中共定义了 3 个函数，分别用于计算两个数的和、积、商。

下一步是在用到这些函数的脚本文件中包含 func 库文件。和环境变量一样，Shell 函数仅在定义它的 Shell 会话内有效。如果在命令行界面中运行 func 脚本，Shell 会创建一个新的 Shell 并在其中运行这个脚本，而且会为新的 Shell 重新定义 add、mul 和 div 这三个函数，但是，当运行另一个要用到这些函数的脚本时，这些函数是不能使用的。

这个结论同样适用于脚本。如果尝试像普通的脚本文件那样运行库文件，则函数并不会出现在脚本中。

使用函数库的关键在于 source 命令，该命令会在当前 Shell 的上下文中执行，而不是创建新的 Shell。可以使用 source 命令在脚本中运行库文件脚本，这样脚本就可以使用库中的函数了。

source 命令有个快捷的别名就是点操作符（.）。要在脚本中运行 func 库文件，只需要加入下面一行：

```
. ./func
```

以上是假设库文件和脚本文件在同一路径下，如果不是，就需要使用相应的路径去访问库文件。

【示例 10.19】新建脚本文件/test.sh 并使用 Vim 编辑该文件。

```
#!/bin/bash
. ./func                              # 调用库文件
value1=10
value2=5
result1=$(add $value1 $value2)
result2=$(mul $value1 $value2)
result3=$(div $value1 $value2)
echo "The result of adding them is:$result1"
echo "The result of multiplying them is:$result2"
echo "The result of dividing them is:$result3"
```

执行脚本，输出结果如下：

```
# ./test.sh
The result of adding them is:15
The result of multiplying them is:50
The result of dividing them is:2
```

结果表明，脚本成功使用了 func 库文件中的函数。

10.6　在命令行中使用函数

脚本函数不仅可以用作 Shell 脚本命令，也可以用作命令行界面中的命令。一旦在 Shell 中定义了函数，就可以从系统的任意目录下使用这个函数，而不必担心在 PATH 环境变量中是否包含函数文件所在的目录。关键是 Shell 能识别出这个函数即可。在命令行中使用函数主要有两种方法：

第一种方法是将函数定义在一行命令中，在命令行中定义函数时，每条命令的结尾必须包含分号，这样 Shell 才知道命令在哪里分开。

【示例 10.20】定义 add 函数，实现两数相加。

```
# function add { echo $[ $1 + $2 ]; }
# add 10 20
30
```

第二种方法是使用多行命令定义函数。使用这种方法不需要在每条命令的结尾添加分号，只需按 Enter 键，然后在＞提示符后继续输入，最后在函数末尾输入右花括号后，Shell 即知道定义函数结束。

【示例 10.21】 定义 mul 函数，实现两数相乘。

```
# function mul {
> echo $[ $1 * $2 ]
> }
# mul 20 10
200
```

说明：在命令行界面中创建函数时需要注意：切勿给自定义函数取和内建函数相同的名称，否则自定义函数会覆盖原有的内建函数。

10.7　案例——三酷猫制作通用统计工具

三酷猫编写的统计脚本只能统计单个文件，每次要统计其他账单时都要用 Vim 打开 tongji.sh 文件并修改其中的文件名，十分不方便。于是，三酷猫把脚本修改了一下，使其变成一个通用的工具，只要在执行该脚本时将文件名作为参数，然后就可以统计文件内容。改造后的脚本如下：

```
# 统计脚本 tongji_func.sh，命令为 sh tongji_func.sh 文件名
function tongji {
    filename=$1
    huangyu=0
    daiyu=0
    for i in `cat $filename`
    do
      if [[ $i = *黄鱼*元* ]]; then
        var1=$(echo $i | sed -r "s/销售金额：黄鱼([0-9]+)元，带鱼[0-9]+元/\1/")
        huangyu=` expr $huangyu + $var1 `
        var2=$(echo $i | sed -r "s/销售金额：黄鱼[0-9]+元，带鱼([0-9]+)元/\1/")
        daiyu=` expr $daiyu + $var2 `
      fi
    done
    echo 黄鱼共：$huangyu 元，带鱼共：$daiyu 元
}

tongji "$1"
```

执行结果如下：

```
# sh tongji_func.sh sales202108.txt
黄鱼共：9740 元，带鱼共：2790 元
```

10.8　练习和实验

一．练习

1．填空题

1）在 Shell 脚本中，用于定义函数的关键字是（　　）。

2）在 Shell 脚本中，函数返回值可以有 3 种方式：（　　）、（　　）和（　　）。

3）函数通常使用（　　）和（　　）两种类型的变量。

4）Linux 提供了一个专门的变量（　　）来保存上个已执行命令的退出状态码。

5）调用函数时，如果需要传递多个参数，则参数之间用（　　）分隔。

2．判断题

1）在默认情况下，在脚本中定义的任何变量都是全局变量。　　　　　　　　（　　）

2）函数内部使用的任何变量都可以被声明成局部变量，只需要在变量声明的前面加上关键字 local 即可。　　　　　　　　　　　　　　　　　　　　　　　　　　（　　）

3）函数命令行上的任何参数都会通过$1 和$2 等定义（$1 表示第 1 个参数，$2 表示第 2 个参数）。同时，也可以使用特殊变量$0 来判断传给函数的参数数目。（　　）

4）Shell 脚本中的函数不支持递归。　　　　　　　　　　　　　　　　　　（　　）

5）给自定义函数取和内建函数相同的名称时，自定义函数不会覆盖原有的内建函数。
　　　　　　　　　　　　　　　　　　　　　　　　　　　　　　　　　　（　　）

二．实验

使用 Shell 函数实现两个数相加的功能：

1）定义一个函数 addnum，该函数有两个浮点型的参数 v1 和 v2。

2）函数的返回值是 v1 和 v2 之和。

3）形成实验报告。

第3篇
实战演练

本篇从软件工程师需要解决的一些实际问题的角度展开讲解，比较贴近项目实战的需要。本篇的主要内容如下：

▶▶ 第 11 章　安装软件

▶▶ 第 12 章　常用软件部署

▶▶ 第 13 章　图形用户界面

▶▶ 第 14 章　CentOS Stream 与 Rocky Linux

第 11 章 安 装 软 件

现代计算机如果没有安装操作系统，那么它就是"一块砖头"，不能解决任何问题。如果计算机安装了操作系统但没有安装应用软件，那么它只能算中看不中用的"花瓶摆设"。因此，在了解了操作系统后，就需要学习其他应用软件的安装方法。只有安装了所需的应用软件，才能实现想要的功能。例如：想要上网冲浪，就需要安装浏览器；想要在家看电影，就需要安装视频播放器；想要处理文档，就需要安装文档编辑器；想要编写程序，就需要安装程序编译器。

对于初学者来说，在 Linux 中安装应用软件包比在 Windows 中复杂。因为 Windows 中的所有软件都不能在 Linux 中识别，所以需要学习新的安装和使用方法。另外，正因为 Linux 无法识别和运行 Windows 中的软件，所以存在于 Windows 中的木马等病毒也无法感染 Linux，这也是 Linux 系统相对安全的一个原因。

本章将介绍在 Linux 系统中安装软件的几种方式，主要内容如下：

- 安装源码文件；
- 软件包管理器 RPM；
- 使用 YUM 安装软件；
- 源码包管理器 SRPM；
- 函数库；
- 以脚本方式安装软件。

11.1 安装源码文件

Linux 下的软件包众多且几乎都经过 GPL（General Public License，通用性公开许可证）授权，是免费开源的。这意味着如果具备修改软件源代码的能力，就可以随意修改。GPL 是保护软件自由的一个协议，经 GPL 协议授权的软件必须开源。

Linux 下的软件包可细分为两种，分别是源码包和二进制包。本节主要介绍 Linux 源码包。源码包就是一大堆源代码程序，它是由程序员按照特定的格式和语法编写出来的。计算机只能识别机器语言，也就是二进制语言，因此源码包的安装需要一名"翻译官"将代码翻译成二进制语言，这名"翻译官"被称为编译器。编译指的是从源代码到直接被计算机执行的目标代码的翻译过程，编译器的功能就是把源代码翻译为二进制代码，让计算机识别并运行。虽然源码包是免费开源的，但大多数用户不会编程，他们并不会使用源代码程序。另外，由于源码包的安装需要把源代码编译为二进制代码，因此安装时间较长。例如，在 Windows 中安装 QQ，因其功能较多，程序较大，其安装程序并非以源码包的形式发布，而是编译后才发布的，因此只需几分钟即可安装成功。如果以源码包安装的方式在 Linux 中安装一个 MySQL 数据库，即便其压缩包仅有 25MB 左右，但也需要半小时左右才能完成安装。

通过对比会发现，源码包的编译很费时间，况且绝大多数用户并不熟悉编程，在安装过程中可能会出现很多"坑"，我们除了不断地"填坑"外，只能祈祷安装时不要报错。为了解决使用源码包安装存在的问题，Linux 推出了使用二进制包安装的方式。二进制包安装的方式将在 11.2 节中详细介绍。

虽然源码包的安装方式有很多缺点，但是依然有很多人选择这种安装方式，就像市场上有各种各样的糕点，直接买回家就可以吃，但依然会有众多的烘焙爱好者选择自己动手做糕点，因此源码包的安装方式可以看作有个性的选择。还有一些开源软件同时提供了二进制安装包和源码安装包，如著名的 Web 服务器 Nginx，它提供的二进制安装包只包含标准功能，而大量的第三方模块需要以源码的方式提供，由使用者自行编译和安装。

源码包的安装分下载、编译和安装三步，下面详细介绍。

11.1.1　下载源码包

首先需要介绍一个新名词：Tarball。所谓的 Tarball 文件，其实就是将软件的所有源代码文件使用 tar 命令进行打包，通常会用 gzip 压缩格式进行打包。因为使用的是 tar 命令的 gzip 格式，所以 Tarball 文件的扩展名一般是*.tar.gz 或*.tgz。近年来，由于 bzip2 格式和 xz 格式的压缩率较高，所以 Tarball 渐渐以 bzip2 和 xz 代替了 gzip 压缩格式，文件扩展名也变成*.tar.bz2 或*.tar.xz。Tarball 是一个软件包，将其解压缩后里面通常会有源代码文件、检测程序文件（名为 config 或 configure 之类的文件）以及软件说明与安装说明文件（名为 install 或 readme 之类的文件）。其中最重要的是 install 和 readme 文件，其对安装有很大的参考和指导作用。

由于 Linux 操作系统是开放源代码的，所以在 Linux 上安装的软件大部分也是开源软件，如 Apache、Tomcat 和 PHP 等。任何人都可以通过源代码查看开源软件的设计架构和实现方法，但无法在计算机中直接安装和运行软件源代码，而需要将源代码通过编译转换为计算机可以识别的机器语言，然后才可以安装。在 Linux 系统中，绝大多数软件的源代码都是用 C 语言编写的，因此想要安装源码包，则必须要安装 GCC 编译器。安装 GCC 之前，可以先使用如下命令查看它是否已经被安装。

```
# rpm -q gcc                          # Red Hat 包管理器，详情见11.2 节
gcc-4.8.5-39.el7.x86_64
```

如果未安装，考虑到安装 GCC 所依赖的软件包太多，因此推荐大家使用 YUM 工具

安装 GCC。具体安装方式可参考 11.3 节。

除了安装编译器之外，还需要安装 make 编译命令。编译源码包可不像编译一个简单的 C 程序那样轻松，包中有大量的源码文件，并且文件之间有非常复杂的关联，直接决定了各文件编译的先后顺序，因此手动编译费时、费力，而使用 make 命令可以完成对源码包的自动编译工作。同样，在安装 make 命令之前，可使用如下命令查看它是否已经被安装：

```
# rpm -q make
make-3.82-24.el7.x86_64
```

如果未安装，依然可以使用 YUM 安装 make。

本节以安装 Apache 软件为例进行讲解。先下载 Apache 源码包，该软件的源码包可在官方网站上下载，得到的源码包格式为压缩包（.tar.gz 或 .tar.bz2）。使用 wget 命令从 mirror.olnevhost.net/pub/apache//httpd/httpd-2.4.48.tar.gz 处下载 httpd-2.4.48.tar.gz 打包文件，如图 11.1 所示。

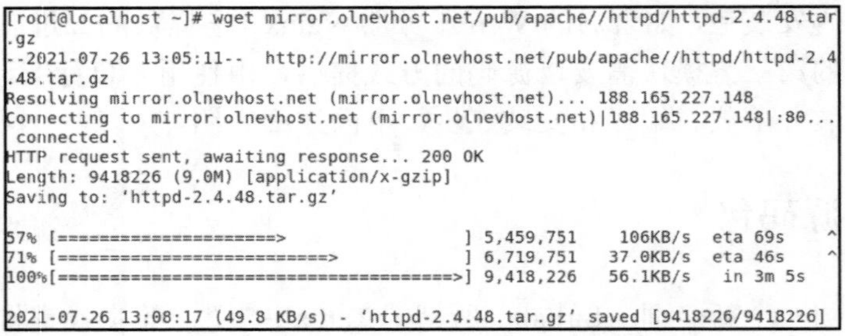

```
[root@localhost ~]# wget mirror.olnevhost.net/pub/apache//httpd/httpd-2.4.48.tar
.gz
--2021-07-26 13:05:11--  http://mirror.olnevhost.net/pub/apache//httpd/httpd-2.4
.48.tar.gz
Resolving mirror.olnevhost.net (mirror.olnevhost.net)... 188.165.227.148
Connecting to mirror.olnevhost.net (mirror.olnevhost.net)|188.165.227.148|:80...
 connected.
HTTP request sent, awaiting response... 200 OK
Length: 9418226 (9.0M) [application/x-gzip]
Saving to: 'httpd-2.4.48.tar.gz'

57% [=====================>              ] 5,459,751    106KB/s  eta 69s   ^
71% [==========================>         ] 6,719,751    37.0KB/s eta 46s   ^
100%[===================================>] 9,418,226    56.1KB/s in 3m 5s

2021-07-26 13:08:17 (49.8 KB/s) - 'httpd-2.4.48.tar.gz' saved [9418226/9418226]
```

图 11.1　下载 Apache 源码包

将各种文件分门别类地保存在对应的目录中。Linux 系统用于保存源代码的位置主要有两个，分别是 /usr/src 和 /usr/local/src。其中，/usr/src 用来保存内核源代码，/usr/local/src 用来保存用户下载的源代码。将 httpd-2.4.48.tar.gz 保存至 /usr/local/src 目录，并将源码包进行解压缩，使用的命令如下：

```
[root@localhost src]# tar -zxvf httpd-2.4.48.tar.gz
```

解压后进入解压目录 httpd-2.4.48，即可开始编译。

11.1.2　编译源码

将下载的源码包解压到相应的目录后，显示的内容如下：

```
# cd httpd-2.4.48/
# ls
ABOUT_APACHE    CHANGES        httpd.mak     Makefile.in   ROADMAP
acinclude.m4    changes-entries httpd.spec    Makefile.win  server
```

```
Apache-apr2.dsw  CMakeLists.txt   include          modules          srclib
Apache.dsw       config.layout    INSTALL          NOTICE           support
apache_probes.d  configure        InstallBin.dsp   NWGNUmakefile     test
ap.d             configure.in     LAYOUT           os               VERSIONING
build            docs             libhttpd.dep     README
BuildAll.dsp     emacs-style      libhttpd.dsp     README.CHANGES
BuildBin.dsp     httpd.dep        libhttpd.mak     README.cmake
buildconf        httpd.dsp        LICENSE          README.platforms
```

在正式安装下载的源码包前，需要经过软件配置与检查以及源码编译两个步骤。

1．软件配置与检查

使用./configure 进行软件配置与检查。这一步主要完成以下三项任务：

1）检测系统环境是否符合安装要求。

2）定义需要的功能选项。通过"./configure--prefix=安装路径"可以指定安装路径。configure 不是系统命令，而是源码包软件自带的一个脚本程序，因此必须采用./configure 的方式执行。./configure 支持的功能选项较多，可执行./configure--help 命令查询其支持的功能，例如：

```
#./configure --help|more            #查询 Apache 支持的选项功能
```

3）把系统环境的检测结果和定义好的功能选项写入 Makefile 文件，因为后续的编译和安装需要依赖这个文件。

执行结果如下：

```
# ./configure --prefix=/usr/local/apache
checking for chosen layout... Apache
checking for working mkdir -p... yes
checking for grep that handles long lines and -e... /usr/bin/grep
checking for egrep... /usr/bin/grep -E
checking build system type... x86_64-pc-linux-gnu
checking host system type... x86_64-pc-linux-gnu
checking target system type... x86_64-pc-linux-gnu
......
```

🔔**注意**：./configure 命令没有加载其他功能，只是需要指定安装目录。需要说明的是，/usr/local/apache 目录不需要手动建立，安装完成后会自动建立，这个目录是否生成，也是检测软件是否正确安装的重要标志。使用./configure 时如果出现 error: APR not found.提示，则说明缺少一些依赖包。

2．使用make命令编译源码

make 命令会调用 GCC 编译器并读取 Makefile 文件中的信息进行编译。编译的目的是把源码程序转变为能被 Linux 识别的可执行文件，这些可执行文件保存在当前目录下。

执行的编译命令如下:

```
# make
```

编译过程较为耗时，需要有足够的耐心。

11.1.3　安装和卸载程序

在正式安装软件之前，建议把安装的执行文件保存下来，以备将来删除软件时使用。安装命令如下:

```
# make install
```

如果整个过程不报错，则表示安装成功。在安装源码包的过程中:如果出现 error 或 warning 且安装过程停止，表示安装失败;如果仅出现警告信息，但安装过程还在继续，至多是软件的部分功能无法使用，而并不能说明安装失败。

🔔注意:如果在进行./configure 或 make 编译时报错，则在重新执行命令前一定要执行 make clean 命令，它会清空 Makefile 文件或编译产生的.o 文件。

如果要卸载 Linux 源码包，那么通过源码包方式安装的各个软件的安装文件会独自保存在/usr/local/目录下的各子目录中。例如，Apache 的所有安装文件都保存在/usr/local/apache 目录下，这就为源码包的卸载提供了便利。源码包的卸载，只需要找到软件的安装位置，直接删除其所在的目录即可，而不会遗留任何垃圾文件。需要注意的是，在删除软件之前，应先将软件停止服务。以删除 Apache 为例，只需要关闭 Apache 服务后执行如下命令即可:

```
# rm -rf /usr/local/apache/
```

总之，使用源码包安装软件的优势是开源。如果用户有足够的能力，则可以修改源代码，并且可以自由选择所需功能。因为软件是编译安装的，所以更加适合自己的系统，也更加稳定，效率也更高，而且卸载也更方便。

但是，使用源码包安装软件也有不足之处:安装过程步骤较多，尤其是在安装较大的软件集合时容易拼写错误;编译时间较长，其安装时间比二进制安装时间要长。因为软件是编译安装的，在安装过程中一旦报错，新手很难解决。在这种情况下，二进制包安装就比源码包安装要方便很多。

11.2　软件包管理器 RPM

除了可以使用源码包安装软件之外，另外一种推荐的方式是通过二进制包来安装软件。二进制包就是源码包经过成功编译之后产生的软件安装包。由于二进制包在发布之前已经完成了编译工作，因此安装软件的速度较快，和在 Windows 中安装软件的速度相当，并且在安装过程中报错的概率大大减小。二进制包安装是 Linux 默认的软件包安装方式。目前有两大主流的二进制包管理系统：

- RPM 软件包管理器：功能强大，安装、升级、查询和卸载都非常简单和方便，因此很多 Linux 发行版都默认使用 RPM 作为软件安装管理方式，如 RHEL、Fedora、CentOS 和 SUSE 等。
- DPKG 软件包管理器：由 Debian Linux 开发的包管理软件，通过 DPKG 包，Debian Linux 可以进行软件包管理，该管理器主要应用在 Debian 和 Ubuntu 中。

RPM 软件包管理器和 DPKG 软件包管理器的原理大同小异，可以触类旁通。由于本书使用的是 CentOS 7 版本，因此本节主要讲解使用 RPM 安装二进制包的方法。

11.2.1　RPM 简介

RPM 的全称为 RedHat Package Manager，意为 Red Hat 包管理器。Red Hat 大家都知道，它是一家 Linux 发行公司，在业界是制定标准的龙头企业。CentOS 实际上就是 Red Hat Linux 的社区版。RPM 是一种以数据库记录的方式将用户需要的软件安装到用户的 Linux 系统中的软件管理机制。RPM 的最大特点是可以将需要安装的软件预先编译并且打包成 RPM 机制的文件，通过打包好的软件的数据库来记录软件需要的依赖文件。这个机制对不同版本的发行版有制约，通常，不同的发行版所发布的 RPM 文件不能用在除自己之外的其他发行版上。卸载软件的时候不能像源码包安装方式那样直接删除安装文件目录，并且不能先删除最底层的文件，应该遵循一定的先后顺序，否则会引起系统性问题。

RPM 软件的命名有些讲究，其命名需要遵守统一的命名规则，用户通过名称就可以直接获取这类包的版本和适用平台等信息。RPM 二进制包命名的一般格式如下：

包名-版本号-发布次数-发行商-Linux 平台-适合的硬件平台-包扩展名

例如，RPM 包的名称是 httpd-2.4.6-97.el7.centos.x86_64.rpm。

- httpd：这里需要注意，httpd 是包名，而 httpd-2.4.6-97.el7.centos.x86_64.rpm 通常称为包全名。包名和包全名是不同的，一些 Linux 命令（如包的安装和升级命令）使用的是包全名，而一些 Linux 命令（如包的查询和卸载命令）使用的是包名，这二者一不小心就会弄错，一定要注意。
- 2.4.6：包的版本号，其格式通常为"主版本号.次版本号.修正号"。
- 97：二进制包发布的次数，表示此 RPM 包是由第几次编程所生成的。
- el7：软件发行商，el7 表示此包是由 Red Hat 公司发布的，它适合在 RHEL 7.x（Red Hat Enterprise Linux）和 CentOS 7.x 上使用。
- centos：此包适用于 CentOS 系统。
- x86_64：此包适用的硬件平台。目前的 RPM 包支持的平台如表 11.1 所示。

- rpm：RPM 包的扩展名，表明这是编译好的二进制包，可以使用 rpm 命令直接安装。此外，还有以 src.rpm 作为扩展名的 RPM 包，即 SRPM，表明它是源代码包，需要安装生成源码，然后对其编译并生成 RPM 格式的包，最后才能使用 rpm 命令进行安装。Linux 系统不靠扩展名来区分文件类型，包全名中包含.rpm 扩展名是为系统管理员准备的。如果不标注 RPM 包的扩展名，系统管理员很难知道这是一个 RPM 包，从而就无法正确使用。

表 11.1　RPM包支持的硬件平台

平 台 名 称	适用平台信息
i386	386及以上的计算机都可以安装
i586	586及以上的计算机都可以安装
i686	奔腾II及以上的计算机都可以安装。目前，几乎所有的CPU都是奔腾II以上的
x86_64	64位CPU可以安装
noarch	没有硬件限制

11.2.2　安装、升级和卸载 RPM

本小节以安装 Apache 软件为例介绍 RPM 包的安装、升级和卸载。首先需要确定 RPM 包的默认安装路径，在通常情况下，RPM 包采用系统默认安装路径，所有安装文件都会按照类别分散安装到如表 11.2 所示的目录中。

表 11.2　RPM包的默认安装路径

安 装 路 径	含　　义
/etc/	配置文件的安装目录
/usr/bin/	可执行的命令的安装目录
/usr/lib/	程序所使用的函数库的保存位置
/usr/share/doc/	软件使用手册的保存位置
/usr/share/man/	帮助文件的保存位置

RPM 包的默认安装路径可以通过命令进行查询。

```
rpm -qpl 包全名
```

除此之外，RPM 包也支持手动指定安装路径，但并不推荐使用此方式。因为一旦手动指定安装路径，则所有的安装文件会集中安装到指定的位置，而且系统中用来查询安装路径的命令就也无法使用，需要进行手工配置才能被系统识别，整个过程很麻烦。与 RPM 包不同，源码包的安装通常采用手动指定安装路径（习惯安装到/usr/local/下）的方式。既然安装路径不同，那么同一 Apache 软件的源码包和 RPM 包就可以安装到同一台 Linux 服务器上，但同一时间只能开启一个软件，因为它们需要占用同一个端口。

在实际情况中，一台服务器几乎不会同时安装两个 Apache 软件，因为不方便管理员管理，并且还会过多地占用服务器的磁盘空间，实际意义不大。

安装 RPM 的命令格式如下：

```
rpm -ivh 包全名
```

注意：一定是包全名。涉及包全名的命令一定要注意路径，由于软件包有可能在光盘中，因此需提前做好设备的挂载工作。

在此命令中，各选项的参数含义如下：
- -i：安装。
- -v：显示更详细的信息。
- -h：打印#号，显示安装进度。

【示例 11.1】使用 rpm 命令安装 Apache 软件包。

```
# rpm -ivh /mnt/cdrom/Packages/httpd-2.4.6-97.el7.centos.x86_64.rpm
Preparing...
####################
[100%]
1:httpd
###################
[100%]
```

注意：直到出现两个 100%才表示真正安装成功了，第一个 100%仅表示完成了安装准备工作。

使用 rpm 命令还可以一次性安装多个软件包，仅需要将包全名用空格分开即可，例如：

```
# rpm -ivh a.rpm b.rpm c.rpm
```

如果还有其他安装要求，如强制安装某软件而不管它是否有依赖性，则可以通过以下选项进行调整：
- --nodeps：不检测依赖性安装。软件安装时会检测依赖性，确定是否已安装所需的底层软件，如果没有安装则会报错。如果不管依赖性而想强制安装，则可以使用这个选项。但是，不检测依赖性安装的软件基本上是不能使用的，因此不建议这样做。
- --replacefiles：安装时替换文件。如果要安装软件包，但是包中的部分文件已经存在，那么在正常安装时会报"某个文件已经存在"的错误，从而导致无法安装软件。使用该选项可以忽略这个报错信息而进行覆盖安装。
- --replacepkgs：安装时替换软件包。如果已经安装了软件包，那么该选项可以把软件包重复安装一遍。
- --force：强制安装。不管软件是否已经安装，都会重新安装，也就是-replacefiles 和-replacepkgs 的综合。
- --test：测试安装。不会实际安装，只是检测一下依赖性。

- --prefix：指定安装路径。为安装软件指定安装路径而不使用默认的安装路径。

完成 Apache 软件的安装后可以尝试启动：

```
# service httpd start                    #启动 Apache
```

使用如下命令即可实现 RPM 包的升级：

```
rpm -Uvh 包全名
```

-U 选项表示如果该软件没有安装，则直接安装，如果该软件已安装，则将其升级至最新版本。

或者使用下面的命令实现 RPM 包的升级：

```
rpm -Fvh 包全名
```

-F（大写）选项表示如果该软件没有安装，则不会安装，必须安装了较低的版本时才能升级。

卸载 RPM 软件包要考虑包之间的依赖性。例如，先安装 httpd 软件包，后安装 httpd 的 mod_ssl 功能模块包，那么在卸载时必须先卸载 mod_ssl，然后卸载 httpd，否则系统会报错。如果卸载 RPM 软件包时不考虑其依赖性，那么执行卸载命令时会包含依赖性错误。看如下示例：

【示例 11.2】不考虑依赖性卸载 RPM 软件包。

```
# rpm -e httpd
error: Failed dependencies:
httpd-mmn = 20051115 is needed by (installed) mod_wsgi-3.2-1.el6.i686
httpd-mmn = 20051115 is needed by (installed) php-5.3.3-3.el6_2.8.i686
httpd-mmn = 20051115 is needed by (installed) mod_ssl-1:2.2.15-15.el6.
centos.1.i686
httpd-mmn = 20051115 is needed by (installed) mod_perl-2.0.4-10.el6.i686
httpd = 2.2.15-15.el6.centos.1 is needed by (installed) httpd-manual-2.2.
15-15.el6.centos.1 .noarch
httpd is needed by (installed) webalizer-2.21_02-3.3.el6.i686
httpd is needed by (installed) mod_ssl-1:2.2.15-15.el6.centos.1.i686
httpd=0:2.2.15-15.el6.centos.1 is needed by(installed)mod_ssl-1:2.2.15-
15.el6.centos.1.i686
```

RPM 软件包的卸载很简单，使用如下命令即可：

```
rpm -e 包名
```

-e 选项表示卸载。

RPM 软件包的卸载命令支持使用--nodeps 选项，即可以不检测依赖性而直接卸载，但不推荐使用此方式，因为该操作很可能会导致其他软件也无法正常使用。

11.2.3　查询软件包并进行数字化验证

使用 rpm 命令还可以对 RPM 软件包进行查询以及数字验证，下面具体介绍。

1．RPM包的查询操作

查询操作主要包括：

- 查询软件包是否已安装。
- 查询系统中所有的已安装的软件包。
- 查看软件包的详细信息。
- 查询软件包的文件列表。
- 查询某系统文件具体属于哪个 RPM 包。

rpm 查询命令的格式如下：

```
rpm 选项 查询对象
```

下面分别介绍各选项的具体功能。

1）rpm -q：查询是否安装软件包。

用 rpm 查询软件包是否安装的命令格式如下：

```
rpm -q 包名
```

-q 表示查询，它是 Query 的首字母。

【示例 11.3】查看 Linux 系统中是否安装了 Apache。

```
# rpm -q httpd
httpd-2.4.6-97.el7.centos.x86_64
```

🔔注意：这里使用的是包名而不是包全名。因为已安装的软件包只需要给出包名，系统就
　　　　可以成功识别，使用包全名反而无法识别。

2）rpm -qa：查询系统中所有已经安装的软件包。

【示例 11.4】使用 rpm 查询 Linux 系统中所有已安装的软件包。

```
# rpm -qa
libblockdev-utils-2.18-5.el7.x86_64
diffstat-1.57-4.el7.x86_64
man-pages-overrides-7.9.0-1.el7.x86_64
libiscsi-1.9.0-7.el7.x86_64
libkadm5-1.15.1-50.el7.x86_64
rootfiles-8.1-11.el7.noarch
xdg-user-dirs-0.15-5.el7.x86_64
liberation-sans-fonts-1.07.2-16.el7.noarch
kernel-tools-libs-3.10.0-1160.36.2.el7.x86_64
……
```

【示例 11.5】使用管道符查找需要的内容。

```
# rpm -qa | grep httpd
httpd-2.4.6-97.el7.centos.x86_64
httpd-tools-2.4.6-97.el7.centos.x86_64
```

相比 rpm -q 包名命令，采用这种方式可以找到含有包名的所有软件包。

3）rpm -qi：查询软件包的详细信息。

【示例 11.6】使用 rpm 命令查询软件包的详细信息。

```
# rpm -qi httpd
Name        : httpd                                      #包名

Version     : 2.4.6                                      #版本
Release     : 97.el7.centos                              #发行版本
Architecture: x86_64
Install Date: Tue 27 Jul 2021 05:11:53 PM CST            #安装时间
Group       : System Environment/Daemons                 #组
Size        : 9821064                                    #软件包大小
License     : ASL 2.0                                    #许可协议
Signature   : RSA/SHA256, Wed 18 Nov 2020 10:17:43 PM CST, Key ID
24c6a8a7f4a80eb5                                          #数字签名
Source RPM  : httpd-2.4.6-97.el7.centos.src.rpm          #源 RPM 包文件名
Build Date  : Tue 17 Nov 2020 12:21:17 AM CST
Build Host  : x86-02.bsys.centos.org
Relocations : (not relocatable)
Packager    : CentOS BuildSystem <http://bugs.centos.org>
Vendor      : CentOS                                     #厂商
URL         : http://httpd.apache.org/                   #厂商网址
Summary     : Apache HTTP Server                         #软件包说明
Description :                                            #描述
The Apache HTTP Server is a powerful, efficient, and extensible
web server.
```

除此之外，还可以查询未安装的软件包的详细信息，命令格式如下：

```
rpm -qip 包全名
```

-p 选项表示查询未安装的软件包，p 是 package 的首字母。注意，这里用的是包全名，并且未安装的软件包需要使用"绝对路径+包全名"的方式才能确定包。

4）rpm -ql：查询软件包的文件列表。

通过前面的学习可知，RPM 软件包通常采用默认路径进行安装，各安装文件会分门别类地放在适当的目录文件下。使用 rpm 命令可以查询已安装的软件包中包含的所有文件及各自的安装路径，命令格式如下：

```
rpm -ql 包名
```

-l 选项表示列出软件包中所有文件的安装目录。

【示例 11.7】查看 Apache 软件包中的所有文件及各自的安装位置。

```
# rpm -ql httpd
/etc/httpd
/etc/httpd/conf
/etc/httpd/conf.d
/etc/httpd/conf.d/README
/etc/httpd/conf.d/autoindex.conf
/etc/httpd/conf.d/userdir.conf
/etc/httpd/conf.d/welcome.conf
```

```
/etc/httpd/conf.modules.d
……
```

同时，rpm 命令还可以查询未安装的软件包中包含的所有文件及打算安装的路径，命令格式如下：

```
rpm -qlp 包全名
```

由于软件包还未安装，因此需要使用"绝对路径+包全名"的方式才能确定包。

【示例 11.8】查看未安装的 bing 软件包（绝对路径为/mnt/cdrom/Packages/bind-9.8.2-0.10.rc1.el6.i686.rpm）中的所有文件及各自打算安装的位置。

```
# rpm -qlp /mnt/cdrom/Packages/bind-9.8.2-0.10.rc1.el6.i686.rpm
/etc/NetworkManager/dispatcher.d/13-named
/etc/logrotate.d/named
/etc/named
/etc/named.conf
/etc/named.iscdlv.key
/etc/named.rfc1912.zones
……
```

5）rpm -qf：查询系统文件属于哪个 RPM 包。

rpm -ql 命令是通过软件包查询所含文件的安装路径，rpm 还支持反向查询，即查询某系统文件所属哪个 RPM 软件包。其命令格式如下：

```
rpm -qf 系统文件名
```

-f 选项的含义是查询系统文件所属哪个软件包，f 是 File 的首字母。只有使用 RPM 包安装的文件才能使用该命令，手动方式建立的文件无法使用该命令。

【示例 11.9】查询 ls 命令所属的软件包。

```
# rpm -qf /bin/ls
coreutils-8.22-24.el7_9.2.x86_64
```

6）rpm -qR：查询软件包的依赖关系。

使用 rpm 命令安装 RPM 包时需要考虑该包与其他 RPM 包的依赖关系。rpm -qR 命令可以用来查询某个已安装的软件包所依赖的包，该命令的格式如下：

```
rpm -qR 包名
```

-R 选项的含义是查询软件包的依赖性，R 是 Requires 的首字母，R 必须大写。

【示例 11.10】查询 Apache 软件包的依赖性。

```
# rpm -qR httpd
/etc/mime.types
system-logos >= 7.92.1-1
httpd-tools = 2.4.6-97.el7.centos
/usr/sbin/useradd
/usr/sbin/groupadd
……
```

同样，在-qR 选项的基础上增加-p 选项，即可实现查找未安装的软件包的依赖性。

【示例 11.11】bind 软件包尚未安装，绝对路径为：/mnt/cdrom/Packages/bind-9.8.2-0.10.

rc1.el6.i686.rpm，查看此软件包的依赖性。

```
# rpm -qRp /mnt/cdrom/Packages/bind-9.8.2-0.10.rc1.el6.i686.rpm
/bin/bash
/bin/sh
bind-libs = 32:9.8.2-0.10.rc1.el6
chkconfig
chkconfig
config(bind) = 32:9.8.2-0.10.rc1.el6
grep
libbind9.so.80
libc.so.6
……
```

🔲注意：这里使用的也是"绝对路径+包全名"的方式。

2. 进行RPM包的数字化验证

执行 rpm -qa 命令可以看到，Linux 系统中安装了大量的 RPM 包，并且每个包都含有大量的安装文件。为了能够及时发现文件误删、误修改文件数据、恶意篡改文件内容等问题，Linux 提供了以下两种监控和检测方式：

- RPM 包校验：其实就是将已安装的文件和/var/lib/rpm/目录下的数据库内容进行比较，确定文件内容是否被修改。
- RPM 包数字证书校验：用来校验 RPM 包本身是否被修改。

Linux RPM 包校验方式可以用来判断已安装的软件包或文件是否被修改，此方式可使用的命令格式分为以下 3 种：

```
rpm -Va
```

-Va 选项表示校验系统中已安装的所有软件包。

```
rpm -V 已安装的包名
```

-V 选项表示校验指定 RPM 包中的文件，V 是 Verity 的首字母。

```
rpm -Vf 系统文件名
```

-Vf 选项表示校验某个系统文件是否被修改。

例如，校验 Aapache 软件包中所有的安装文件是否被修改，可执行如下命令：

```
# rpm -V httpd
```

可以看到，执行后无任何提示信息，表明所有用 Apache 软件包安装的文件均未改动过，还和从原软件包安装的文件一样。

接下来尝试对 Apache 的配置文件/etc/httpd/conf/httpd.conf 进行适当修改，使用 Vim 编辑该文件：

```
#vim /etc/httpd/conf/httpd.conf
```

为防止发生不明问题，这里仅尝试修改一个无足轻重的选项，修改后保存并退出，然后再次使用 rpm -V 命令对 Apache 软件包进行验证：

```
# rpm -V httpd
S.5....T.  c /etc/httpd/conf/httpd.conf
```

可以看到，结果显示了文件被修改的信息。该信息可分为以下 3 部分：

第 1 部分是前面的 8 个字符（S.5....T），它们都属于验证信息，各字符的具体含义如下：

- S：文件大小是否改变。
- M：文件的类型或文件的权限（r、w、x）是否改变。
- 5：文件 MD5 校验和是否改变（可以看成文件内容是否改变）。
- D：设备的主从代码是否改变。
- L：文件路径是否改变。
- U：文件的属主（所有者）是否改变。
- G：文件的属组是否改变。
- T：文件的修改时间是否改变。
- .：若相关项没发生改变，用 . 表示。

第 2 部分是被修改的文件类型，大致可分为以下几类：

- c：配置文件（Configuration file）。
- d：普通文档（Documentation）。
- g：ghost 文件（Ghost file），可以理解为"很少见，见鬼了"，ghost 就是鬼的意思。说明该文件不应该被这个 RPM 包所包含。
- l：授权文件（License file）。
- r：描述文件（Read me）。

第 3 部分是被修改的文件所在的绝对路径，包含文件名。

因此，S.5....T. c /etc/httpd/conf/httpd.conf 表达的完整含义是：配置文件 httpd.conf 的大小、内容和修改时间被人为修改过。

注意，并非所有对文件进行修改的行为都是恶意的。通常情况下，修改配置文件是正常的。例如，配置 Apache 就要修改其配置文件，如果验证信息提示对二进制文件做了修改，就需要小心，除非是自己故意修改的。

下面说说 Linux RPM 数字证书验证。RPM 包校验方法只能用来校验已安装的 RPM 包及其安装文件，如果 RPM 包本身就被修改过，此方法将无法解决问题，需要使用 RPM 数字证书验证方法。可以简单理解为，RPM 包校验其实就是将现有的安装文件与最初使用 RPM 包安装时的初始文件进行对比，如果有改动则向用户进行提示，因此这种方式无法验证 RPM 包本身被修改的情况。

数字证书又称数字签名，其是由软件开发商直接发布的。在 Linux 系统中安装数字证书后，若 RPM 包做了修改，此包携带的数字证书也会改变，将无法与系统成功匹配，导致软件无法安装。可以将数字证书想象成自己的签名，是不能被模仿的，因为厂商的数字证书是唯一的，只有本人认可的文件才会签名。如果文件被人修改了，那么签名就会变得不同，即如果软件改变，数字证书就会改变，从而通不过验证。

使用数字证书验证 RPM 包的方法具有如下两个特点：

- 一是必须找到原厂的公钥文件，然后才能进行安装。
- 二是安装 RPM 包会提取 RPM 包中的证书信息，然后和本机安装的原厂证书进行验证。如果验证通过，则系统允许安装；如果验证不通过，则系统不允许安装并发出警告。

数字证书默认会放到系统的/etc/pki/rpm-gpg/RPM-GPG-KEY-CentOS-7 位置处，通过以下命令也可验证系统中的数字证书的位置：

```
# ll /etc/pki/rpm-gpg/RPM-GPG-KEY-CentOS-7
-rw-r--r--. 1 root root 1690 Nov 23  2020 /etc/pki/rpm-gpg/RPM-GPG-KEY-
CentOS-7
```

安装数字证书的命令如下：

```
# rpm --import /etc/pki/rpm-gpg/RPM-GPG-KEY-CentOS-7
```

--import 表示导入数字证书。

数字证书安装完成后，可使用如下命令进行验证：

```
# rpm -qa|grep gpg-pubkey
gpg-pubkey-f4a80eb5-53a7ff4b
```

可以看到，数字证书已成功安装。在装有数字证书的系统上安装 RPM 包时，系统会自动验证包的数字证书，验证通过则可以安装，反之将无法安装，系统会报错。

数字证书本身也是一个 RPM 包，因此可以用 rpm 命令查询数字证书的详细信息，也可以将其卸载。

【示例 11.12】查询数字证书的详细信息。

```
# rpm -qi gpg-pubkey-f4a80eb5-53a7ff4b
Name        : gpg-pubkey
Version     : f4a80eb5
Release     : 53a7ff4b
Architecture: (none)
Install Date: Wed 02 Jun 2021 08:42:15 AM CST
Group       : Public Keys
Size        : 0
License     : pubkey
Signature   : (none)
Source RPM  : (none)
Build Date  : Mon 23 Jun 2014 06:19:55 PM CST
Build Host  : localhost
Relocations : (not relocatable)
Packager    : CentOS-7 Key (CentOS 7 Official Signing Key) <security@centos.org>
Summary     : gpg(CentOS-7 Key (CentOS 7 Official Signing Key)
<security@centos.org>)
Description :
-----BEGIN PGP PUBLIC KEY BLOCK-----
Version: rpm-4.11.3 (NSS-3)
......
```

卸载数字证书可以使用-e 选项，命令如下：

```
# rpm -e gpg-pubkey-f4a80eb5-53a7ff4b
```

虽然数字证书可以手动卸载，但不推荐将其卸载。

11.3　使用 YUM 安装软件

前面分别介绍了使用源码包和 RPM 二进制包安装软件的方法，这两种方法都比较烦琐，需要手动解决包之间存在依赖性的问题，尤其是库文件依赖，甚至需要自行去网站上查找相关的 RPM 包。本节介绍一种可自动安装的软件包，并且它可以自动解决包之间的依赖关系。

YUM（Yellow dog Updater, Modified）来自 Yellow Dog Linux，是一个专门为了解决包的依赖关系而存在的软件包管理器，类似于 Windows 系统上可以通过 360 软件管家实现软件的一键安装、升级和卸载，或者苹果的 App Store，像一个超市一样集中了琳琅满目的商品，只要有需要购买的货品，可以一站式解决，而无须东奔西走。可以这么说，YUM 是改进型的 RPM 软件管理器，很好地解决了 RPM 所面临的软件包依赖问题。YUM 在服务器端存有所有的 RPM 包，并将各个包之间的依赖关系记录在文件中，当用户使用 YUM 安装 RPM 包时，YUM 会先从服务器端下载包的依赖性文件，通过分析此文件从服务器端一次性下载所有相关的 RPM 包并进行安装。YUM 虽然在这里不是"美味"的意思，但它是"真香"！有了这个"神器"，对于普通的 Linux 用户来说，解决了他们需要手动下载、安装、升级和卸载软件的问题。

YUM 软件可以用 rpm 命令进行安装，在安装之前可以通过如下命令查看 YUM 是否已经安装：

```
# rpm -qa | grep yum
yum-utils-1.1.31-54.el7_8.noarch
PackageKit-yum-1.1.10-2.el7.centos.x86_64
yum-metadata-parser-1.1.4-10.el7.x86_64
yum-langpacks-0.4.2-7.el7.noarch
yum-plugin-fastestmirror-1.1.31-54.el7_8.noarch
yum-3.4.3-168.el7.centos.noarch
```

可以看到，系统已安装了 YUM。

如果系统没有安装 YUM，可以使用下面的方式：

1）将 CentOS 7 Linux 系统安装光盘插入光驱，运行以下命令，将光盘挂载到/mnt 分区上。

```
#mount /dev/sr0 /mnt
```

2）切换路径至/mnt/Packages 目录，查找 YUM 软件安装包，获取 YUM 软件安装包的文件名。

```
# ll|grep yum*centos*
-rw-rw-r--. 3 root root  1298672 Apr  4  2020 yum-3.4.3-167.el7.centos.
noarch.rpm
```

3）将查找到的 YUM 软件安装包文件 yum-3.4.3-167.el7.centos.noarch.rpm，复制到/tmp 目录中。

```
#cp yum-3.4.3-167.el7.centos.noarch.rpm /tmp
```

4）运行 rpm 命令，开始安装 YUM。

```
#rpm -ivh /tmp/yum-3.4.3-167.el7.centos.noarch.rpm
```

5）直接在 Shell 窗口中运行 YUM 软件管理器，可以看到 YUM 能够正常运行，因为没有携带参数，所以运行后列出了 YUM 的帮助信息。也可以运行 rqm -qa yum 命令来检验 YUM 是否已正常安装。

11.3.1　查询、安装、升级和删除软件

YUM 软件管理器的语法格式如下：

```
yum [options] [command] [package ...]
```

- options：可选，选项包括-h（帮助）、-y（在安装过程中当提示是否选择 yes 时，全部选择 yes，不用见一次选一次，相当于全部默认为 yes）和-q（不显示安装的过程）等。
- command：要进行的操作。
- package：安装的包名。
YUM 的常用命令有以下几个：
- yum check-update：列出所有可更新的软件清单命令。
- yum update：更新所有软件命令。
- yum install <package_name>：仅安装指定的软件命令。
- yum update <package_name>：仅更新指定的软件命令。
- yum list：列出所有可安装的软件清单命令。
- yum remove <package_name>：删除软件包命令。
- yum search <keyword>：查找软件包命令。
- 清除缓存命令包括以下几种：
  - ➤ yum clean packages：清除缓存目录下的软件包。
  - ➤ yum clean headers：清除缓存目录下的 headers。
  - ➤ yum clean oldheaders：清除缓存目录下旧的 headers。
  - ➤ yum clean, yum clean all（相当于 yum clean packages; yum clean oldheaders）：清除缓存目录下的软件包及旧的 headers。
下面通过若干示例来展示如何通过 YUM 进行查询、安装、升级及删除软件。

1. 使用YUM查询软件包

使用 YUM 对软件包执行查询操作，常用的命令可分为以下几种：

1）yum list：查询所有已安装和可安装的软件包。

【示例 11.13】查询所有已安装和可安装的软件包。

```
# yum list                              #查询所有可用软件包列表
……
Installed Packages                      #已经安装的软件包
GConf2.x86_64                   3.2.6-8.el7              @anaconda
GeoIP.x86_64                    1.5.0-14.el7             @anaconda
LibRaw.x86_64                   0.19.4-1.el7             @anaconda
ModemManager.x86_64             1.6.10-4.el7             @base
ModemManager-glib.x86_64        1.6.10-4.el7               @base

Available Packages                      #还可以安装的软件包
389-ds-base.x86_64              1.3.10.2-12.el7_9          updates
389-ds-base-devel.x86_64        1.3.10.2-12.el7_9          updates
389-ds-base-libs.x86_64         1.3.10.2-12.el7_9          updates
389-ds-base-snmp.x86_64         1.3.10.2-12.el7_9          updates
Cython.x86_64                   0.19-5.el7              base
……
```

2）yum list 包名：查询软件包的安装情况。

【示例 11.14】查询 samba 软件包的安装情况

```
# yum list samba
Available Packages
samba.x86_64                    4.10.16-15.el7_9           updates
```

3）yum search 关键字：从 YUM 源服务器上查找与关键字相关的所有软件包。

【示例 11.15】从 YUM 源服务器上查找与关键字相关的所有软件包。

```
# yum search samba
========================N/S Matched:samba ===========================
centos-release-samba411.noarch : Samba 4.11 packages from the CentOS Storage SIG
                         : repository
kdenetwork-fileshare-samba.x86_64 : Share files via samba
pcp-pmda-samba.x86_64 : Performance Co-Pilot (PCP) metrics for Samba
samba-client.x86_64 : Samba client programs
samba-client-libs.i686 : Samba client libraries
……
Name and summary matches only, use"search all" for everything.
```

4）yum info 包名：查询软件包的详细信息。

【示例 11.16】查询软件包的详细信息。

```
# yum info samba
Available Packages                      #没有安装，可以安装
Name      : samba                       # 包名
Arch      : x86_64                      # 适合的硬件平台
Version   : 4.10.16                     # 版本
```

```
Release      : 15.el7_9                        # 发布版本
Size         : 719 k                           # 大小
Repo         : updates/7/x86_64                # 源位置
Summary      : Server and Client software to interoperate with Windows
               machines
URL          : http://www.samba.org/
License      : GPLv3+ and LGPLv3+
Description  : Samba is the standard Windows interoperability suite of
               programs
             : for Linux and Unix.
```

2. 使用YUM安装软件包

YUM 安装软件包的基本命令格式如下：

```
yum -y install 包名
```

【示例 11.17】使用 YUM 安装 Samba 软件。

```
#yum -y install samba
Resolving Dependencies                    #解决依赖问题
--> Running transaction check
---> Package samba.x86_64 0:4.10.16-15.el7_9 will be installed
--> Processing Dependency: samba-common-tools = 4.10.16-15.el7_9 for
package: samba-4.10.16-15.el7_9.x86_64
--> Running transaction check
---> Package samba-common-tools.x86_64 0:4.10.16-15.el7_9 will be installed
--> Finished Dependency Resolution

Dependencies Resolved

================================================================================
 Package              Arch        Version            Repository       Size
================================================================================
Installing:
 samba                x86_64      4.10.16-15.el7_9      updates       719 k
Installing for dependencies:
 samba-common-tools   x86_64       4.10.16-15.el7_9      updates       466 k

Transaction Summary
================================================================================
Install  1 Package (+1 Dependent package)

Total download size: 1.2 M
Installed size: 3.3 M
Downloading packages:
(1/2): samba-common-tools-4.10.16-15.el7_9.x86_64.rpm   | 466 kB   00:00
(2/2): samba-4.10.16-15.el7_9.x86_64.rpm                | 719 kB   00:00
--------------------------------------------------------------------------------
Total                                        1.6 MB/s | 1.2 MB  00:00
Running transaction check
Running transaction test
Transaction test succeeded
Running transaction
  Installing : samba-common-tools-4.10.16-15.el7_9.x86_64              1/2
```

```
 Installing : samba-4.10.16-15.el7_9.x86_64                            2/2
 Verifying : samba-common-tools-4.10.16-15.el7_9.x86_64               1/2
 Verifying : samba-4.10.16-15.el7_9.x86_64                            2/2

Installed:
 samba.x86_64 0:4.10.16-15.el7_9

Dependency Installed:
 samba-common-tools.x86_64 0:4.10.16-15.el7_9

Complete!
```

使用 YUM 安装软件包方便简单，系统自动解决了棘手的软件包依赖问题，因此强烈推荐使用 YUM 安装软件包。

3.　使用YUM升级软件包

YUM 升级软件包的基本命令格式如下：

```
yum -y update
```

以上命令为升级所有的软件包。不过考虑到服务器的稳定性，因此该命令并不常用。

```
yum -y update 包名
```

以上命令为升级特定的软件包。

使用 YUM 升级软件包之前，需要确保 YUM 源服务器中软件包的版本比本机安装的软件包版本高，否则就谈不上升级而是降级了。

【示例 11.18】升级软件包。

```
# yum -y update
No packages marked for update                    #没有可升级的软件包
```

4.　使用YUM卸载软件

YUM 卸载软件的基本命令格式如下：

```
yum remove 包名
```

以上命令为卸载指定的软件包。

【示例 11.19】使用 YUM 卸载 Samba 软件包。

```
# yum remove samba
Resolving Dependencies
--> Running transaction check
---> Package samba.x86_64 0:4.10.16-15.el7_9 will be erased
--> Finished Dependency Resolution

Dependencies Resolved

================================================================================
 Package        Arch          Version                  Repository         Size
================================================================================
Removing:
```

```
samba            x86_64           4.10.16-15.el7_9              @updates        2.2 M

Transaction Summary
========================================================================
Remove  1 Package

Installed size: 2.2 M
Is this ok [y/N]: y
Downloading packages:
Running transaction check
Running transaction test
Transaction test succeeded
Running transaction
  Erasing    : samba-4.10.16-15.el7_9.x86_64                              1/1
  Verifying  : samba-4.10.16-15.el7_9.x86_64                              1/1

Removed:
  samba.x86_64 0:4.10.16-15.el7_9

Complete!
```

使用 YUM 卸载软件包时，会同时卸载所有与该包有依赖关系的其他软件包，即使有依赖包属于系统运行的必备文件也会被 YUM 无情卸载，所带来的直接后果可能会使系统崩溃。除非能确定卸载此包及它的所有依赖包不会对系统产生影响，否则不要轻易使用 YUM 卸载软件包。

11.3.2　YUM 的配置

使用 YUM 安装软件包之前，需指定通过 YUM 下载 RPM 包的位置，此位置称为 YUM 源。YUM 源指的就是软件安装包的来源。使用 YUM 安装软件时至少需要一个 YUM 源。YUM 源既可以使用网络 YUM 源，也可以将本地光盘作为 YUM 源。接下来介绍这两种 YUM 源的搭建配置方法。

1. 网络YUM源搭建配置

一般情况下，只要主机网络正常，可以直接使用网络 YUM 源，不需要对配置文件做任何修改，这里需要对 YUM 源配置文件做个交代，网络 YUM 源配置文件位于/etc/yum.repos.d 目录下，文件扩展名为*.repo，只要扩展名为*.repo 的文件都是 YUM 源的配置文件。

```
# ls
CentOS-Base.repo            CentOS-Vault.repo
CentOS-Media.repo           CentOS-Debuginfo.repo
```

可以看到，该目录下主要有 4 个 YUM 配置文件，通常情况下 CentOS-Base.repo 文件是生效的。使用 Vim 打开该文件：

```
# vim /etc/yum.repos.d/ CentOS-Base.repo
[base]
```

```
name=CentOS-$releasever - Base
mirrorlist=http://mirrorlist.centos.org/? release= $releasever&arch=
$basearch&repo=os
baseurl=http://mirror.centos.org/centos/$releasever/os/$basearch/
gpgcheck=1
gpgkey=file:///etc/pki/rpm-gpg/RPM-GPG-KEY-CentOS-7
……
```

文件中含有一些 YUM 源容器，这里只列出了 Base 容器，其他容器和 Base 容器类似。Base 容器中各参数及其含义如下：

- [base]：容器名称，一定要放在中括号里。
- name：容器说明。
- mirrorlist：镜像站点，这个可以注释掉。
- baseurl：YUM 源服务器的地址。默认是 CentOS 官方的 YUM 源服务器，这个源服务器是可以使用的。如果觉得慢，则可以改成速度快一些的 YUM 源地址。
- enabled：决定此容器是否生效，如果不写或写成 enabled 则表示此容器生效，如果写成 enable=0 则表示此容器不生效。
- gpgcheck：如果为 1 则表示 RPM 的数字证书生效；如果为 0 则表示 RPM 的数字证书不生效。
- gpgkey：数字证书的公钥文件保存位置。不用修改。

2．本地YUM源

因为用户不一定是时刻在线的，所以在无法联网的情况下，可以考虑用本地光盘或安装映像文件作为 YUM 源。在 Linux 系统的安装映像文件中就有常用的 RPM 包，可以使用压缩文件打开映像文件（iso 文件），进入其 Packages 子目录，如图 11.2 所示。

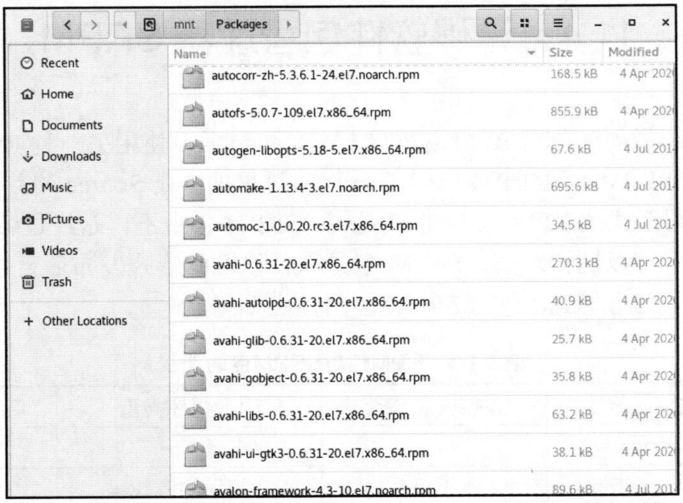

图 11.2　本地安装 Packages 子目录

可以看到，Packages 子目录下几乎包括所有常用的 RPM 包，因此使用系统安装映像作为本地 YUM 源没有任何问题。在/etc/yum.repos.d 目录下有一个 CentOS-Media.repo 文件，此文件就是以本地光盘作为 YUM 源的模板文件，只需进行简单的修改即可。

放入 CentOS 安装光盘并挂载光盘到指定位置。命令如下：

```
# mount /dev/sr0 /mnt                    #挂载光盘到/mnt 目录下
```

修改其他几个 YUM 源配置文件的扩展名，使它们失效，因为只有扩展名是*.repo 的文件才能作为 YUM 源配置文件。当然，也可以删除其他的 YUM 源配置文件，但是如果将它们删除了，当又想用网络作为 YUM 源时就没有了参考文件，所以最好还是修改扩展名即可。命令如下：

```
# cd /etc/yum.repos.d/
# mv CentOS-Base, repo CentOS-Base.repo.bak
#mv CentOS-Debuginfo.repo CentOS-Debuginfo.repo.bak
# mv CentOS-Vault.repo CentOS-Vault.repo.bak
```

修改光盘的 YUM 源配置文件 CentOS-Media.repo：

```
# vim CentOS-Media.repo
[c7-media]
name=CentOS-$releasever - Media
baseurl=file:///mnt/                     #地址为光盘挂载的地址
#file:///media/cdrom/
#file:///media/cdrecorder/               #注释掉这两个不需要的地址
gpgcheck=1
enabled=1                #把 enabled=0 改为 enabled=1，让这个 YUM 源配置文件生效
gpgkey=file:///etc/pki/rpm-gpg/RPM-GPG-KEY-CentOS-7
```

本地 YUM 源就配置完成了。

11.4　源码软件包管理器 SRPM

前面章节介绍了如何使用 RPM 包安装软件，本节学习使用另一种 RPM 包，即 SRPM 源码包安装软件。SRPM 包比 RPM 包多了一个 S，这里的 S 是 Source 的首字母，所以 SRPM 可直译为"源代码形式的 RPM 包"。也就是说，SRPM 包中不再是经过编译的二进制文件而是源代码文件。可以这样理解，SRPM 包是软件以源码形式发布后直接封装成 RPM 包的产物。表 11.3 列出了 RPM 包与 SRPM 包的几点不同。

表 11.3　RPM包与SRPM包的比较

文件格式	文件名格式	直接安装与否	内含程序类型	可否修改参数并编译
RPM	xxx.rpm	可	已编译	不可
SRPM	xxx.src.rpm	不可	未编译的源代码	可

从表 11.3 中可以看到，SRPM 包的命名与 RPM 包基本类似，唯一的区别在于 SRPM

包多了 src 标志。SRPM 包采用"包名-版本号-发布次数-发行商-src.rpm"的方式进行命名，如 MySQL-5.7.29-1.el7.src.rpm。

SRPM 包是未经编译的源码包，无法直接用来安装软件，需要经过以下两步：

1）将 SRPM 包编译成二进制的 RPM 包。

2）使用编译完成的 RPM 包安装软件。

前面章节已经介绍了如何使用 RPM 包安装软件，因此使用 SRPM 包安装软件的关键在于第一步，也就是如何将 SRPM 包编译为 RPM 包。本节依然以安装 Apache 为例，使用 SRPM 包安装软件的方式有以下两种。

- 利用 rpmbuild 命令可以直接使用 SRPM 包安装软件，也可以先将 SRPM 包编译成 RPM 包，再使用 RPM 包安装软件。
- 利用*.spec 文件可以先将 SRPM 包编译成 RPM 包，然后再使用 RPM 包安装软件。

1. 第一种方式

rpmbuild 命令也是一个程序，但是这个程序不会默认安装，因此要想使用 rpmbuild 命令就必须要提前安装。这里我们使用 rpm 命令来安装 rpmbuild 命令：

```
#rpm -ivh /mnt/Packages/rpm-build-4.11.3-43.el7.x86_64.rpm
Preparing...
###################
[100%]
1:rpm-build
###################
[100%]
```

出现两个 100%，证明 rpmbuild 安装成功。

当然，使用 YUM 安装会更加方便，示例如下：

```
#yum -y install rpm-build
```

如果只想安装 SRPM 包而不用修改源代码，那么直接使用 rpmbuild 命令即可。使用 rpmbuild 安装 SRPM 包的命令格式如下：

```
rpmbuild [选项] 包全名
```

常用选项：

- --rebuild：编译 SRPM 包生成 RPM 二进制包；
- --recompile：编译 SRPM 包，同时安装。

需要注意的是，SRPM 本质上仍属于 RPM 包，因此安装时仍需考虑包之间的依赖性，要先安装它的依赖包，才能正确安装。

【示例 11.20】使用--rebuild 选项将 SRPM 包编译成 RPM 二进制包（本例以 httpd-2.2.15-5.el6.src.rpm 为例）。

```
# rpmbuild --rebuild httpd-2.2.15-5.el6.src.rpm
warning: InstallSourcePackage at: psm.c:244: Header V3 RSA/SHA256
Signature, key
```

```
ID fd431d51: NOKEY
……
Wrote: /root/rpmbuild/RPMS/i386/ httpd-2.2.15-5.el6.i386.rpm
Wrote: /root/rpmbuild/RPMS/i386/httpd-devel-2.2.15-5.el6.i386.rpm
Wrote: /root/rpmbuild/RPMS/noarch/httpd-manual-2.2.15-5.el6.noarch.rpm
Wrote: /root/rpmbuild/RPMS/i386/httpd-tools-2.2.15-5.el6.i386.rpm
Wrote: /root/rpmbuild/RPMS/i386/ mod_ssl-2.2.15-5.el6.i386.rpm
#写入 RPM 包的位置，只要看到有路径信息，就说明编译成功
Executing(%clean): /bin/sh -e/var/tmp/rpm-tmp.Wb8TKa
+ umask 022
+ cd/root/rpmbuild/BUILD
+ cd httpd-2.2.15
+ rm -rf /root/rpmbuild/BUILDROOT/httpd-2.2.15-5.el6.i386
+ exit 0
Executing(-clean): /bin/sh -e/var/tmp/rpm-tmp.3UBWql
+ umask 022
+ cd/root/rpmbuild/BUILD
+ rm-rf httpd-2.2.15
+ exit 0
```

exit 0 是编译成功的标志，编译过程产生的临时文件会自动删除。SRPM 包编译完成后会在当前目录下生成 rpmbuild 目录，整个编译过程生成的文件都存储在这个目录下。

```
# ls /root/rpmbuild/
BUILD RPMS SOURCES SPECS SRPMS
```

可以看到，在 rpmbuild 目录下有几个子目录，其各自保存的文件类别如表 11.4 所示。

表 11.4　SRPM包编译生成rpmbuild目录的文件内容

文 件 名	文 件 内 容
BUILD	编译过程中产生的数据保存位置
RPMS	编译成功后，生成的RPM包的保存位置
SOURCES	从SRPM包中解压出来的源码包（*.tar.gz）的保存位置
SPECS	生成的设置文件的安装位置。第二种安装方法就是利用这个文件进行安装的
SRPMS	放置SRPM包的位置

可以看到，编译好的 RPM 包保存在/root/rpmbuild/RPMS 目录下，可以使用如下命令进行查看和验证：

```
#ll /root/rpmbuild/RPMS/i386
-rw--r--r-- 1 root root 3039035 Jun19 16:30 httpd-2.2.15-5.el6.i386.rpm
-rw--r--r-- 1 root root 154371 Jun 19 16:30 httpd-devel-2.2.15-5.el6.i386.
rpm
-rw--r--r-- 1 root root 124403 Jun 19 16:30 httpd-tools-2.2.15-5.el6.i386.
rpm
-rw--r--r-- 1 root root 383539 Jun 19 16:30 mod_ssl-2.2.15-5.el6.i386.rpm
```

如此就得到了可以直接安装软件的 RPM 包。实际上，使用 rpmbuild 命令编译 SRPM 包经历了三个过程：首先把 SRPM 包解开，得到源码包；然后对源码包进行编译，生成二进制文件；最后把二进制文件重新打包生成 RPM 包。

2. 第二种方式

如果想利用.spec 文件安装软件，则需要先将 SRPM 包解开。当然，可以使用上述的 rpmbuild 命令解开 SRPM 包，但也可以选择另一种方式，即使用 rpm -i 命令：

```
# rpm -i httpd-2.2.15-5.el6.src.rpm
```

-i 选项用于 rpm 包时表示安装，但对于 SRPM 包的安装来说，这里只会将*.src.rpm 包解开后将个文件放置在当前目录下的 rpmbuild 目录中，并不涉及安装操作。通过此命令，也可以在当前目录下生成 rpmbuild 目录，但与表 11.4 不同，此 rpmbuild 目录下仅有 SOURCES 和 SPECS 两个子目录。其中，SOURCES 目录下放置的是源码，SPECS 目录下放置的是设置文件。接下来使用 SPECS 目录中的设置文件生成 RPM 包，命令如下：

```
# rpmbuild -ba /root/rpmbuild/SPECS/httpd.spec
```

其中，-ba 选项的含义是编译，会同时生成 RPM 二进制包和 SRPM 源码包。此外，还可以使用-bb 选项仅生成 RPM 二进制包。命令执行完成后，会在/root/rpmbuild 目录下生成 BUILD、RPMS、SOURCES、SPECS 和 SRPMS 目录，RPM 包放在 RPMS 目录中，SRPM 包生成在 SRPMS 目录中。

以上两种方式都可实现将 SRPM 包编译为 RPM 二进制包，剩下的工作就是使用 RPM 包安装软件，这部分内容已在前面章节中讲过，此处不再赘述。

11.5　函　数　库

Linux 系统中存在大量的函数库。简单来讲，函数库就是一些函数的集合，每个函数都具有独立的功能且能被外界调用。在编写代码时，有些功能根本不需要自己实现，直接调用函数库中的函数即可。但是需要注意，函数库中的函数并不是以源代码的形式存在的，而是经过编译后生成的二进制文件，这些文件无法独立运行，只有链接到编写的程序中才可以运行。

Linux 系统中的函数库分为两种，分别是静态函数库（简称静态库）和动态函数库（也称为共享函数库，简称动态库或共享库），两者的主要区别在于，程序调用函数时，将函数整合到程序中的时机不同。

静态函数库在程序编译时就会整合到程序中，也就是说，程序运行前函数库就已经被加载。这样做的好处是程序运行时不需要再调用外部函数库，可以直接执行。缺点也很明显，所有内容都整合到程序中，编译文件会比较大，而且一旦静态函数库改变了，程序就需要重新编译。

动态函数库在程序运行时才被加载（如图 11.3 所示），程序中只保存对函数库的指向，程序编译仅对其做简单的引用。

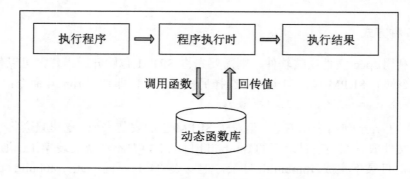

图 11.3　动态函数库的加载过程

　　使用动态函数库的好处是，程序生成的可执行程序体积比较小，并且升级函数库时无须对整个程序重新编译；缺点是，如果程序执行时函数库出现问题，则程序将不能正确运行。

　　在 Linux 系统中，静态函数库文件的扩展名是.a，文件通常命名为 libxxx.a（xxx 为文件名）；动态函数库的扩展名为.so，文件通常命名为 libxxx.so.major.minor（xxx 为文件名，major 为主版本号，minor 为副版本号）。

　　目前，主要考虑到软件的升级方便，在 Linux 系统中大多数都是动态函数库，其中被系统程序调用的函数库主要存放在/usr/lib 和/lib 这两个目录下。Linux 内核所调用的函数库主要存放在/lib/modules 目录下。

　　一定要注意，函数库尤其是动态函数库的存放位置非常重要，不要轻易更改。

　　Linux 的发行版众多，不同的 Linux 版本安装函数库的方式不同。在 CentOS 7 中，安装函数库可以直接使用 YUM 软件管理器（这真是个非常好用的宝贝）。例如，安装 curses 函数库的命令如下：

```
# yum install ncurses-devel
```

　　正常情况下，函数库安装完成后可以直接被系统识别，但总有例外的情况。这里先想一个问题，如何查看可执行程序调用了哪些函数库呢？通过以下命令：

```
# ldd -v 可执行文件名
```

　　-v 选项的含义是显示详细的版本信息，不一定非要使用这个选项。

　　【示例 11.21】查看 ls 命令调用了哪些函数库。

```
# ldd /bin/ls
linux-vdso.so.1 =>  (0x00007ffc8df8a000)
libselinux.so.1 => /lib64/libselinux.so.1 (0x00007fa617e5d000)
libcap.so.2 => /lib64/libcap.so.2 (0x00007fa617c58000)
libacl.so.1 => /lib64/libacl.so.1 (0x00007fa617a4f000)
libc.so.6 => /lib64/libc.so.6 (0x00007fa617681000)
libpcre.so.1 => /lib64/libpcre.so.1 (0x00007fa61741f000)
libdl.so.2 => /lib64/libdl.so.2 (0x00007fa61721b000)
```

```
/lib64/ld-linux-x86-64.so.2 (0x00007fa618084000)
libattr.so.1 => /lib64/libattr.so.1 (0x00007fa617016000)
libpthread.so.0 => /lib64/libpthread.so.0 (0x00007fa616dfa000)
```

如果函数库安装后仍无法使用，运行程序时会提示找不到某个函数库，这时就需要对函数库的配置文件进行手动调整，也很简单，只需进行如下操作：

【示例 11.22】先将函数库文件放入指定位置（通常放在/usr/lib 或/lib 目录下），然后把函数库所在的目录写入/etc/ld.so.conf 文件中。

```
# cp *.so /usr/lib          #把函数库复制到/usr/lib 目录
# vim /etc/ld.so.conf        #修改函数库的配置文件
include ld.so.conf.d/*.conf
/usr/lib                     #写入函数库所在的目录，其实/usr/lib/目录默认已经被识别
```

注意：这里写入的是函数库所在的目录，而不仅仅是函数库的文件名。另外，如果自己在其他目录中创建了函数库文件，这里也可以直接在/etc/ld.so.conf 文件中写入函数库文件所在的完整目录路径。

使用 ldconfig 命令重新读取/etc/ld.so.conf 文件，把新函数库读入缓存。命令如下：

```
# ldconfig
```

从/etc/ld.so.conf 文件中把函数库读入缓存：

```
# ldconfig -p
```

列出系统缓存中所有识别的函数库。

11.6 以脚本方式安装软件

以脚本方式安装软件并不多见，因此在软件包分类中并没有把它列为一类。它与在Windows 下安装程序比较类似，有一个可执行的安装程序，只要运行安装程序，然后进行简单的功能定制选择，如指定安装目录等，就可以安装成功，只不过是在字符界面完成安装的。

目前常见的脚本程序以各类硬件的驱动文件居多，读者可以学习一下这类软件的安装方式，以备不时之需。

首先来看看脚本程序如何安装和使用。例如，安装一个名为 Webmanager 的工具软件，Webmanager 是一个基于 Web 的系统管理界面，借助任何支持表格和表单的浏览器，可以设置用户账号、apache、DNS 和文件共享等功能。Webmanager 包括一个简单的 Web 服务器和许多 CGI 程序，这些程序可以直接修改系统文件，如/etc/initd.conf 和/etc/passwd。Web服务器和所有的 CGI 程序都是用 Perl 编写的，没有使用任何非标准 Perl 模块。也就是说，Webmanager 是一个用 Perl 语言编写的、可以通过浏览器管理 Linux 的软件。

Webmanager 的安装步骤如下：

首先下载 Webmanager 软件，这里下载的是 Webmanager-1.810.tar.gz。

接下来解压缩软件，命令如下：

```
[root@localhost ~]# tar -zxvf Webmanager-1.810.tar.gz
```

进入解压目录，命令如下：

```
[root@localhost ~]# cd Webmanager-1.810
```

执行安装程序 setup.sh 并指定功能选项，命令如下：

```
[root@localhost webmin-1.610]# ./setup.sh
***************************
* Welcome to the Webmanager setup script,version 1.810 *
***************************
Webmanager is a web-based interface that allows Unix-like operating
systems and common Unix services to be easily administered.
Installing Webmin in /root/webmin-1.610...
***************************
Webmanager uses separate directories for configuration files and log files.
Unless you want to run multiple versions of Webmin at the same time
you can just accept the defaults.
Config file directory [/etc/Webmanager]:
#选择安装位置，默认是安装在/etc/Webmanager 目录下
#如果安装到默认位置，则直接回车
Log file directory [/var/Webmanager]:
#日志文件保存位置，直接回车，选择默认位置
***************************
Webmanager is written entirely in Perl.Please enter the full path to the
Perl 5 interpreter on your system.
Full path to peri (default /usr/bin/perl):
#指定 Perl 语言的安装位置，直接回车，选择默认位置，Perl 默认就安装在这里
Testing Perl...
Perl seems to be installed ok
***************************
Operating system name: CentOS Linux Operating system version: 7.0
***************************
Webmanager uses its own password protected web server to provide access to
the administration programs.
The setup script needs to know:
-What port to run the web server on.There must not be another web server
already using this port.
-The login name required to access the web server.
-The password required to access the web server.
-If the Webserver should use SSL (if your system supports it).
-Whether to start webmin at boot time.
Web server port (default 10000):
#指定 Webmanager 监听的端口，直接回车，默认选定的是 10000
```

```
Login name (default admin):admin          #输入登录 Webmanager 的用户名
Login password:
Password again:
#输入登录密码
The Perl SSLeay library is not installed.SSL not available.
#Apache 默认没有启动 SSL 功能，因此 SSL 没有被激活
Start Webmanager at boot time (y/n):y
#是否在开机的同时启动 Webmanager
……
Webmanager has been installed and started successfully.Use your web browser
to go to
http://localhost:10000/
and login with the name and password you entered previously.
#安装完成
```

这种脚本安装方式简单、快速，但是需要软件开发商发布安装脚本，而且在 Linux 中的绝大多数软件是没有这种脚本的。

11.7 案例——三酷猫修改 YUM 源

三酷猫学会了用 YUM 安装软件，但是安装速度特别慢，明明是 100MB 的网络，但下载速度只有几十 KB。三酷猫问了一下朋友才知道，原来 YUM 源的服务器都在大洋彼岸的美洲大陆上，距离自己太远了，所以比较慢。于是三酷猫找了一些国内的 YUM 源镜像，下载软件，速度就快多了。

首先，三酷猫找到了几个镜像源，如表 11.5 所示。

表 11.5 常用的YUM镜像地址

来　源	地　址
阿里	http://mirrors.aliyun.com/repo/Centos-7.repo
163	http://mirrors.163.com/.help/CentOS7-Base-163.repo

然后，三酷猫登录到 CentOS 7 系统上，并输入了以下命令：

```
# mv /etc/yum.repos.d/CentOS-Base.repo /etc/yum.repos.d/CentOS-Base.
repo.old                              # 备份原配置文件
# cd /etc/yum.repos.d/                # 进入 yum.repos.d 目录
# wget -O /etc/yum.repos.d/CentOS-Base.repohttp://mirrors.163.com/.help/
CentOS7-Base-163.repo                 # 下载配置文件
# yum makecache                       # 生成缓存
```

最后，执行以上代码，YUM 安装源就切换成了 mirrors.163.com，再使用 YUM 安装软件的速度就快多了。同理，也可以将安装源切换成阿里或者其他镜像。

11.8　练习和实验

一．练习

1．填空题

1）源码包的安装分为（　　　）、（　　　）和（　　　）三个步骤。

2）安装 RPM 软件包的命令格式为（　　　）。

3）查询 RPM 软件包是否已经安装的命令格式为（　　　）。

4）用于查询可执行程序调用了哪些函数库的命令是（　　　）。

5）Linux 系统的函数库分为两种，分别是（　　　）和（　　　）。

2．判断题

1）RPM 包的扩展名为 rpm，可以使用 rpm 命令直接安装 RPM 包。　　　　（　　　）

2）标记为 x86_64 的 RPM 软件包可以安装在 32 位的 CentOS 上，也可以安装在 64 位的 CentOS 上。　　　　（　　　）

3）SRPM 软件包的扩展名为*.src.rpm，一般需要使用 rpmbuild 工具进行安装。

（　　　）

4）CentOS 7 默认内置软件包管理工具 YUM。　　　　（　　　）

5）使用 YUM 工具删除已安装软件的命令是 yum clean 软件名。　　　　（　　　）

二．实验

实验 1：使用 YUM。

1）使用 YUM 工具查询已安装的 openssh 软件的版本。

2）使用 YUM 工具安装小工具 sl，然后查看执行效果。

3）简述 YUM 工具的主要作用。

实验 2：源码文件安装。

1）使用源码方式安装 python-3.9.6，并记录安装步骤。

2）卸载安装好的 python-3.9.6，并记录卸载步骤。

3）形成实验报告。

第 12 章　常用软件部署

在 Linux 环境下部署各种应用软件是软件工程师经常要做的工作。掌握常用软件的安装与部署可以大幅提升软件工程师的日常工作效率，并避免一些"坑"。

本章的主要内容如下：

- 安装数据库；
- 安装 Web 应用程序；
- 安装开发工具；
- 搭建云平台。

12.1　安装数据库

数据库是 Linux 系统中常见的应用程序。数据库应用软件的种类繁多，最流行的有 MySQL、MongoDB、Oracle 和 Redis 等。数据库应用软件的安装过程较为复杂，本节将介绍几种常用的数据库应用软件的安装方法，尽可能做到步步还原真实场景，并对安装过程中容易出现的问题加以详解。

12.1.1　安装 MySQL 数据库

MySQL 是当前较为流行的一种关系型数据库系统，它被广泛应用在互联网应用领域。MySQL 的安装过程为：下载源码安装包→确认下载包→从本机安装 YUM 源→检查 YUM 源配置→激活 YUM 源→安装 MySQL 的 Server 版软件→查看 root 账户的临时密码→启动 MySQL 服务。下面具体讲解。

1）下载源码安装包。由于本地 YUM 源及在线 YUM 源中没有可以直接下载安装的 MySQL 版本，因此需要建立 MySQL 的 YUM 源。首先需要下载 MySQL 的 YUM 源安装包，地址为 https://dev.mysql.com/get/mysql80-community-release-el7-3.noarch.rpm。使用 wget 命令，可以加上--no-check-certificate 选项不进行检查和认证，使 HTTPS 网址顺利通过。下载过程如下：

```
# wget --no-check-certificate https://dev.mysql.com/get/mysql80-community-
release-el7-3.noarch.rpm
```

```
--2021-08-04 01:13:12-- https://dev.mysql.com/get/mysql80-community-
release-el7-3.noarch.rpm
Resolving dev.mysql.com (dev.mysql.com)... 137.254.60.11
Connecting to dev.mysql.com (dev.mysql.com)|137.254.60.11|:443... connected.
WARNING: cannot verify dev.mysql.com's certificate, issued by '/C=EN/CN=
Certum Trusted NetWork CA 2':
  Unable to locally verify the issuer's authority.
HTTP request sent, awaiting response... 302 Found
Location: https://repo.mysql.com//mysql80-community-release-el7-3.noarch.
rpm [following]
--2021-08-04 01:13:13-- https://repo.mysql.com//mysql80-community-
release-el7-3.noarch.rpm
Resolving repo.mysql.com (repo.mysql.com)... 23.34.165.3
Connecting to repo.mysql.com (repo.mysql.com)|23.34.165.3|:443... connected.
WARNING: cannot verify repo.mysql.com's certificate, issued by '/C=EN/CN=
Certum Trusted NetWork CA 2':
  Unable to locally verify the issuer's authority.
HTTP request sent, awaiting response... 200 OK
Length: 26024 (25K) [application/x-redhat-package-manager]
Saving to: 'mysql80-community-release-el7-3.noarch.rpm'

100%[====================================>] 26,024      106KB/s  in 0.2s

2021-08-04 01:13:15 (106 KB/s) - 'mysql80-community-release-el7-3.noarch.
rpm' saved [26024/26024]
```

2）确认下载包。下载完毕后，还要确认 MySQL 安装包是否在下载目录中。

```
# ls
anaconda-ks.cfg  initial-setup-ks.cfg                      Public
Desktop          Music                                     Templates
Documents        mysql80-community-release-el7-3.noarch.rpm Videos
Downloads        Pictures
```

3）从本机安装 YUM 源。使用 yum localinstall 命令从本机目录中安装软件包，安装
过程如下：

```
# yum localinstall mysql80-community-release-el7-3.noarch.rpm
Loaded plugins: fastestmirror, langpacks
Examining mysql80-community-release-el7-3.noarch.rpm: mysql80-community-
release-el7-3.noarch
Marking mysql80-community-release-el7-3.noarch.rpm to be installed
Resolving Dependencies
--> Running transaction check
---> Package mysql80-community-release.noarch 0:el7-3 will be installed
--> Finished Dependency Resolution

Dependencies Resolved

================================================================================
 Package        Arch    Version         Repository                       Size
================================================================================
Installing:
mysql80-community-releasenoarch  el7-3 /mysql80-community-release-el7-
3.noarch  31 k
```

```
Transaction Summary
================================================================
Install  1 Package

Total size: 31 k
Installed size: 31 k
Is this ok [y/d/N]: y
Downloading packages:
Running transaction check
Running transaction test
Transaction test succeeded
Running transaction
  Installing : mysql80-community-release-el7-3.noarch                    1/1
  Verifying  : mysql80-community-release-el7-3.noarch                    1/1

Installed:
  mysql80-community-release.noarch 0:el7-3

Complete!
```

4）检查 YUM 源配置。安装完成后会将 MySQL 的 YUM 仓库添加到系统的 list 仓库中，可以在/etc/yum.repos.d 目录下看到新增的两个文件（mysql-community.repo 和 mysql-community-source.repo）。

查看安装结果：

```
# cd /etc/yum.repos.d/
# ls
CentOS-Base.repo        CentOS-fasttrack.repo   CentOS-x86_64-kernel.repo
CentOS-Base.repo.bak    CentOS-Media.repo       mysql-community.repo
CentOS-CR.repo          CentOS-Sources.repo     mysql-community-source.repo
CentOS-Debuginfo.repo   CentOS-Vault.repo
```

5）激活 YUN 源。使用 yum repolist enable 命令激活 YUM 源。

```
# yum repolist enable
Loaded plugins: fastestmirror, langpacks
Loading mirror speeds from cached hostfile
 * base: mirrors.aliyun.com
 * extras: mirrors.aliyun.com
 * updates: mirrors.aliyun.com
mysql-connectors-community                             | 2.6 kB    00:00
mysql-tools-community                                  | 2.6 kB    00:00
mysql80-community                                      | 2.6 kB    00:00
(1/3): mysql-connectors-community/x86_64/primary_db    |  83 kB    00:01
(2/3): mysql-tools-community/x86_64/primary_db         |  91 kB    00:01
(3/3): mysql80-community/x86_64/primary_db             | 177 kB    00:01
repolist: 0
```

6）安装 MySQL 的 Server 版软件。直接使用 yum install 命令安装 mysql-community-server 软件，YUM 会将相关的依赖一并解决，非常方便。如果不想在安装过程中反复地输入 y 确认一些问题，则可以在 yum install 命令中加-y 选项，就会让所有的问题都默认回答为 y。

```
# yum install mysql-community-server
Loaded plugins: fastestmirror, langpacks
Loading mirror speeds from cached hostfile
 * base: mirrors.aliyun.com
 * extras: mirrors.aliyun.com
 * updates: mirrors.aliyun.com
Resolving Dependencies
--> Running transaction check
---> Package mysql-community-server.x86_64 0:8.0.26-1.el7 will be installed
--> Processing Dependency: mysql-community-common(x86-64) = 8.0.26-1.el7
for package: mysql-community-server-8.0.26-1.el7.x86_64
……
---> Package mysql-community-client-plugins.x86_64 0:8.0.26-1.el7 will be
installed
---> Package mysql-community-libs.x86_64 0:8.0.26-1.el7 will be obsoleting
--> Running transaction check
---> Package mysql-community-libs-compat.x86_64 0:8.0.26-1.el7 will be
obsoleting
--> Finished Dependency Resolution

Dependencies Resolved

================================================================================
 Package                     Arch    Version        Repository         Size
================================================================================
Installing:
 mysql-community-client     x86_64  8.0.26-1.el7 mysql80-community   46 M
    replacing mariadb.x86_64 1:5.5.68-1.el7
 mysql-community-libs       x86_64  8.0.26-1.el7 mysql80-community  4.0 M
    replacing mariadb-libs.x86_64 1:5.5.68-1.el7
 mysql-community-libs-compat  x86_64  8.0.26-1.el7 mysql80-community
1.2 M
    replacing mariadb-libs.x86_64 1:5.5.68-1.el7
 mysql-community-server     x86_64  8.0.26-1.el7 mysql80-community  434 M
Installing for dependencies:
 mysql-community-client-plugins x86_64 8.0.26-1.el7 mysql80-community
4.5 M
 mysql-community-common     x86_64  8.0.26-1.el7 mysql80-community  620 k

Transaction Summary
================================================================================
Install  4 Packages (+2 Dependent packages)

Total download size: 490 M
Is this ok [y/d/N]: y
Downloading packages:
warning: /var/cache/yum/x86_64/7/mysql80-community/packages/mysql-community
-client-plugins-8.0.26-1.el7.x86_64.rpm: Header V3 DSA/SHA256 Signature,
key ID 5072e1f5: NOKEY
Public key for mysql-community-client-plugins-8.0.26-1.el7.x86_64.rpm is
not installed
(1/6): mysql-community-client-plugins-8.0.26-1.el7.x86_64. | 4.5 MB  00:03
(2/6): mysql-community-common-8.0.26-1.el7.x86_64.rpm     | 620 kB  00:00
……
(6/6): mysql-community-server-8.0.26-1.el7.x86_64.rpm     | 434 MB  03:38
```

```
------------------------------------------------------------------
Total                                     2.2 MB/s | 490 MB  03:44
Retrieving key from file:///etc/pki/rpm-gpg/RPM-GPG-KEY-mysql
Importing GPG key 0x5072E1F5:
 Userid     : "MySQL Release Engineering <mysql-build@oss.oracle.com>"
 Fingerprint: a4a9 4068 76fc bd3c 4567 70c8 8c71 8d3b 5072 e1f5
 Package    : mysql80-community-release-el7-3.noarch (@/mysql80-community
 -release-el7-3.noarch)
 From       : /etc/pki/rpm-gpg/RPM-GPG-KEY-mysql
Is this ok [y/N]: y                       # 通过键盘输入 y
Running transaction check
Running transaction test
Transaction test succeeded
Running transaction
  Installing : mysql-community-client-plugins-8.0.26-1.el7.x86_64     1/8
  Installing : mysql-community-common-8.0.26-1.el7.x86_64             2/8
  ......
  Verifying  : 1:mariadb-5.5.68-1.el7.x86_64                          8/8

Installed:
 mysql-community-client.x86_64 0:8.0.26-1.el7
 mysql-community-libs.x86_64 0:8.0.26-1.el7
 mysql-community-libs-compat.x86_64 0:8.0.26-1.el7
 mysql-community-server.x86_64 0:8.0.26-1.el7

Dependency Installed:
 mysql-community-client-plugins.x86_64 0:8.0.26-1.el7
 mysql-community-common.x86_64 0:8.0.26-1.el7

Replaced:
 mariadb.x86_64 1:5.5.68-1.el7           mariadb-libs.x86_64 1:5.5.68-1.el7

Complete!
```

看到"Complete!",表示安装结束。

7)查看 root 账户的临时密码。安装完成后,会生成一个临时的随机密码给 root 账户使用,该密码保存在/var/log/ mysqld.log 下,可以使用命令查看。这个随机密码在后期登录数据库时会用到。

```
cat /var/log/mysqld.log
2021-08-05T13:43:59.231664Z 6 [Note] [MY-010454] [Server] A temporary
password is generated for root@localhost: &X8utKtCpJ3d
```

8)启动 MySQL 服务。启动 MySQL 服务并设置开机启动服务。

```
# systemctl start mysqld.service
# systemctl enable mysqld.service
```

至此,MySQL 的安装与部署已经基本结束,还有一些安全等方面的设置问题不在本书的讨论范围之内,读者可自行查阅相关资料。

12.1.2　安装 Oracle 数据库

Oracle RDBMS，或简称 Oracle，是甲骨文公司开发的一款关系型数据库管理系统。它在数据库领域一直处于领先地位，具有系统可移植性好、使用方便、功能强等优点，适用于各类大、中、小微机环境。它是一种效率高、可靠性好、适应高吞吐量的数据库解决方案。

Oracle 在 Linux 环境下的安装过程为：准备安装环境→准备编译环境→关闭网络防火墙→关闭内核防火墙 SELinux→修改内核参数→配置环境变量→解压安装包→编译安装，下面具体讲解。

1）准备安装环境。Oracle 的安装过程较为复杂，先准备环境。下载 linux.x64_11gR2_database_1of2.zip 和 linux.x64_11gR2_database_2of2.zip 两个安装文件，并将它们保存在 /usr/local/src 目录下。

创建运行 Oracle 数据库的系统用户和用户组。

```
# groupadd oinstall                       #创建用户组 oinstall
# groupadd dba                            #创建用户组 dba
#创建 oracle 用户，并将其加入 oinstall 和 dba 用户组
# useradd -g oinstall -g dba -m oracle
#设置 oracle 的用户登录密码。如果不设置密码，在 CentOS 的图形登录界面无法登录
# passwd oracle
Changing password for user oracle.
New password:                            # 密码
BAD PASSWORD: The password is shorter than 8 characters
Retype new password:                     # 确认密码
passwd: all authentication tokens updated successfully.
# id oracle                              # 查看新建的 oracle 用户
uid=1001(oracle) gid=1002(dba) groups=1002(dba)
```

创建 Oracle 数据库安装目录。

```
# mkdir -p /data/oracle                   #Oracle 数据库安装目录
# mkdir -p /data/oraInventory             #Oracle 数据库配置文件目录
# mkdir -p /data/database                 #Oracle 数据库软件包解压目录
#设置目录所有者为 oinstall 用户组的 oracle 用户
# chown -R oracle:oinstall /data/oracle
# chown -R oracle:oinstall /data/oraInventory
# chown -R oracle:oinstall /data/database
```

修改 OS 系统标识，因为 Oracle 默认不支持在 CentOS 系统下安装，因此修改文件/etc/RedHat-release。

```
# cat /proc/version
Linux version 3.10.0-327.el7.x86_64 (builder@kbuilder.dev.centos.org)
(gcc version 4.8.3 20140911 (Red Hat 4.8.3-9) (GCC) ) #1 SMP Thu Nov 19
22:10:57 UTC 2015
# cat /etc/redhat-release
```

```
CentOS Linux release 7.1.1503 (Core)
# vi /etc/redhat-release
# cat /etc/redhat-release
redhat-7
```

2）准备编译环境。

```
# yum install gcc* gcc-* gcc-c++-* glibc-devel-* glibc-headers-* compat-
libstdc* libstdc* elfutils-libelf-devel* libaio-devel* sysstat* unixODBC-*
pdksh-*
```

请根据具体情况进行安装，以上内容只作为参考。

3）关闭网络防火墙。CentOS 7 默认使用 firewalld 作为防火墙。

```
# systemctl status firewalld.service    #查看防火墙的状态，防火墙正在运行中
firewalld.service - firewalld - dynamic firewall daemon
   Loaded: loaded (/usr/lib/systemd/system/firewalld.service; enabled;
vendor preset: enabled)
   Active: active (running) since Thu 2016-04-07 18:54:29 PDT; 2h 20min ago
 Main PID: 802 (firewalld)
   CGroup: /system.slice/firewalld.service
           └─802 /usr/bin/python -Es /usr/sbin/firewalld --nofork --nopid

Aug 07 18:54:25 localhost.localdomain systemd[1]: Starting firewalld -
dynamic firewall daemon...
Aug 07 18:54:29 localhost.localdomain systemd[1]: Started firewalld -
dynamic firewall daemon.
# systemctl stop firewalld.service       #关闭防火墙
# systemctl status firewalld.service     #再次查看防火墙的状态，发现它已被关闭
firewalld.service - firewalld - dynamic firewall daemon
   Loaded: loaded (/usr/lib/systemd/system/firewalld.service; enabled;
vendor preset: enabled)
   Active: inactive (dead) since Thu 2016-04-07 21:15:34 PDT; 9s ago
 Main PID: 802 (code=exited, status=0/SUCCESS)

Aug 07 18:54:25 localhost.localdomain systemd[1]: Starting firewalld -
dynamic firewall daemon...
Aug 07 18:54:29 localhost.localdomain systemd[1]: Started firewalld -
dynamic firewall daemon.
Aug 07 21:15:33 localhost systemd[1]: Stopping firewalld - dynamic firewall
daemon...
Aug 07 21:15:34 localhost systemd[1]: Stopped firewalld - dynamic firewall
daemon.
# systemctl disable firewalld.service         #禁止使用防火墙（重启也是禁止的）
Removed symlink /etc/systemd/system/dbus-org.Fedoraproject.FirewallD1.
service.
Removed symlink /etc/systemd/system/basic.target.wants/firewalld.service.
```

4）关闭内核防火墙 SELinux（需要重启才能生效）。

```
# vi /etc/selinux/config
# cat /etc/selinux/config
  SELINUX=disabled                        #此处修改为 disabled
```

5）修改内核参数。

```
# vim /etc/sysctl.conf
```

在最下面添加以下内容：

```
net.ipv4.icmp_echo_ignore_broadcasts = 1
net.ipv4.conf.all.rp_filter = 1
fs.file-max = 6815744                          #设置最多能打开的文件数量
fs.aio-max-nr = 1048576
kernel.shmall = 2097152    #共享内存的总量，8GB 内存设置：2097152*4k/1024/1024
kernel.shmmax = 2147483648                      #共享内存最大的段大小
kernel.shmmni = 4096                            #整个系统共享内存的最大数量
kernel.sem = 250 32000 100 128
net.ipv4.ip_local_port_range = 9000 65500   #可使用的 IPv4 端口范围
net.core.rmem_default = 262144
net.core.rmem_max= 4194304
net.core.wmem_default= 262144
net.core.wmem_max= 1048576
```

使配置参数生效：

```
# sysctl -p
net.ipv4.icmp_echo_ignore_broadcasts = 1
net.ipv4.conf.all.rp_filter = 1
sysctl: setting key "fs.file-max": Invalid argument
fs.file-max = 6815744                          #设置最多可以打开的文件数量
fs.aio-max-nr = 1048576
sysctl: setting key "kernel.shmall": Invalid argument
kernel.shmall = 2097152                        #共享内存的总量
sysctl: setting key "kernel.shmmax": Invalid argument
kernel.shmmax = 2147483648                      #共享内存最大段的大小
sysctl: setting key "kernel.shmmni": Invalid argument
kernel.shmmni = 4096                            #整个系统共享内存段的最大数量
kernel.sem = 250 32000 100 128
sysctl: setting key "net.ipv4.ip_local_port_range": Invalid argument
net.ipv4.ip_local_port_range = 9000 65500          #可使用的 IPv4 端口范围
net.core.rmem_default = 262144
net.core.rmem_max = 4194304
net.core.wmem_default = 262144
net.core.wmem_max = 1048576
```

6）配置环境变量。

```
# vim /home/oracle/.bash_profile
```

添加以下内容：

```
export ORACLE_BASE=/data/oracle                        #Oracle 数据库的安装目录
export ORACLE_HOME=$ORACLE_BASE/product/11.2.0/db_1   #Oracle 数据库的路径
export ORACLE_SID=orcl                                 #启动 Oracle 数据库实例名
export ORACLE_TERM=xterm                               #以 xterm 窗口模式进行安装
export PATH=$ORACLE_HOME/bin:/usr/sbin:$PATH          #添加系统的环境变量
export LD_LIBRARY_PATH=$ORACLE_HOME/lib:/lib:/usr/lib #添加系统的环境变量
export LANG=en_US                                      #防止安装过程出现乱码
export NLS_LANG=AMERICAN_AMERICA.ZHS16GBK              #设置 Oracle 客户端的字符集
```

使配置文件快速生效：

```
# source /home/oracle/.bash_profile
```

7）解压安装包。

```
$ cd /usr/local/src                          #进入/usr/local/src 目录
$ ls
linux.x64_11gR2_database_1of2.zip  linux.x64_11gR2_database_2of2.zip
$ unzip linux.x64_11gR2_database_1of2.zip -d /data/database/    #解压
……
$ unzip linux.x64_11gR2_database_2of2.zip -d /data/database/    #解压
……
# chown -R oracle:oinstall /data/database/database/
```

8）编译安装。首先以图形界面的方式启动 Linux，并使用 oracle 用户登录系统，然后使用图形界面的终端命令工具，将当前目录切换到/data/database/database/目录下，最后执行./runInstaller 命令，按照步骤进行安装即可。

关于 Linux 图形界面的安装与使用，请查看第 13 章。

12.1.3　安装 MongoDB 数据库

MongoDB 是一个基于分布式文件存储的数据库，它是由 C++语言编写的，旨在为 Web 应用提供可扩展的高性能数据存储解决方案。MongoDB 是一个介于关系型数据库和非关系型数据库之间的产品，它在非关系型数据库中功能最丰富，很像关系型数据库。MongoDB 最大的特点是所支持的查询语言非常强大，其语法有点类似于面向对象的查询语言，几乎可以实现类似关系型数据库单表查询的绝大部分功能，而且还支持对数据建立索引。MongoDB 数据库的高性能、可扩展、易部署、易使用和存储数据非常方便等优点，使得其作为网站数据库得到了很好的应用。MongoDB 的安装过程为：配置 MongoDB 的 YUM 源，创建 YUM 源文件→安装 MongoDB→查看 MongoDB 的安装位置→启动 MongoDB 服务并设置开机自启动。下面具体讲解。

1）配置 MongoDB 的 YUM 源，创建 YUM 源文件：

```
#cd /etc/yum.repos.d
#vim mongodb-org-4.0.repo
```

添加以下内容（这里使用阿里云的源）

```
[mongodb-org]
name=MongoDB Repository
baseurl=http://mirrors.aliyun.com/mongodb/yum/redhat/7Server/mongodb-or
g/4.0/x86_64/
gpgcheck=0
enabled=1
#这里可以修改为 gpgcheck=0，省去 gpg 验证
```

安装之前可以先更新所有的包：

```
# yum update
```

2）安装 MongoDB。使用 yum install 命令进行安装：

```
# yum install mongodb-org
Loaded plugins: fastestmirror, langpacks
Loading mirror speeds from cached hostfile
 * base: mirrors.aliyun.com
 * extras: mirrors.aliyun.com
 * updates: mirrors.aliyun.com
mongodb-org                                    | 2.5 kB    00:00
mongodb-org/primary_db                         | 111 kB    00:00
Resolving Dependencies
--> Running transaction check
---> Package mongodb-org.x86_64 0:4.0.26-1.el7 will be installed
--> Processing Dependency: mongodb-org-server = 4.0.26 for package:
mongodb-org-4.0.26-1.el7.x86_64
--> Processing Dependency: mongodb-org-shell = 4.0.26 for package:
mongodb-org-4.0.26-1.el7.x86_64
--> Processing Dependency: mongodb-org-mongos = 4.0.26 for package:
mongodb-org-4.0.26-1.el7.x86_64
--> Processing Dependency: mongodb-org-tools = 4.0.26 for package:
mongodb-org-4.0.26-1.el7.x86_64
--> Running transaction check
---> Package mongodb-org-mongos.x86_64 0:4.0.26-1.el7 will be installed
---> Package mongodb-org-server.x86_64 0:4.0.26-1.el7 will be installed
---> Package mongodb-org-shell.x86_64 0:4.0.26-1.el7 will be installed
---> Package mongodb-org-tools.x86_64 0:4.0.26-1.el7 will be installed
--> Finished Dependency Resolution

Dependencies Resolved

================================================================================
 Package              Arch        Version          Repository       Size
================================================================================
Installing:
 mongodb-org          x86_64      4.0.26-1.el7     mongodb-org      6.2 k
Installing for dependencies:
 mongodb-org-mongos   x86_64      4.0.26-1.el7     mongodb-org      9.6 M
 mongodb-org-server   x86_64      4.0.26-1.el7     mongodb-org      17 M
 mongodb-org-shell    x86_64      4.0.26-1.el7     mongodb-org      10 M
 mongodb-org-tools    x86_64      4.0.26-1.el7     mongodb-org      41 M

Transaction Summary
================================================================================
Install  1 Package (+4 Dependent packages)

Total download size: 78 M
Installed size: 259 M
Is this ok [y/d/N]: y
Downloading packages:
(1/5): mongodb-org-4.0.26-1.el7.x86_64.rpm          | 6.2 kB    00:00
(2/5): mongodb-org-mongos-4.0.26-1.el7.x86_64.rpm | 9.6 MB    00:01
(3/5): mongodb-org-server-4.0.26-1.el7.x86_64.rpm | 17 MB    00:01
(4/5): mongodb-org-shell-4.0.26-1.el7.x86_64.rpm | 10 MB    00:00
(5/5): mongodb-org-tools-4.0.26-1.el7.x86_64.rpm | 41 MB    00:02
--------------------------------------------------------------------------------
```

```
Total                                    16 MB/s |  78 MB  00:04
Running transaction check
Running transaction test
Transaction test succeeded
Running transaction
  Installing : mongodb-org-server-4.0.26-1.el7.x86_64            1/5
Created symlink from /etc/systemd/system/multi-user.target.wants/mongod.
service to /usr/lib/systemd/system/mongod.service.
  Installing : mongodb-org-tools-4.0.26-1.el7.x86_64             2/5
  Installing : mongodb-org-mongos-4.0.26-1.el7.x86_64            3/5
  Installing : mongodb-org-shell-4.0.26-1.el7.x86_64             4/5
  Installing : mongodb-org-4.0.26-1.el7.x86_64                   5/5
  Verifying  : mongodb-org-shell-4.0.26-1.el7.x86_64             1/5
  Verifying  : mongodb-org-mongos-4.0.26-1.el7.x86_64            2/5
  Verifying  : mongodb-org-tools-4.0.26-1.el7.x86_64             3/5
  Verifying  : mongodb-org-server-4.0.26-1.el7.x86_64            4/5
  Verifying  : mongodb-org-4.0.26-1.el7.x86_64                   5/5

Installed:
  mongodb-org.x86_64 0:4.0.26-1.el7

Dependency Installed:
  mongodb-org-mongos.x86_64 0:4.0.26-1.el7
  mongodb-org-server.x86_64 0:4.0.26-1.el7
  mongodb-org-shell.x86_64 0:4.0.26-1.el7
  mongodb-org-tools.x86_64 0:4.0.26-1.el7

Complete!
```

看到 Complete!，表示安装完成。

3）查看 MongoDB 的安装位置。使用命令 whereis mongod 进行查询。

```
# whereis mongod
mongod: /usr/bin/mongod /etc/mongod.conf /usr/share/man/man1/mongod.1.gz
```

查看并修改配置文件：

```
vim /etc/mongod.conf
```

将 bindIp 一行中的 bindIp: 172.0.0.1 改为 bindIp: 0.0.0.0，绑定所有的 IP 地址。冒号与 IP 地址之间需要一个空格。

4）启动 MongoDB 服务并设置开机自启动。

```
#systemctl start mongod.service
#systemctl enable mongod.service
```

12.1.4　安装 Redis 数据库

Redis（Remote Dictionary Server，远程字典服务）是一个开源的可基于内存也可持久化的日志型和 Key-Value 类型的数据库，它是使用 ANSI C 语言编写的，支持网络，并提供多种编程语言可调用的 API。

Redis 的安装过程为：安装 epel-release yum 源→安装 Redis→启动 Redis 服务并设置开

机自启动。下面具体讲解。

1）安装 epel-release yum 源。使用 YUM 源安装 Redis 时需要先安装 EPEL。EPEL 的全称为 Extra Packages for Enterprise Linux，它是由 Fedora 社区打造的，为 RHEL 及其衍生发行版（如 CentOS 和 Scientific Linux 等）提供高质量软件包项目。安装 EPEL 之后，就相当于添加了一个第三方源。如果将 Linux 服务器看作手机，那么可以将 EPEL 看作手机应用商店。

```
# yum install epel-release
Loaded plugins: fastestmirror, langpacks
Loading mirror speeds from cached hostfile
 * base: mirrors.aliyun.com
 * extras: mirrors.aliyun.com
 * updates: mirrors.aliyun.com
Resolving Dependencies
--> Running transaction check
---> Package epel-release.noarch 0:7-11 will be installed
--> Finished Dependency Resolution

Dependencies Resolved

================================================================================
 Package              Arch          Version         Repository        Size
================================================================================
Installing:
 epel-release         noarch        7-11            extras            15 k

Transaction Summary
================================================================================
Install  1 Package

Total download size: 15 k
Installed size: 24 k
Is this ok [y/d/N]: y
Downloading packages:
epel-release-7-11.noarch.rpm                         | 15 kB   00:00
Running transaction check
Running transaction test
Transaction test succeeded
Running transaction
  Installing : epel-release-7-11.noarch                              1/1
  Verifying  : epel-release-7-11.noarch                              1/1

Installed:
  epel-release.noarch 0:7-11

Complete!
```

2）安装 Redis。使用 yum install 命令进行安装。

```
# yum install redis
Loaded plugins: fastestmirror, langpacks
Loading mirror speeds from cached hostfile
epel/x86_64/metalink                                 | 5.8 kB      00:00
```

```
 * base: mirrors.aliyun.com
 * epel: mirror.sjtu.edu.cn
 * extras: mirrors.aliyun.com
 * updates: mirrors.aliyun.com
epel                                          | 4.7 kB     00:00
(1/3): epel/x86_64/group_gz                   |  96 kB     00:00
(2/3): epel/x86_64/updateinfo                 | 1.0 MB     00:00
(3/3): epel/x86_64/primary_db                 | 6.9 MB     00:00
Resolving Dependencies
--> Running transaction check
---> Package redis.x86_64 0:3.2.12-2.el7 will be installed
--> Processing Dependency: libjemalloc.so.1()(64bit) for package:
redis-3.2.12-2.el7.x86_64
--> Running transaction check
---> Package jemalloc.x86_64 0:3.6.0-1.el7 will be installed
--> Finished Dependency Resolution


Dependencies Resolved


================================================================================
 Package         Arch           Version                Repository     Size
================================================================================
Installing:
 redis           x86_64         3.2.12-2.el7           epel           544 k
Installing for dependencies:
 jemalloc        x86_64         3.6.0-1.el7            epel           105 k

Transaction Summary
================================================================================
Install  1 Package (+1 Dependent package)

Total download size: 648 k
Installed size: 1.7 M
Is this ok [y/d/N]: y
Downloading packages:
warning: /var/cache/yum/x86_64/7/epel/packages/jemalloc-3.6.0-1.el7.
x86_64.rpm: Header V3 RSA/SHA256 Signature, key ID 352c64e5: NOKEY
Public key for jemalloc-3.6.0-1.el7.x86_64.rpm is not installed
(1/2): jemalloc-3.6.0-1.el7.x86_64.rpm         | 105 kB    00:00
(2/2): redis-3.2.12-2.el7.x86_64.rpm           | 544 kB    00:00
--------------------------------------------------------------------------------
Total                              1.9 MB/s | 648 kB  00:00
Retrieving key from file:///etc/pki/rpm-gpg/RPM-GPG-KEY-EPEL-7
Importing GPG key 0x352C64E5:
 Userid     : "Fedora EPEL (7) <epel@fedoraproject.org>"
 Fingerprint: 91e9 7d7c 4a5e 96f1 7f3e 888f 6a2f aea2 352c 64e5
 Package    : epel-release-7-11.noarch (@extras)
 From       : /etc/pki/rpm-gpg/RPM-GPG-KEY-EPEL-7
Is this ok [y/N]: y
Running transaction check
Running transaction test
Transaction test succeeded
Running transaction
  Installing : jemalloc-3.6.0-1.el7.x86_64                            1/2
  Installing : redis-3.2.12-2.el7.x86_64                              2/2
```

```
   Verifying  : redis-3.2.12-2.el7.x86_64                          1/2
   Verifying  : jemalloc-3.6.0-1.el7.x86_64                        2/2

Installed:
  redis.x86_64 0:3.2.12-2.el7

Dependency Installed:
  jemalloc.x86_64 0:3.6.0-1.el7

Complete!
```

看到"Complete!",表示安装结束。

3)启动 Redis 服务并设置开机自启动。

```
# systemctl start redis
# systemctl enable redis
```

12.2　安装 Web 应用程序

Web 应用程序是一种可以通过 Web 访问的程序,这类程序的最大优势是用户可以非常方便地访问应用程序,只需要有浏览器即可,而不需要再安装其他软件。本节介绍 Web 服务器应用及浏览器两类软件的安装与部署。

12.2.1　安装 Apache

Apache 程序是目前市场占有率很高的 Web 服务程序之一,其跨平台和安全性被广泛认可,并且它拥有快速、可靠和简单的 API 扩展功能。Apache 在 RHEL 5、RHEL 6 和 RHEL 7 系统中一直作为默认的 Web 服务程序。Apache 服务程序可以运行在 Linux 系统、UNIX 系统甚至 Windows 系统中,它支持基于 IP、域名及端口号的虚拟主机功能,并支持多种 HTTP 认证方式。它集成了代理服务器模块和安全 Socket 层,能够实时监视服务状态,定制日志消息,并支持各类丰富的模块。Apache 的安装过程为:安装 Apache 服务程序→启动 Apache 服务并设置开机自启动→浏览器端测试。下面具体讲解。

1)安装 Apache 服务程序(Apache 服务的软件包名称为 httpd)。

```
# yum install httpd
Loaded plugins: fastestmirror, langpacks
Loading mirror speeds from cached hostfile
 * base: mirrors.aliyun.com
 * epel: mirror.sjtu.edu.cn
 * extras: mirrors.aliyun.com
 * updates: mirrors.aliyun.com
Resolving Dependencies
--> Running transaction check
---> Package httpd.x86_64 0:2.4.6-97.el7.centos will be installed
--> Processing Dependency: httpd-tools = 2.4.6-97.el7.centos for package:
```

```
httpd-2.4.6-97.el7.centos.x86_64
--> Processing Dependency: /etc/mime.types for package: httpd-2.4.6-
97.el7.centos.x86_64
--> Running transaction check
---> Package httpd-tools.x86_64 0:2.4.6-97.el7.centos will be installed
---> Package mailcap.noarch 0:2.1.41-2.el7 will be installed
--> Finished Dependency Resolution

Dependencies Resolved

========================================================================
 Package          Arch        Version               Repository   Size
========================================================================
Installing:
 httpd            x86_64      2.4.6-97.el7.centos    updates     2.7 M
Installing for dependencies:
 httpd-tools      x86_64      2.4.6-97.el7.centos    updates      93 k
 mailcap          noarch      2.1.41-2.el7           base         31 k

Transaction Summary
========================================================================
Install  1 Package (+2 Dependent packages)

Total download size: 2.8 M
Installed size: 9.6 M
Is this ok [y/d/N]: y
Downloading packages:
(1/3): mailcap-2.1.41-2.el7.noarch.rpm           |  31 kB   00:00
(2/3): httpd-tools-2.4.6-97.el7.centos.x86_64.rpm | 93 kB   00:00
(3/3): httpd-2.4.6-97.el7.centos.x86_64.rpm      | 2.7 MB   00:00
------------------------------------------------------------------------
Total                              4.5 MB/s | 2.8 MB  00:00
Running transaction check
Running transaction test
Transaction test succeeded
Running transaction
  Installing : httpd-tools-2.4.6-97.el7.centos.x86_64            1/3
  Installing : mailcap-2.1.41-2.el7.noarch                       2/3
  Installing : httpd-2.4.6-97.el7.centos.x86_64                  3/3
  Verifying  : httpd-2.4.6-97.el7.centos.x86_64                  1/3
  Verifying  : mailcap-2.1.41-2.el7.noarch                       2/3
  Verifying  : httpd-tools-2.4.6-97.el7.centos.x86_64            3/3

Installed:
  httpd.x86_64 0:2.4.6-97.el7.centos

Dependency Installed:
  httpd-tools.x86_64 0:2.4.6-97.el7.centos
  mailcap.noarch 0:2.1.41-2.el7

Complete!
```

　　EPEL 源中含有 httpd 软件，整个安装过程很简单，看到"Complete！"就表示安装
完成。

2）启动 Apache 服务并设置开机自启动。

```
# systemctl start httpd
# systemctl enable httpd
```

3）在浏览器端测试。打开浏览器，测试 127.0.0.1，结果如图 12.1 所示。

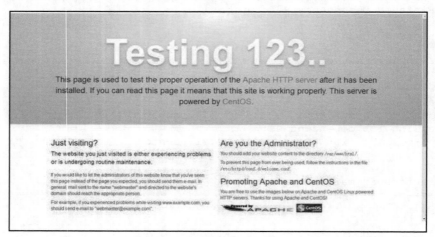

图 12.1　测试结果

至此，Apache 服务的安装结束。当然，在具体使用的时候还需要对安全设置进行相应的配置，也需要对 httpd 服务本身的 conf 配置文件进行个性化设置。这些内容读者可以参阅其他相关资料，此处不再赘述。

12.2.2　安装 Tomcat

Tomcat 服务器是一个免费开放源代码的 Web 应用服务器，属于轻量级应用服务器。它在中小型系统和并发访问用户不是很多的场合下使用比较普遍，是开发和调试 JSP 程序的首选。对于一个初学者来说可以这样认为，在一台机器上配置好 Apache 服务器之后，可以利用它响应 HTML 页面的访问请求。实际上，Tomcat 是 Apache 服务器的扩展，但它是独立运行的，实际上是作为一个与 Apache 独立的进程单独运行的。

Tomcat 安装的过程为：直接使用 yum install 安装 Tomcat→启动 Tomcat 服务并设置开机自启动。下面具体讲解。

1）直接使用 yum install 安装 Tomcat。

```
# yum install tomcat
Loaded plugins: fastestmirror, langpacks
Loading mirror speeds from cached hostfile
 * base: mirrors.aliyun.com
 * epel: mirror.sjtu.edu.cn
 * extras: mirrors.aliyun.com
 * updates: mirrors.aliyun.com
```

```
Resolving Dependencies
--> Running transaction check
---> Package tomcat.noarch 0:7.0.76-16.el7_9 will be installed
--> Processing Dependency: tomcat-lib = 7.0.76-16.el7_9 for package:
tomcat-7.0.76-16.el7_9.noarch
--> Processing Dependency: apache-commons-pool for package: tomcat-
7.0.76-16.el7_9.noarch
--> Processing Dependency: apache-commons-logging for package: tomcat-
7.0.76-16.el7_9.noarch
……
---> Package apache-commons-pool.noarch 0:1.6-9.el7 will be installed
---> Package tomcat-lib.noarch 0:7.0.76-16.el7_9 will be installed
--> Processing Dependency: tomcat-servlet-3.0-api = 7.0.76-16.el7_9 for
package: tomcat-lib-7.0.76-16.el7_9.noarch
--> Processing Dependency: tomcat-jsp-2.2-api = 7.0.76-16.el7_9 for
package: tomcat-lib-7.0.76-16.el7_9.noarch
--> Processing Dependency: tomcat-el-2.2-api = 7.0.76-16.el7_9 for package:
tomcat-lib-7.0.76-16.el7_9.noarch
--> Processing Dependency: ecj >= 1:4.2.1 for package: tomcat-lib-7.0.76
-16.el7_9.noarch
--> Running transaction check
……
--> Processing Dependency: xml-commons-apis >= 1.4.01 for package:
xerces-j2-2.11.0-17.el7_0.noarch
--> Processing Dependency: osgi(org.apache.xml.resolver) for package:
xerces-j2-2.11.0-17.el7_0.noarch
--> Processing Dependency: osgi(javax.xml) for package: xerces-j2-2.11.0-
17.el7_0.noarch
--> Running transaction check
---> Package xml-commons-apis.noarch 0:1.4.01-16.el7 will be installed
---> Package xml-commons-resolver.noarch 0:1.2-15.el7 will be installed
--> Finished Dependency Resolution

Dependencies Resolved

========================================================================
 Package            Arch         Version          Repository      Size
========================================================================
Installing:
 tomcat                     noarch  7.0.76-16.el7_9   updates   93 k
Installing for dependencies:
 apache-commons-collections noarch  3.2.1-22.el7_2    base      509 k
 ……
 xml-commons-resolver       noarch  1.2-15.el7        base      108 k

Transaction Summary
========================================================================
Install  1 Package (+20 Dependent packages)

Total download size: 12 M
Installed size: 15 M
Is this ok [y/d/N]: y
Downloading packages:
(1/21): apache-commons-daemon-1.0.13-7.el7.x86_64 | 54 kB   00:00
(2/21): apache-commons-dbcp-1.4-17.el7.noarch.rpm | 167 kB  00:00
```

```
......
(21/21): xml-commons-resolver-1.2-15.el7.noarch.r | 108 kB   00:00
------------------------------------------------------------------------
Total                                     4.5 MB/s |  12 MB  00:02
Running transaction check
Running transaction test
Transaction test succeeded
Running transaction
  Installing : tomcat-servlet-3.0-api-7.0.76-16.el7_9.noarch        1/21
  Installing : apache-commons-pool-1.6-9.el7.noarch                 2/21
  ......
  Verifying  : xerces-j2-2.11.0-17.el7_0.noarch                    20/21
  Verifying  : xml-commons-resolver-1.2-15.el7.noarch              21/21

Installed:
  tomcat.noarch 0:7.0.76-16.el7_9

Dependency Installed:
  apache-commons-collections.noarch 0:3.2.1-22.el7_2
  apache-commons-daemon.x86_64 0:1.0.13-7.el7
......
  xml-commons-apis.noarch 0:1.4.01-16.el7
  xml-commons-resolver.noarch 0:1.2-15.el7

Complete!
```

　　从以上的过程中可以看出，Tomcat 的依赖软件众多。用 YUM 方式安装，安装者不需要考虑依赖问题，YUM 源文件会将所有需要的依赖软件一并解决，这样大大简化了安装过程，因此强烈推荐使用 YUM 方式来安装软件，除非在 YUM 源中找不到该软件。其实除了一些特别冷门的软件之外，绝大多数的软件都可以在 YUM 源中找到。

　　2）启动 Tomcat 服务并设置开机自启动。

```
# systemctl start tomcat
# systemctl enable tomcat
```

12.2.3　安装浏览器

　　（1）安装 Lynx

　　Lynx 是基于命令行模式下的浏览器，现在使用这种浏览器的人可能比较少，因为它用起来很不方便，而且界面不友好，色彩也单调，这里只是让读者认识一下这种相对古老的浏览器，但不推荐使用。

```
# yum install lynx
Loaded plugins: fastestmirror, langpacks
Loading mirror speeds from cached hostfile
 * base: mirrors.aliyun.com
 * epel: mirror.sjtu.edu.cn
 * extras: mirrors.aliyun.com
 * updates: mirrors.aliyun.com
Resolving Dependencies
```

```
--> Running transaction check
---> Package lynx.x86_64 0:2.8.8-0.3.dev15.el7 will be installed
--> Finished Dependency Resolution
Dependencies Resolved
================================================================================
 Package      Arch          Version                    Repository  Size
================================================================================
Installing:
 lynx         x86_64        2.8.8-0.3.dev15.el7        base        1.4 M

Transaction Summary
================================================================================
Install  1 Package

Total download size: 1.4 M
Installed size: 5.4 M
Is this ok [y/d/N]: y
Downloading packages:
lynx-2.8.8-0.3.dev15.el7.x86_64.rpm                  | 1.4 MB   00:02
Running transaction check
Running transaction test
Transaction test succeeded
Running transaction
  Installing : lynx-2.8.8-0.3.dev15.el7.x86_64                      1/1
  Verifying  : lynx-2.8.8-0.3.dev15.el7.x86_64                      1/1

Installed:
  lynx.x86_64 0:2.8.8-0.3.dev15.el7

Complete!
```

安装完成后，在 Linux 的命令终端中执行以下命令，Lynx 显示效果如图 12.2 所示。

```
# lynxwww.baidu.com
```

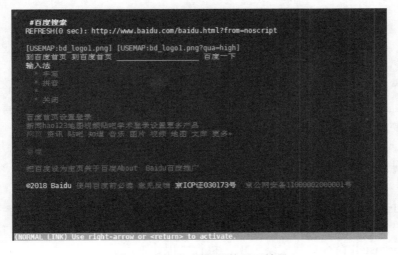

图 12.2　Lynx 浏览器的显示效果

（2）安装 Chrome 浏览器

在现有的 YUM 源中没有 Chrome 浏览器安装文件,因此需要新建 YUM 源,将 Google 的官方下载网站作为下载源文件的地址。

在目录/etc/yum.repos.d/下新建 google-chrome.repo 文件:

```
# touch /etc/yum.repos.d/google-chrome.repo
# vim /ect/yum.repos.d/google-chrome.repo
```

写入如下内容:

```
[google-chrome]
name=google-chrome
baseurl=http://dl.google.com/linux/chrome/rpm/stable/$basearch
enabled=1
gpgcheck=1
gpgkey=https://dl-ssl.google.com/linux/linux_signing_key.pub
```

保存并退出。使用 yumrepolist enable 命令激活 YUM 源。

Google 官方安装源如下:

```
#yum -y install google-chrome-stable
```

Google 官方安装源可能在国内无法使用,因此安装可能会失败或者无法更新。可以添加以下参数来安装:

```
[root@localhost ~]#yum -y install google-chrome-stable --nogpgcheck
```

（3）安装 Firefox 浏览器

CentOS 7 默认已安装 Firefox 浏览器。如果读者安装的 CentOS 是简版的,则需要自己手动安装 Firefox 浏览器。安装过程很简单,直接使用 YUM 源安装即可。

```
#yum -y install firefox
```

12.3　安装开发工具

对于程序员来说,使用不同的开发工具就像医生看病时需要使用不同的医疗器械。不同的开发语言所使用的开发工具不同。例如,Java 语言使用 JDK,Python 语言使用 Python 等。本节主要介绍几种常用开发工具的安装与部署。

12.3.1　安装 JDK

JDK 是 Java 语言的软件开发工具包,它主要用于移动设备和嵌入式设备等 Java 应用程序的开发。JDK 是整个 Java 开发的核心,它包含 Java 的运行环境和 Java 工具。

使用 yum install 命令在线安装 JDK,执行过程如下:

```
# yum install java-latest-openjdk.x86_64
Loaded plugins: fastestmirror, langpacks
```

```
Loading mirror speeds from cached hostfile
 * base: mirrors.aliyun.com
 * epel: mirror.sjtu.edu.cn
 * extras: mirrors.aliyun.com
 * updates: mirrors.aliyun.com
Resolving Dependencies
--> Running transaction check
---> Package java-latest-openjdk.x86_64 1:16.0.1.0.9-3.rolling.el7 will be
installed
--> Processing Dependency: java-latest-openjdk-headless(x86-64) =
1:16.0.1.0.9-3.rolling.el7 for package: 1:java-latest-openjdk-16.0.1.0.9-
3.rolling.el7.x86_64
--> Running transaction check
---> Package java-latest-openjdk-headless.x86_64 1:16.0.1.0.9-3.rolling.
el7 will be installed
--> Finished Dependency Resolution
Dependencies Resolved
================================================================================
 Package         Arch       Version            Repository       Size
================================================================================
Installing:
 java-latest-openjdk      x86_64 1:16.0.1.0.9-3.rolling.el7 epel 210 k
Installing for dependencies:
 java-latest-openjdk-headless  x86_64 1:16.0.1.0.9-3.rolling.el7 epel  43 M

Transaction Summary
================================================================================
Install  1 Package (+1 Dependent package)

Total download size: 43 M
Installed size: 193 M
Is this ok [y/d/N]: y
Downloading packages:
(1/2): java-latest-openjdk-16.0.1.0.9-3.rolling.e | 210 kB   00:00
(2/2): java-latest-openjdk-headless-16.0.1.0.9-3. |  43 MB   00:01
--------------------------------------------------------------------------------
Total                          20 MB/s |  43 MB  00:02
Running transaction check
Running transaction test
Transaction test succeeded
Running transaction
  Installing : 1:java-latest-openjdk-headless-16.0.1.0.9-3.rolli   1/2
  Installing : 1:java-latest-openjdk-16.0.1.0.9-3.rolling.el7.x8   2/2
  Verifying  : 1:java-latest-openjdk-16.0.1.0.9-3.rolling.el7.x8   1/2
  Verifying  : 1:java-latest-openjdk-headless-16.0.1.0.9-3.rolli   2/2

Installed:
  java-latest-openjdk.x86_64 1:16.0.1.0.9-3.rolling.el7

Dependency Installed:
  java-latest-openjdk-headless.x86_64 1:16.0.1.0.9-3.rolling.el7

Complete!
```

看到 "Complete!"，表示安装结束。可以使用 java-version 命令测试一下：

```
# java -version
openjdk version "1.8.0_292"
OpenJDK Runtime Environment (build 1.8.0_292-b10)
OpenJDK 64-Bit Server VM (build 25.292-b10, mixed mode)
```

OpenJDK 可以满足大多数 Java 应用开发和使用场景。但是很多企业应用要求使用商业版的 Oracle JDK，由于商业许可的原因，YUM 源中未包含商业版本的 Oracle JDK。如果需要安装商业版 Oracle JDK，可以在 Oracle JDK 的官方网站上下载 JDK 的 RPM 包，然后使用 rpm 命令安装。安装步骤如下：

1）在浏览器中打开 OracleJDK 的下载页面，网址为 https://www.oracle.com/java/technologies/javase-jdk16-downloads.html，找到 JDK 下载文件列表，如图 12.3 所示。

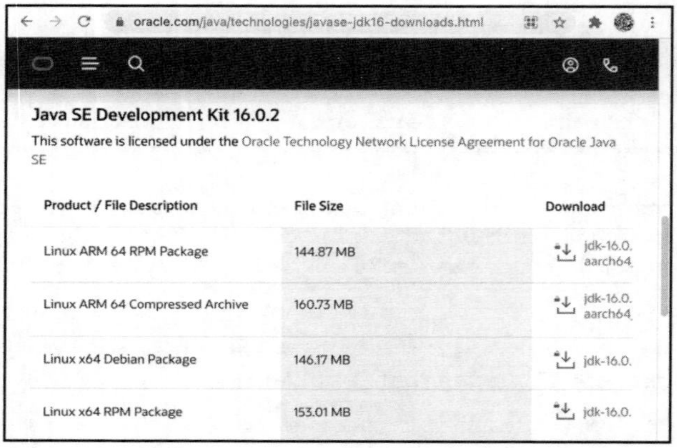

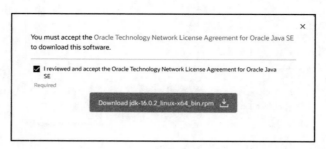

图 12.3　Oracle JDK 下载列表

2）单击 Linux x64 RPM Package 右侧对应的下载链接，将弹出许可协议窗口，如图 12.4 所示。

图 12.4　下载 JDK 的许可协议窗口

在图 12.4 中，选中 I reviewed and accept the Oracle … Java SE 前面的复选框，下载按钮即可变成可用状态，再单击下载按钮下载 RPM 包。

3）将下载好的 RPM 包上传到 CentOS 7 服务器上。

4）执行以下命令安装 Oracle JDK，等待安装完成。

```
# rpm -ivh jdk-16.0.2_linux-x64_bin.rpm
```

如果需要安装其他版本的 Oracle JDK，则在浏览器中打开页面 https://www.oracle.com/java/technologies/java-se-glance.html，根据提示下载对应版本的安装包即可。

12.3.2　安装 PHP

PHP（Hypertext Preprocessor，超文本预处理器）是在服务器端执行的脚本语言，尤其适合 Web 开发，可将其嵌入 HTML 中。PHP 参考了 C 语言，并吸纳了 Java 和 Perl 等多个编程语言的特点，从而发展出了独具特色的语法，并根据它们的长项持续改进，提升自己。当初创建 PHP 语言的主要目标是方便开发人员快速编写出优质的 Web 应用。PHP 同时支持面向对象和面向过程开发，使用起来非常灵活。经过 20 多年的发展，随着 php-cli 相关组件的快速迭代和完善，PHP 已经可以应用在 TCP/UDP 服务、高性能 Web 服务、WebSocket 服务、物联网、实时通信、游戏和微服务等领域的系统研发中。

PHP 在 EPEL 源中已被收录，安装 EPEL 源后可以直接使用 YUM 源的方式安装 PHP。用 yum install 安装 PHP 的过程如下：

```
# yum install php
Loaded plugins: fastestmirror, langpacks
Loading mirror speeds from cached hostfile
 * base: mirrors.aliyun.com
 * epel: mirror.sjtu.edu.cn
 * extras: mirrors.aliyun.com
 * updates: mirrors.aliyun.com
Resolving Dependencies
--> Running transaction check
---> Package php.x86_64 0:5.4.16-48.el7 will be installed
--> Processing Dependency: php-common(x86-64) = 5.4.16-48.el7 for package:
php-5.4.16-48.el7.x86_64
--> Processing Dependency: php-cli(x86-64) = 5.4.16-48.el7 for package:
php-5.4.16-48.el7.x86_64
--> Running transaction check
---> Package php-cli.x86_64 0:5.4.16-48.el7 will be installed
---> Package php-common.x86_64 0:5.4.16-48.el7 will be installed
--> Processing Dependency: libzip.so.2()(64bit) for package: php-common-
5.4.16-48.el7.x86_64
--> Running transaction check
---> Package libzip.x86_64 0:0.10.1-8.el7 will be installed
--> Finished Dependency Resolution

Dependencies Resolved

================================================================================
 Package          Arch           Version              Repository        Size
================================================================================
Installing:
 php              x86_64         5.4.16-48.el7        base              1.4 M
Installing for dependencies:
 libzip           x86_64         0.10.1-8.el7         base              48 k
```

```
    php-cli         x86_64         5.4.16-48.el7          base        2.7 M
    php-common      x86_64         5.4.16-48.el7          base        565 k

Transaction Summary
===============================================================================
Install  1 Package (+3 Dependent packages)

Total download size: 4.7 M
Installed size: 17 M
Is this ok [y/d/N]: y
Downloading packages:
(1/4): libzip-0.10.1-8.el7.x86_64.rpm                   |  48 kB  00:00:00
(2/4): php-5.4.16-48.el7.x86_64.rpm                     | 1.4 MB  00:00:00
(3/4): php-common-5.4.16-48.el7.x86_64.rpm              | 565 kB  00:00:00
(4/4): php-cli-5.4.16-48.el7.x86_64.rpm                 | 2.7 MB  00:00:00
-------------------------------------------------------------------------------
----------------
Total                                          6.2 MB/s | 4.7 MB  00:00
Running transaction check
Running transaction test
Transaction test succeeded
Running transaction
  Installing : libzip-0.10.1-8.el7.x86_64                                1/4
  Installing : php-common-5.4.16-48.el7.x86_64                           2/4
  Installing : php-cli-5.4.16-48.el7.x86_64                              3/4
  Installing : php-5.4.16-48.el7.x86_64                                  4/4
  Verifying  : php-5.4.16-48.el7.x86_64                                  1/4
  Verifying  : libzip-0.10.1-8.el7.x86_64                                2/4
  Verifying  : php-cli-5.4.16-48.el7.x86_64                              3/4
  Verifying  : php-common-5.4.16-48.el7.x86_64                           4/4

Installed:
  php.x86_64 0:5.4.16-48.el7

Dependency Installed:
  libzip.x86_64 0:0.10.1-8.el7               php-cli.x86_64 0:5.4.16-48.el7
  php-common.x86_64 0:5.4.16-48.el7

Complete!
```

看见"Complete!"，表示安装结束。可以使用 php -v 命令测试一下：

```
# php -v
PHP 5.4.16 (cli) (built: Apr  1 2020 04:07:17)
Copyright (c) 1997-2013 The PHP Group
Zend Engine v2.4.0, Copyright (c) 1998-2013 Zend Technologies
```

12.3.3　安装 Python

从 20 世纪 90 年代初 Python 语言诞生至今，它已逐渐被应用于系统管理任务的处理和 Web 编程中。Python 已经成为最受欢迎的程序设计语言之一。自 2004 年以来，Python 的使用率呈线性增长。Python 有两个大版本，目前已经不再继续维护 Python 2，主流使用的是 Python 3 版本。

使用 YUM 源的方式可以直接安装 Python 3，安装过程如下：

```
# yum install python3
Loaded plugins: fastestmirror, langpacks
Loading mirror speeds from cached hostfile
 * base: mirrors.aliyun.com
 * epel: mirror.sjtu.edu.cn
 * extras: mirrors.aliyun.com
 * updates: mirrors.aliyun.com
Resolving Dependencies
--> Running transaction check
---> Package python3.x86_64 0:3.6.8-18.el7 will be installed
--> Processing Dependency: python3-libs(x86-64) = 3.6.8-18.el7 for package:
python3-3.6.8-18.el7.x86_64
--> Processing Dependency: python3-setuptools for package: python3-
3.6.8-18.el7.x86_64
--> Processing Dependency: python3-pip for package: python3-3.6.8-
18.el7.x86_64
--> Processing Dependency: libpython3.6m.so.1.0()(64bit) for package:
python3-3.6.8-18.el7.x86_64
--> Running transaction check
---> Package python3-libs.x86_64 0:3.6.8-18.el7 will be installed
---> Package python3-pip.noarch 0:9.0.3-8.el7 will be installed
---> Package python3-setuptools.noarch 0:39.2.0-10.el7 will be installed
--> Finished Dependency Resolution

Dependencies Resolved

================================================================================
 Package            Arch       Version          Repository   Size
================================================================================
Installing:
 python3            x86_64     3.6.8-18.el7     updates      70 k
Installing for dependencies:
 python3-libs       x86_64     3.6.8-18.el7     updates      6.9 M
 python3-pip        noarch     9.0.3-8.el7      base         1.6 M
 python3-setuptools noarch     39.2.0-10.el7    base         629 k

Transaction Summary
================================================================================
Install  1 Package (+3 Dependent packages)

Total download size: 9.3 M
Installed size: 47 M
Is this ok [y/d/N]: y
Downloading packages:
(1/4): python3-3.6.8-18.el7.x86_64.rpm             |  70 kB   00:00
(2/4): python3-setuptools-39.2.0-10.el7.noarch.rp | 629 kB   00:00
(3/4): python3-pip-9.0.3-8.el7.noarch.rpm          | 1.6 MB   00:00
(4/4): python3-libs-3.6.8-18.el7.x86_64.rpm        | 6.9 MB   00:00
--------------------------------------------------------------------------------
Total                                    11 MB/s | 9.3 MB   00:00
Running transaction check
Running transaction test
```

```
Transaction test succeeded
Running transaction
  Installing : python3-libs-3.6.8-18.el7.x86_64            1/4
  Installing : python3-3.6.8-18.el7.x86_64                 2/4
  Installing : python3-setuptools-39.2.0-10.el7.noarch     3/4
  Installing : python3-pip-9.0.3-8.el7.noarch              4/4
  Verifying  : python3-setuptools-39.2.0-10.el7.noarch     1/4
  Verifying  : python3-libs-3.6.8-18.el7.x86_64            2/4
  Verifying  : python3-3.6.8-18.el7.x86_64                 3/4
  Verifying  : python3-pip-9.0.3-8.el7.noarch              4/4

Installed:
  python3.x86_64 0:3.6.8-18.el7

Dependency Installed:
  python3-libs.x86_64 0:3.6.8-18.el7
  python3-pip.noarch 0:9.0.3-8.el7
  python3-setuptools.noarch 0:39.2.0-10.el7

Complete!
```

Python 3 的安装过程很简单。看见"Complete!",表示安装成功,直接运行 python 3 即可。

```
# python3
Python 3.7.0 (default, Jun 28 2018, 13:15:42)
[GCC 7.2.0] :: Anaconda, Inc. on linux
Type "help", "copyright", "credits" or "license" for more information.
>>>
```

12.3.4　安装 Anaconda

Anaconda 是一个开源的 Python 发行版,它包含 Conda 和 Python 等 180 多个科学包及其依赖项。在安装 Anaconda 3 时,如果直接从 Anaconda 官网上下载安装包会很慢,因此一般采用国内的镜像进行下载。

Anaconda 的具体安装过程:安装 bzip2→下载并运行 Anaconda3-5.3.1-Linux-x86_64.sh →运行安装包并激活配置的环境变量。下面具体讲解。

1)安装 bzip2。下载前先安装 bzip2,否则程序可能会出现异常。

```
# yum -y install bzip2
```

2)下载并运行 Anaconda3-5.3.1-Linux-x86_64.sh。

```
[root@localhost ~]# wget https://mirrors.tuna.tsinghua.edu.cn/anaconda/
archive/Anaconda3-5.3.1-Linux-x86_64.sh
--2021-08-08 23:19:42--  https://mirrors.tuna.tsinghua.edu.cn/anaconda/
archive/Anaconda3-5.3.1-Linux-x86_64.sh
Resolving mirrors.tuna.tsinghua.edu.cn (mirrors.tuna.tsinghua.edu.cn)...
101.6.15.130, 2402:f000:1:400::2
Connecting to mirrors.tuna.tsinghua.edu.cn (mirrors.tuna.tsinghua.
edu.cn)|101.6.15.130|:443... connected.
HTTP request sent, awaiting response... 200 OK
```

```
Length: 667976437 (637M) [application/octet-stream]
Saving to: 'Anaconda3-5.3.1-Linux-x86_64.sh'

100%[==============================>] 667,976,437 25.0MB/s   in 25s

2021-08-08 23:20:06 (26.0 MB/s) - 'Anaconda3-5.3.1-Linux-x86_64.sh' saved
[667976437/667976437]
```

3）运行安装包。

此时会发现下载速度很快，运行以下命令：

```
# bash Anaconda3-5.3.1-Linux-x86_64.sh
Welcome to Anaconda3 5.3.1

In order to continue the installation process, please review the license
agreement.
Please, press ENTER to continue
>>>
===================================
Anaconda End User License Agreement
===================================

Copyright 2015, Anaconda, Inc.

All rights reserved under the 3-clause BSD License:
……
```

这里会有一长段介绍之类的文字，一直按回车键，直至出现以下内容，回答 yes 即可。

```
Do you accept the license terms? [yes|no]
[no] >>>
Please answer 'yes' or 'no':'
>>>yes
Anaconda3 will now be installed into this location:
/root/anaconda3

  - Press ENTER to confirm the location
  - Press CTRL-C to abort the installation
  - Or specify a different location below
[/root/anaconda3] >>>
```

然后询问是否安装在/root/anaconda3 目录下，默认回车即可，也可以自己选择安装目录。例如：

```
[/root/anaconda3] >>>/etc/anaconda3
```

建议尽量选择自定义文件，因为这是在 root 权限下安装的。

此时开始安装一系列程序，这里省略了大部分，因为内容太多了。

```
[/root/anaconda3] >>>
PREFIX=/root/anaconda3
installing: python-3.7.0-hc3d631a_0 ...
Python 3.7.0
installing: blas-1.0-mkl ...
installing: ca-certificates-2018.03.07-0 ...
installing: conda-env-2.6.0-1 ...
```

```
installing: intel-openmp-2019.0-118 ...
installing: libgcc-ng-8.2.0-hdf63c60_1 ...
installing: libgfortran-ng-7.3.0-hdf63c60_0 ...
installing: libstdcxx-ng-8.2.0-hdf63c60_1 ...
installing: bzip2-1.0.6-h14c3975_5 ...
installing: expat-2.2.6-he6710b0_0 ...
installing: fribidi-1.0.5-h7b6447c_0 ...
installing: gmp-6.1.2-h6c8ec71_1 ...
installing: graphite2-1.3.12-h23475e2_2 ...
installing: icu-58.2-h9c2bf20_1 ...
installing: jbig-2.1-hdba287a_0 ...
installing: jpeg-9b-h024ee3a_2 ...
installing: libffi-3.2.1-hd88cf55_4 ...
installing: libsodium-1.0.16-h1bed415_0 ...
installing: libtool-2.4.6-h544aabb_3 ...
……
installing: seaborn-0.9.0-py37_0 ...
installing: anaconda-5.3.1-py37_0 ...
installation finished.
Do you wish the installer to initialize Anaconda3
in your /root/.bashrc ? [yes|no]
[no] >>>yes
```

上面的这一步是选择环境变量路径 root/.bashrc，并在 root/.bashrc 文件中自动追加 export PATH="/etc/anaconda3/bin:$PATH"。如果选择 no，则需要自己再次手动添加路径。最后显示结果如下：

```
Initializing Anaconda3 in /root/.bashrc
A backup will be made to: /root/.bashrc-anaconda3.bak

For this change to become active, you have to open a new terminal.

Thank you for installing Anaconda3!
========================================================================

Anaconda is partnered with Microsoft! Microsoft VSCode is a streamlined
code editor with support for development operations like debugging, task
running and version control.

To install Visual Studio Code, you will need:
  - Administrator Privileges
  - Internet connectivity

Visual Studio Code License: https://code.visualstudio.com/license

Do you wish to proceed with the installation of Microsoft VSCode? [yes|no]
>>>no
```

询问是否安装 VSCode，这里先不安装，直接选 no。

4）激活配置的环境变量。

安装完成后，可以激活配置的环境变量。

```
# source /root/.bashrc
```

下面进行运行测试：

```
# python
Python 3.7.0 (default, Jun 28 2018, 13:15:42)
[GCC 7.2.0] :: Anaconda, Inc. on linux
Type "help", "copyright", "credits" or "license" for more information.
>>>
```

12.3.5 安装 Apache Spark

Apache Spark 是专为进行大规模数据处理而设计的快速、通用的计算引擎。围绕 Apache Spark，现在已形成了一个高速发展且应用广泛的生态系统。

Apache Spark 的安装过程：下载安装包→解压安装包→设置环境变量并验证安装是否成功。下面具体讲解。

1）下载 spark-2.1.0 安装包。

```
# wget http://d3kbcqa49mib13.cloudfront.net/spark-2.1.0-bin-hadoop2.6.tgz
--2021-08-09 00:09:12--  http://d3kbcqa49mib13.cloudfront.net/spark-
2.1.0-bin-hadoop2.6.tgz
Resolving d3kbcqa49mib13.cloudfront.net (d3kbcqa49mib13.cloudfront.net)
... 65.8.165.180, 65.8.165.153, 65.8.165.155, ...
Connecting to d3kbcqa49mib13.cloudfront.net (d3kbcqa49mib13.cloudfront.
net)|65.8.165.180|:80... connected.
HTTP request sent, awaiting response... 200 OK
Length: 193281941 (184M) [application/x-tar]
Saving to: 'spark-2.1.0-bin-hadoop2.6.tgz'

100%[===============================>] 193,281,941 8.12MB/s   in 23s

2021-08-09 00:09:36 (8.10 MB/s) - 'spark-2.1.0-bin-hadoop2.6.tgz' saved
[193281941/193281941]
```

2）解压安装包。

```
# tar -zxvf spark-2.1.0-bin-hadoop2.6.tgz
```

把 spark-2.1.0-bin-hadoop2.6 文件夹复制到/usr/local/spark 目录中。如果没有目录，则创建。

```
# mkdir -p /usr/local/spark
# cp -r spark-2.1.0-bin-hadoop2.6 /usr/local/spark
```

3）设置环境变量。

进入根目录 cd~，编辑.bash_profile 文件，在其中增加以下两行内容：

```
export SPARK_HOME=/usr/local/spark/spark-2.1.0-bin-hadoop2.6
export PATH=$PATH:$SPARK_HOME/bin
```

source 命令使环境变量快速生效：

```
# source .bash_profile
```

4）验证安装是否成功。

```
# spark-shell
Using Spark's default log4j profile: org/apache/spark/log4j-defaults.
properties
Setting default log level to "WARN".
To adjust logging level use sc.setLogLevel(newLevel). For SparkR, use
setLogLevel(newLevel).
21/08/09 00:23:42 WARN NativeCodeLoader: Unable to load native-hadoop
library for your platform... using builtin-java classes where applicable
21/08/09 00:23:42 WARN Utils: Your hostname, localhost resolves to a loopback
address: 127.0.0.1; using 192.168.42.133 instead (on interface ens33)
21/08/09 00:23:42 WARN Utils: Set SPARK_LOCAL_IP if you need to bind to
another address
21/08/09 00:23:47 WARN ObjectStore: Version information not found in
metastore. hive.metastore.schema.verification is not enabled so recording
the schema version 1.2.0
21/08/09 00:23:47 WARN ObjectStore: Failed to get database default,
returning NoSuchObjectException
21/08/09 00:23:48 WARN ObjectStore: Failed to get database global_temp,
returning NoSuchObjectException
Spark context Web UI available at http://192.168.42.133:4040
Spark context available as 'sc' (master = local[*], app id = local-
1628439823193).
Spark session available as 'spark'.
Welcome to
      ____              __
     / __/__  ___ _____/ /__
    _\ \/ _ \/ _ `/ __/  '_/
   /___/ .__/\_,_/_/ /_/\_\   version 2.1.0
      /_/

Using Scala version 2.11.8 (OpenJDK 64-Bit Server VM, Java 1.8.0_292)
Type in expressions to have them evaluated.
Type :help for more information.

scala>
```

安装完成并且测试通过。

12.4　搭建云平台

　　云平台允许开发者将写好的程序放在云端运行，或者使用云提供的服务。这种平台的名称现在有多种，比如按需平台（On-demand Platform）、平台即服务（Platform as a Service，PaaS）等。但无论怎么称呼，这种新的应用支持方式都有巨大的发展潜力。

　　云平台搭建工具有很多种，如 OpenStack、OwnCloud 和 OpenNebula 等。本节以 OwnCloud 为例，简单介绍一下如何搭建一个云平台。

　　OwnCloud 是一种用于文件共享和数据同步的开源软件，在企业部门中非常好用。只需要在服务器上安装好 OwnCloud，即可通过网络访问和使用属于自己的私有云。下面介绍在 CentOS 7 上安装 OwnCloud 的步骤（将 Nginx 作为 Web 服务器）。

1）安装 Nginx 和 PHP。

首先安装 Nginx。这个 Web 服务器在 EPEL 存储库中可用，因此直接安装即可：

```
# yum install nginx
```

然后安装 PHP-FPM（FastCGI Process Manager），并添加以下命令：

```
# yuminstallphp-fpm
```

最后安装 PHP：

```
# yum install php
```

2）配置 Nginx 的 PHP-FPM。

通过编辑 PHP-FPM 配置文件完成对 PHP-FPM 的配置：

```
# vim /etc/php-fpm.d/www.conf
```

搜索包含 user 和 group 的一行代码并更改如下：

```
user = nginx
group = nginx
```

向上滚动代码，寻找 listen 这一行代码，并将内容更改如下：

```
listen = 127.0.0.1:9000
```

接下来取消注释以下关于环境变量的行，然后保存并退出：

```
env[HOSTNAME] = $HOSTNAME
env[PATH] = /usr/local/bin:/usr/bin:/bin
env[TMP] = /tmp
env[TMPDIR] = /tmp
env[TEMP] = /tmp
```

使用以下命令在/var/lib/下创建一个新文件夹：

```
# mkdir -p /var/lib/php/session
```

将新文件夹的所有者更改为 Nginx 用户：

```
# chown nginx:nginx -R /var/lib/php/session/
```

启动 Nginx 和 PHP-FPM：

```
# systemctl start php-fpm
# systemctl start nginx
```

将 Nginx 和 PHP-FPM 添加到开机时自启动的程序中：

```
# systemctl enable nginx
# systemctl enable php-fpm
```

3）安装 MariaDB。

MariaDB 在 CentOS 存储库中可用，因此可以直接安装：

```
# yum install mariadb mariadb-server
```

配置 MariaDB 的 root 密码：

```
# mysql_secure_installation
```

在此过程中，需要回答以下问题：

```
Set root password? [Y/n]
New password:
Re-enter new password:

Remove anonymous users? [Y/n]
Disallow root login remotely? [Y/n]
Remove test database and access to it? [Y/n]
Reload privilege tables now? [Y/n]
```

登录 MariaDB shell，为 OwnCloud 创建一个新数据库和用户。在此示例中，my_owncloud_db 是数据库名称，ocuser 是其用户，密码是 my_password。执行以下命令：

```
# mysql -u root -p
```

接着创建数据库：

```
mysql> CREATE DATABASE my_owncloud_db;
mysql> CREATE USER ocuser@localhost IDENTIFIED BY 'my_strong_password';
mysql> GRANT ALL PRIVILEGES ON my_owncloud_db.* to ocuser@localhost
IDENTIFIED BY 'my_passowrd';
mysql> FLUSH PRIVILEGES;
```

4）生成 SSL 证书。

如果 SSL 证书不存在，则为 SSL 文件创建一个新目录：

```
# mkdir -p /etc/nginx/cert/
```

接下来生成一个新的 SSL 证书文件：

```
# openssl req -new -x509 -days 365 -nodes -out /etc/nginx/cert/owncloud.crt
-keyout /etc/nginx/cert/owncloud.key
```

使用以下命令更改权限：

```
# chmod 600 /etc/nginx/cert/*
```

5）下载 OwnCloud。

```
# wget https://download.owncloud.org/community/owncloud-9.1.4.zip
```

解压后将其移动到/usr/share/nginx/html 目录下：

```
# unzip owncloud-9.1.2.zip
# mv owncloud/ /usr/share/nginx/html/
```

切换到 Nginx 根目录，在该目录下为 OwnCloud 创建一个新的数据目录：

```
# cd /usr/share/nginx/html/
# mkdir -p owncloud/data/
```

6）在 Nginx 中配置虚拟主机。

使用以下命令创建虚拟主机的配置文件：

```
# vim /etc/nginx/conf.d/owncloud.conf
```

将以下文本复制到文件中：

```
upstream php-handler {
    server 127.0.0.1:9000;
    #server unix:/var/run/php5-fpm.sock;
```

```
}

server {
    listen 80;
    server_name data.owncloud.co;
    # enforce https
    return 301 https://$server_name$request_uri;
}

server {
    listen 443 ssl;
    server_name threecoolcat.com;

    ssl_certificate /etc/nginx/cert/owncloud.crt;
    ssl_certificate_key /etc/nginx/cert/owncloud.key;

    # Add headers to serve security related headers
    # Before enabling Strict-Transport-Security headers please read into
this topic first.
    add_header Strict-Transport-Security "max-age=15552000; includeSubDomains";
    add_header X-Content-Type-Options nosniff;
    add_header X-Frame-Options "SAMEORIGIN";
    add_header X-XSS-Protection "1; mode=block";
    add_header X-Robots-Tag none;
    add_header X-Download-Options noopen;
    add_header X-Permitted-Cross-Domain-Policies none;

    # Path to the root of your installation
    root /usr/share/nginx/html/owncloud/;

    location = /robots.txt {
        allow all;
        log_not_found off;
        access_log off;
    }

    # The following 2 rules are only needed for the user_webfinger app.
    # Uncomment it if you're planning to use this app.
    #rewrite ^/.well-known/host-meta /public.php?service=host-meta last;
    #rewrite ^/.well-known/host-meta.json /public.php?service=host-meta-
json last;

    location = /.well-known/carddav {
        return 301 $scheme://$host/remote.php/dav;
    }
    location = /.well-known/caldav {
        return 301 $scheme://$host/remote.php/dav;
    }

    location /.well-known/acme-challenge { }

    # set max upload size
    client_max_body_size 512M;
    fastcgi_buffers 64 4K;
```

```
    # Disable gzip to avoid the removal of the ETag header
    gzip off;

    # Uncomment if your server'is build with the ngx_pagespeed module
    # This module is currently not supported.
    #pagespeed off;

    error_page 403 /core/templates/403.php;
    error_page 404 /core/templates/404.php;

    location / {
        rewrite ^ /index.php$uri;
    }

    location ~ ^/(?:build|tests|config|lib|3rdparty|templates|data)/ {
        return 404;
    }
    location ~ ^/(?:\.|autotest|occ|issue|indie|db_|console) {
        return 404;
    }

    location ~ ^/(?:index|remote|public|cron|core/ajax/update|status|ocs/
v[12]|updater/.+|ocs-provider/.+|core/templates/40[34])\.php(?:$|/) {
        fastcgi_split_path_info ^(.+\.php)(/.*)$;
        include fastcgi_params;
        fastcgi_param SCRIPT_FILENAME $document_root$fastcgi_script_name;
        fastcgi_param PATH_INFO $fastcgi_path_info;
        fastcgi_param HTTPS on;
        fastcgi_param modHeadersAvailable true; #Avoid sending the security
headers twice
        fastcgi_param front_controller_active true;
        fastcgi_pass php-handler;
        fastcgi_intercept_errors on;
        fastcgi_request_buffering off;
    }

    location ~ ^/(?:updater|ocs-provider)(?:$|/) {
        try_files $uri $uri/ =404;
        index index.php;
    }

    # Adding the cache control header for js and css files
    # Make sure it is BELOW the PHP block
    location ~* \.(?:css|js)$ {
        try_files $uri /index.php$uri$is_args$args;
        add_header Cache-Control "public, max-age=7200";
        # Add headers to serve security related headers (It is intended to
have those duplicated to the ones above)
        # Before enabling Strict-Transport-Security headers please read into
this topic first.
        #add_header Strict-Transport-Security "max-age=15552000;
includeSubDomains";
        add_header X-Content-Type-Options nosniff;
        add_header X-Frame-Options "SAMEORIGIN";
        add_header X-XSS-Protection "1; mode=block";
```

```
        add_header X-Robots-Tag none;
        add_header X-Download-Options noopen;
        add_header X-Permitted-Cross-Domain-Policies none;
        # Optional: Don't log access to assets
        access_log off;
    }

    location ~* \.(?:svg|gif|png|html|ttf|woff|ico|jpg|jpeg)$ {
        try_files $uri /index.php$uri$is_args$args;
        # Optional: Don't log access to other assets
        access_log off;
    }
}
```

保存并退出。接下来测试 Nginx：

```
# nginx -t
Syntax OK
```

重启 Nginx：

```
# systemctl restart nginx
```

服务器端配置完成。最后使用 Web 浏览器打开 OwnCloud 服务器的 URL（本示例为 threecoolcat.com），并使用图形前端完成配置。通过创建新的管理员账户，并输入在前面的步骤中创建的数据库凭据来执行此操作。这样，云存储服务就准备好了。

12.5　案例——三酷猫网站部署

三酷猫想在网上宣传自己的海鲜商品，于是就找朋友做了一个网站。网站是用 Python 编写的，用到了 MySQL 数据库和 Apache 服务器。于是三酷猫登录到 CentOS 7 系统，下载了 Python-3.9.4 源码包，并使用源码的方式安装 Python，又使用 YUM 工具安装 MySQL 8.0 和 Apache 2.4.6。安装好这些程序之后，根据网站的部署文档，三酷猫将网站部署到了 CentOS 7 上。

12.6　练习和实验

一．练习

1. 填空题（本题考察的内容会超出本书的内容范围）

1）列举 3 个在 Linux 下流行的关系型数据库：（　　）、（　　）和（　　）。

2）列举 3 个在 Linux 下流行的 NoSQL 数据库：（　　）、（　　）和（　　）。

3）列举 3 个在 Linux 下流行的 Web 服务器软件：（　　）、（　　）和（　　）。

4）除了本章列举的几个开发工具外，你还知道哪些开发工具?分别有（　　　）、（　　　）和（　　　）。

5）在 CentOS 7 上安装软件的方式主要有（　　　）、（　　　）、（　　　）和（　　　）。

2．判断题

1）Oracle 默认支持 CentOS 7，因此可以采用 RPM 的方式安装。　　　　　　　（　　　）

2）MongoDB 和 Redis 都属于 NoSQL 数据库。　　　　　　　　　　　　　　（　　　）

3）Apache 服务的软件包名称为 httpd。　　　　　　　　　　　　　　　　　（　　　）

4）Anaconda 软件内部集成 Python，无须单独安装 Python。　　　　　　　　（　　　）

5）Apache Spark 是专为大规模数据处理而设计的快速、通用的计算引擎。

（　　　）

二．实验

实验 1：安装 Anaconda。

1）在 Linux 下安装 Anaconda。

2）记录安装步骤并截屏。

3）形成实验报告。

实验 2：使用 OwnCloud 搭建自己的第一个云平台。

1）在 Linux 下安装 OwnCloud。

2）记录安装步骤并截屏。

3）形成实验报告。

第 13 章　图形用户界面

图形用户界面（Graphics User Interface，GUI），是指采用图形方式显示的计算机操作用户界面，是计算机与其使用者之间的对话接口，是计算机系统的重要组成部分。

早期的计算机向用户提供的都是命令行界面（Command Line Interface，CLI），用户必须使用命令与计算机进行交互，而不能使用鼠标直接操作，这为普通用户的使用增加了困难。

20 世纪 70 年代，施乐公司（Xerox）的研究人员开发了第一个 GUI，开创了计算机发展的新时代。之后，操作系统的 GUI 经历了众多变迁，现在几乎可以在各个领域看到 GUI 的身影，如手机通信、移动产品、计算机操作平台、车载系统产品、智能家电产品和游戏产品等。

KDE 与 GNOME 是目前 Linux / UNIX 系统中最流行的 GUI 环境。从 20 世纪 90 年代中期至今，KDE 和 GNOME 经历了将近 20 多年的漫漫历程，二者也都从最初的设计粗糙、功能简陋发展到设计和功能都相对完善的阶段，与 Windows 系统和 macOS 系统站在了同一舞台上。

本章的主要内容如下：
- X Window System 概述；
- GNOME 桌面环境简介；
- KDE 桌面环境简介；
- 新一代显示技术——WayLand。

13.1　X Window System 概述

1984 年，麻省理工学院（MIT）与当时的美国数字设备公司（DEC）合作，致力于在 UNIX 系统上开发一个分散式的视窗环境，这便是大名鼎鼎的 X Window System 项目。

1986 年 1 月，MIT 正式发行 X Window，此后它便成为 UNIX 的标准视窗环境。之后，负责发展该项目的 X 协会成立，MIT 和 DEC 便从事于完整协议（Protocal）的重新设计，并且于 1987 年 9 月发布了第 11 版，这就是所谓的 X11。

许多 UNIX 厂商也在 X Window 的原型上开发适合自己的 UNIX GUI 视窗环境。一些爱好者则成立了非营利的 XFree86 组织，致力于在 X86 系统上开发 X Window。这套免费且功能完整的 X Window 很快就进入了商用的 UNIX 系统中，并且被移植到多种硬件平台上，后来的 Linux 桌面环境也是以此为基础开发的。

这些早期的 X Window 环境都设计得很简单，其中许多 GUI 元素模仿微软的 Windows。但 X Window 拥有一个小小的创新：当鼠标指针移动到某个窗口时，该窗口便会被自动激活，用户无须单击便能够直接输入，简化了用户操作。这个特性在后来的 KDE 和 Gnome 中也得到了继承。

由于必须以 UNIX 系统为基础，X Window 注定只能成为 UNIX 上的一个应用，而不可能与操作系统内核高度整合。这就使得基于 X Window 的图形用户环境不可能有很高的运行效率，但它的优点在于拥有很强的设计灵活性和可移植性。X Window 采用了客户端-服务器架构，从逻辑上分为三层，如图 13.1 所示。

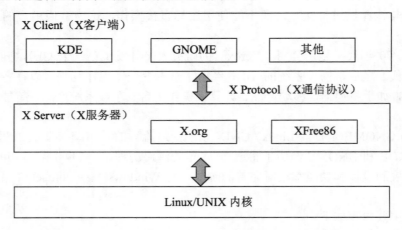

图 13.1　X Window 的逻辑结构

- X Server：主要处理输入、输出信息并维护相关的资源。X Server 接受来自键盘和鼠标的操作并将其交给 X Client（X 客户端）做出反馈，而由 X Client 传来的输出信息也由它来负责输出。
- X Client：提供一个完整的 GUI 界面，负责与用户直接交互（KDE 和 GNOME 都是 X Client）。
- X Protocol：用于衔接 X Server 与 X Client，其任务是充当二者的沟通管道。尽管 UNIX 厂商采用相同的 X Window，但由于终端的 X Client 并不相同，这就导致不同的 UNIX 产品搭配的 GUI 界面看起来差别很大。

13.2　GNOME 桌面环境简介

CentOS 7 的安装镜像提供了图形界面应用 GNOME 桌面环境，可以实现类似于 Windows

的图形化界面操作功能。

13.2.1　手动安装 GNOME 桌面环境

在 1.4.4 小节中曾讲过，安装阶段可以选择安装图形界面。但是本书使用的是最小安装方式，默认未安装图形界面。如果在安装过程中的"软件选择"步骤选择了"GNOME 桌面"，则不需要手动安装 GNOME 桌面环境。

本小节将以最小安装方式为例，讲解手动安装图形界面的过程。

1）安装前的检查。在 CentOS 7 的命令终端中输入如下命令，检查图形界面是否已安装。

```
#systemctl get-default
```

如果显示 **multi-user.target**，则表示系统启动后会进入多用户环境，也就是终端界面；如果显示 graphical.target，则表示系统启动后会进入图形界面。

2）安装图形界面。在命令终端执行以下命令，查看可安装的应用组：

```
[root@bogon ~]# yum group list
Loaded plugins: fastestmirror
Loading mirror speeds from cached hostfile
 * base: mirrors.huaweicloud.com
 * extras: mirrors.huaweicloud.com
 * updates: mirrors.huaweicloud.com
Available Environment Groups:
   Minimal Install
   Compute Node
   Infrastructure Server
   File and Print Server
   Basic Web Server
   Virtualization Host
   Server with GUI
   GNOME Desktop
   KDE Plasma Workspaces
   Development and Creative Workstation
Available Groups:
   Compatibility Libraries
   Console Internet Tools
   Development Tools
   Graphical Administration Tools
   Legacy UNIX Compatibility
   Scientific Support
   Security Tools
   Smart Card Support
   System Administration Tools
   System Management
```

```
Done
[root@localhost ~]#
```

其中，Server with GUI、GNOME Desktop 和 KDE Plasma Workspaces 都是图形界面应用组。此处以最常用的 GNOME 环境为例，在命令终端执行以下安装命令：

```
#yum groupinstall 'GNOME Desktop' -y
```

安装过程大概持续 20～30 分钟。安装成功后，提示信息如下：

```
Dependency Updated:
NetworkManager.x86_64 1:1.18.8-2.e17_9    NetworkManager-libnm.x86_64
1:1.18.8-2.el7_9
Ne tworkManager-team.x86_64 1:1.18.8-Z.el7_9 NetworkManager-tui.x86_64
1:1.18.8-2.e17_9
Firewalld.noarch 8:8.6.3-13.el7_9              firewalld-filesystem.noarch
8:8.6.3-13.el7_9
kpartx.x86_64 8:8.4.9-134.e17_9                nspr.x86_64 8:4.25.8-2.el7_9
nss.x86_64 0:3.53.1-7.el7_9          nss-softokn.x86_64 0:3.53.1-6.el7_9
nss-softokn-freebl.x86_64 0:3.53.1-6.el7_9      nss-sysinit.x86_64
8:3.53.1-7.el7_9
nss-tools.x86_64 0:3.53.1-7.e17_9         nss-util.x86_64 0:3.53.1-1.el7_9
python-firewall.noarch 0:8.6.3-13.el7_9   systemd.x86_64 0:219-78.el7_9.3
systemd-libs.x86_64 8:219-78.e17_9.3          systemd-sysv.x86_64
0:219-78.el7_9.3
Complete!
[root@localhost ~]#
```

3）设置 GNOME 桌面环境。

使用以下命令，将系统的默认启动环境设置为桌面环境：

```
[root@localhost ~]# systemctl set-default graphical.target
Removed symlink /etc/systemd/system/default.target.
Created symlink from /etc/systemd/system/default.target to /usr/lib/
systemd/system/graphical.target.
[root@localhost ~]#
```

4）执行 reboot 命令重启虚拟机。

```
[root@localhost ~]# reboot
```

至此，CentOS 7 上的图形界面应用 GNOME Desktop 就安装完成了。接下来需要做一些设置，然后就可以使用图形界面了。

5）首次启动图形界面，显示结果如图 13.2（a）所示。

在图 13.2（a）中单击右上角的"前进"按钮，进入如图 13.2（b）所示的界面。

再次单击"前进"按钮，进入如图 13.3（a）所示的隐私界面。在此界面中，可以单击滑块关闭或开启位置服务。再次单击右上角的"前进"按钮，进入如图 13.3（b）所示的时区界面。

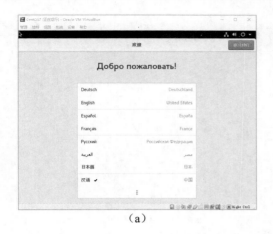
（a）

（b）

图 13.2　设置图形界面的欢迎界面

（a）

（b）

图 13.3　隐私和时区界面

在如图 13.3（b）所示的时区界面中，可以在输入框中输入 beijing 或 shanghai，以定位中国的时区，选完之后，单击右上角的"前进"按钮，进入如图 13.4（a）所示的连接在线账号界面。

在如图 13.4（a）所示的在线账号界面中单击右上角的"跳过"按钮，进入如图 13.4（b）所示的创建用户界面，在"全名"文本框中输入想创建的名称。本例填写的是 cat，下方的文本框同步显示用户名 cat。单击界面右上角的"前进"按钮，进入如图 13.5（a）所示的设置密码界面。

在图 13.5（a）中，需要输入两次相同的密码，以保证设置的密码无误，密码框下方会对密码和复杂度进行校验，不允许使用简单或常见的密码。本例设置一个中等强度的密码 Coolpussy，然后单击右上角的"前进"按钮，进入如图 13.5（b）所示的完成界面。在完成界面中单击"开始使用 CentOS Linux(s)"按钮，即可进入如图 13.6 所示的开始界面。

（a）

（b）

图 13.4　账号界面

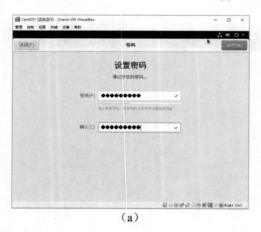
（a）

（b）

图 13.5　密码界面和完成界面

图 13.6　设置完成后，首次启动显示开始界面

关闭开始界面后显示 GNOME 的默认桌面环境，如图 13.7 所示。

图 13.7　GNOME 默认桌面环境

13.2.2　GNOME 桌面环境的基本功能

读者应该已经发现，进入桌面以后，鼠标指针就被虚拟机捕获了，需要按键盘上右侧的 Ctrl 键才能将指针释放，操作十分不方便。在这种情况下，可安装 VirtualBox 的增强功能，以实现对鼠标的灵活控制。

1．安装 VirtualBox 的增强功能

安装增强功能的步骤如下：

1）如果鼠标指针未被虚拟机捕获，先单击虚拟机中的桌面，让虚拟机捕获鼠标指针，然后右击虚拟机中的桌面，弹出快捷命令菜单，如图 13.8 所示。

图 13.8　快捷菜单命令

2）选择快捷菜单中的"打开终端"命令，弹出 GNOME "终端"，然后在终端上输入以下命令并回车：

```
$ sudo yum update -y
```

终端上的命令提示符为$，是因为当前登录桌面的用户是 cat 而并非超级管理员 root，而且在执行系统操作时需要在命令前加上 sudo 关键字，执行结果如图 13.9 所示。

图 13.9　执行 yum update 命令

输入 cat 用户的密码并回车后系统开始更新，更新过程大概需要 10 分钟，结果如图 13.10 所示。

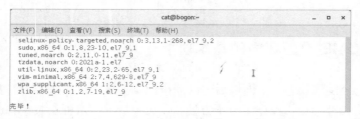

图 13.10　完成软件包的更新

3）安装新的 kernel，需要执行以下命令：

```
$ sudo yum update kernel -y
```

4）安装增加强功能依赖的开发包，需要在终端上输入以下命令并回车：

```
$ sudo yum install gcc make perl kernel-devel -y
```

输入 cat 用户的密码并回车，此时开始安装软件包，安装过程大概需要 5 分钟，结果如图 13.11 所示。

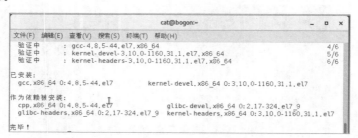

图 13.11　完成软件包的安装

5）按键盘上的 Ctrl 键释放鼠标指针，然后在虚拟机窗口的菜单栏中选择"设备"|"安

装增强功能"命令，如图 13.12 所示。

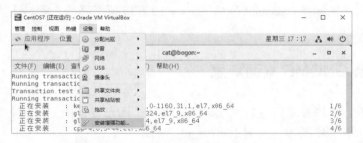

图 13.12 选择"安装增强功能"命令

稍等片刻后将弹出确认对话框，如图 13.13 所示。

单击"运行"按钮，弹出密码提示对话框，要求输入用户密码，如图 13.14 所示。

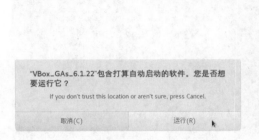

图 13.13 确认对话框

图 13.14 密码输入对话框

输入密码后单击对话框下方的"认证"按钮，系统将弹出终端界面并开始安装增强工具，安装过程大概需要 5～10 分钟，结果如图 13.15 所示。

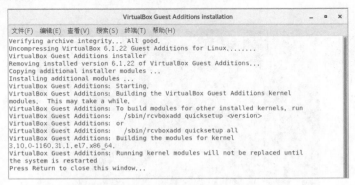

图 13.15 完成增强功能的安装

根据安装结果提示，需要按回车键关闭此窗口，然后在终端窗口中输入重启命令，等待系统重启，使增强功能生效。命令如下：

```
$ reboot
```

系统重启后，鼠标指针即可以在 Windows 10 和虚拟机屏幕之间自由移动，而不会再被虚拟机捕获了。

13.2.3　登录 GNOME 桌面环境

当重新开机、注销登录或重启系统以后，安装了图形界面的 CentOS 7 会显示登录界面，等待用户的下一步操作，如图 13.16（a）所示。

在图 13.16 所示的界面中列出了当前系统登录的用户名，单击该用户名，显示如图 13.17 所示的密码输入界面。如果未列出所需的用户名，比如 root 用户，可以单击头像下方的文字"未列出？"，将显示图 13.16（b）的界面。手工输入用户名，再单击"下一步"按钮，显示图 13.17 所示的密码输入界面。

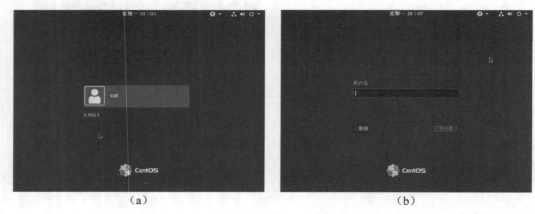

　（a）　　　　　　　　　　　　　　　　　　　（b）

图 13.16　登录界面

图 13.17　密码输入界面

在图 13.17 所示的密码输入界面中，"登录"按钮左侧有一个齿轮形状的图标，单击该图标会弹出可选择的桌面环境列表，当前列出了两项：GNOME 和 GNOME 经典模式。默认会进入 GNOME 经典模式。这两个模式在使用上略有不同，下一节会介绍两种桌面操作方式。

在图 13.17 中，输入正确的密码后再单击"登录"按钮，就可以进入 GNOME 桌面环境了。

13.2.4　GNOME 桌面环境的基本操作

GNOME 桌面环境的经典模式的操作方式与 Windows 10 系统非常相似，中间是桌面区，桌面顶部是工具栏，底部是状态栏。

桌面区显示了两个图标：回收站和主文件夹。回收站用于临时存放删除的文件，主文件夹以目录树的形式管理系统中的文件。

工具栏左侧是"应用程序"菜单，类似于 Windows 10 中的"开始"按钮，单击"应用程序"菜单，显示结果如图 13.18 所示。

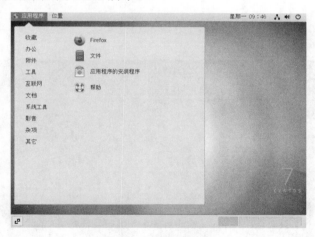

图 13.18　"应用程序"菜单

如图 13.18 所示，"应用程序"菜单展开后分类显示了很多应用程序，此功能类似于 Windows 操作系统的"开始"按钮。

- 窗口的右上角显示的是状态信息，包含日期、网络状态、声音和开机/关机操作等。
- 窗口底部左侧是任务按钮，单击该按钮会在屏幕区域以列表形式列出所有打开的窗口，如图 13.19 所示。在图 13.19 中，单击显示的任意窗口，可以切换到对应的窗口。
- 窗口底部右侧是 4 个工作区切换按钮，每个工作区包含一个独立的桌面窗口，称为工作区，一个工作区内打开的窗口不会在其他工作区内显示。

如果在登录时未选择 GNOME 经典模式而是选择了 GNOME 模式，则显示的桌面如图 13.20 所示。

图 13.19　窗口列表

图 13.20　GNOME 模式

在图 13.20 中，左侧是应用列表，顶部是工具栏，右侧是工作区列表。单击工具栏中的"活动"按钮或者左侧的应用列表最下方的按钮，在桌面上会显示全部应用，单击其中的任意图标可以启动该应用，如图 13.21 所示。

图 13.21　全部应用

GNOME 桌面环境经过 20 多年的发展，现在已经非常成熟，而且使用非常方便，其中的经典模式的使用方式与 Windows 操作系统比较相似，GNOME 模式则借鉴了 macOS 桌面操作方式。

13.2.5　注销、关机和重启

GNOME 桌面如图 13.22 所示。

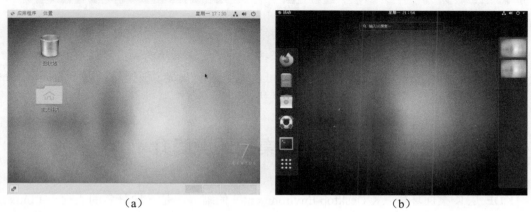

（a）　　　　　　　　　　　　　　　　（b）

图 13.22　GNOME 桌面的两种模式

如图 13.22 所示，GNOME 桌面环境包括以下几部分：
- 窗口的主体是一张背景图片，其中，在图片右下角有一个数字 7 和一行小字

CENTOS，见图 13.22（a）。

- 窗口顶部是工具栏，工具栏左侧是"应用程序"菜单和"位置"菜单，工具栏右侧是时间、网络状态、声音状态、关机按钮，见图 13.22（a）。
- 窗口底部是状态栏，状态栏左侧是活动任务切换按钮，状态栏右侧是工作区切换按钮，见图 13.22（b）。

单击图 13.22 右上角的状态图标，显示状态设置窗口，如图 13.23 所示。

在图 13.23 中单击用户名 cat，展开当前用户的操作项，包括注销和账号设置。在状态栏底部有 3 个圆形按钮，分别是设置、锁定和关机。

图 13.23　状态设置窗口

在图 13.23 中单击用户名下方的"注销"按钮，弹出如图 13.24 所示的注销确认框。

在图 13.24 中有两个按钮，单击"取消"按钮可以放弃本次的注销操作，单击"注销"按钮，可以立即执行注销操作。

这里单击"取消"按钮重复以上操作。在图 13.23 所示的窗口中单击关机按钮弹出如图 13.25 所示的关机确认框。

图 13.24　注销确认框

图 13.25　关机确认框

在图 13.23 中有 3 个按钮，单击"取消"按钮可以放弃本次的关机操作，单击"重启"按钮可以重新启动系统；单击"关机"按钮可以完全关闭系统。根据对话框中的提示，如果不单击任何按钮，系统将在 60 秒后自动关机。

13.3　KDE 桌面环境简介

KDE 是 K 桌面环境（K Desktop Environment）的缩写，是一种著名的运行于 Linux、UNIX 及 FreeBSD 等操作系统上的自由图形桌面环境，整个系统采用的都是 TrollTech 公司所开发的 Qt 程序库。KDE 是 Linux 操作系统中流行的桌面环境之一。

在 CentOS 7 中，在桌面上打开终端后，执行以下命令安装 KDE 桌面环境：

```
# yum grouplist install KDE Plasma Workspaces -y
```

安装成功以后，注销或重启 Linux 系统，之后在登录界面的桌面环境配置中可以选择
登录 KDE 桌面环境，如图 13.26 所示。

图 13.26 登录时选择桌面环境

登录后，显示的桌面环境如图 13.27 所示。在显示的 KDE 桌面环境中，左下角图标
是其应用程序菜单。单击该图标后，会弹出应用程序分组和列表，操作方式类似于 Windows
操作系统的"开始"按钮，如图 13.27 所示。

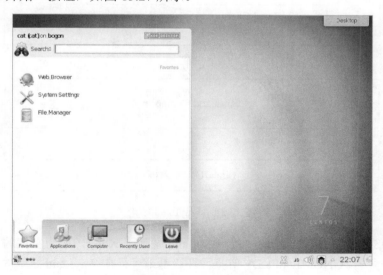

图 13.27 KDE 的桌面菜单

除了 GNOME 桌面环境和 KDE 桌面环境以外，还有一些有特色的桌面环境，例如：

- Xfce：主要特点是资源占用较少，适用于配置比较老的机器，其操作方式类似于 Windows 操作系统的桌面操作。
- Lxde：轻量级的桌面系统，同样适合于配置较老的机器。
- MATE：是在 GNOME2 的基础上发展而来的桌面系统，适用于习惯了 GNOME2 的用户。
- Unity：是在 UbuntuLinux 11.04 版本中推出的一款桌面系统，多用于低配置的笔记本电脑。

此外，还有一些图形界面工具如 OpenBox、FluxBox、IceWM 和 JWM 等，也在一定范围内比较流行。

13.4　新一代显示技术——WayLand

WayLand 是一个简单的"显示服务器"（Display Server），与 X Window 属于同一级的技术。WayLand 不仅会完全取代 X Window，而且将颠覆 Linux 桌面系统 X Client/X Server 的概念，以后将没有所谓的 X Client 了，而是 WayLand Client。就像 X Window 当前的 X11 协议一样，只定义了如何与内核、Client 通信，而具体的使用策略依然是交给开发者自己。

WayLand 复用了所有 Linux 内核的图形和输入、输出技术 KMS、evdev，因此已支持的驱动可以直接拿来用。WayLand 的结构如图 13.28 所示。

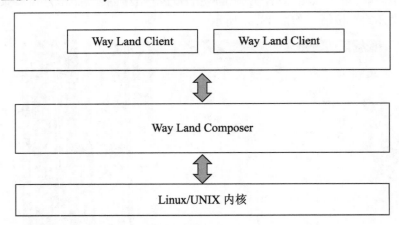

图 13.28　WayLand 结构

在 CentOS 8 和 CentOS Stream 中，WayLand 替代了 X.org，成为主流的 Linux 发行版默认的显示服务器，GNOME 和 KDE 等桌面环境都是运行在 WayLand 之上的。在 CentOS 7 中也可以使用源码编译方式安装 WayLand 显示服务器，这里不展开讨论。

13.5　案例——三酷猫可视化操作

三酷猫安装了 GNOME 桌面环境，它用鼠标单击桌面左上角的"活动"按钮打开了活动窗口，再单击窗口左侧最下方的"显示应用程序"按钮，窗口中就列出了所有可用的应用程序，如图 13.29 所示。

三酷猫发现，现在系统中只安装了一些基本软件，如计算器、浏览器、时钟和视频等，列表中还有个"应用程序管理"图标，单击该图标后出现如图 13.30 所示的界面，在该界面中可以搜索和安装更多的软件。

图 13.29　CentOS 7 应用程序界面

图 13.30　应用程序管理界面

三酷猫分别打开了"生产力"分类和"游戏"分类，显示的界面如图 13.31 所示。

a）

b）

图 13.31　CentOS 7 的软件安装管理器页面

三酷猫安装了用于记录账单的 LibreOffice Calc 软件，以替代之前用的 Excel，然后又下载了几款游戏，以便在下班之后放松一下。做完这些事之后三酷猫就去店里忙碌了。

13.6　练习和实验

一．练习

1．填空题

1）XWindow 由三部分组成，分别是（　　　）、（　　　）和（　　　）。

2）Wayland 由两部分组成，分别是（　　　）和（　　　）。

3）在 CentOS 7 中，设置默认启动图形界面的命令是（　　　）。

4）写出 CentOS 7 系统的图形界面操作所对应的命令，分别是关机（　　　）、重启（　　　）和注销（　　　）。

5）安装了 GNOME 和 KDE 后，你更喜欢哪一个图形界面？理由是（　　　）。

2．判断题

1）X Windows 系统是开源的，可以免费使用。　　　　　　　　　　（　　　）

2）X Protocol 是 WayLand 的重要组件，用于衔接 X Server 与 X Client。（　　　）

3）GNOME 可以运行在 X Window 上，但不能运行在 WayLand 上。　（　　　）

4）KDE 只能运行在 WayLand 上。　　　　　　　　　　　　　　　（　　　）

5）如果同时安装了 GNOME 和 KDE，则可以在登录界面进行切换。　（　　　）

二．实验

实验 1：安装图形界面。

1）手动安装 GNOME、KDE 或 Xfce 并记录步骤。

2）先在图形界面上安装 XRDP 和 VNC，然后使用 Windows 的远程工具连接到 Linux 上并记录安装步骤。

3）对比 XRDP 和 VNC 工具，给出两个工具的优缺点对比报告。

实验 2：搭建 Shell 开发环境。

1）在 CentOS 7 的图形界面上安装 Microsoft Visutal Studio Code（简称 VSCode）工具，搭建 Shell 脚本开发环境。

2）使用 VSCode 完成 9.1.2 小节的示例 9.1。

3）形成实验报告。

第 14 章　CentOS Stream 与 Rocky Linux

2019 年 9 月 25 日，CentOS 团队正式发布了 CentOS 8。在该版本中引入了诸多新特性，并且计划维护周期持续到 2029 年。在该版本中还包含全新的发行版 CentOS Stream 8。

2020 年 12 月 8 日，CentOS 开发团队在其官方微博中宣布，CentOS 8 将在 2021 年底结束支持，这就意味着不会有 CentOS 9、CentOS 10 了，而对于 CentOS 7，由于其用户基数与用户贡献较多，因此会按照计划维护，直至生命周期结束，即 2024 年 6 月 30 日。接下来的一年，CentOS 团队会把重心放到 CentOS Stream 上。

这个举动引起了很多企业用户的不满，因为他们不能再免费使用功能强大且稳定的 CentOS Linux 了。

正是基于以上原因，本书采用了 CentOS 7 为主要版本，而没有采用 CentOS 8。本章的主要内容如下：

- 初识 CentOS 8；
- 升级到 CentOS 8；
- 初识 CentOS Stream；
- 升级到 CentOS Stream；
- 初识 Rocky Linux；
- 迁移到 Rocky Linux。

14.1　初识 CentOS 8

CentOS 8 的主要功能和 RHEL 8 是一致的，它基于 Linux 内核版本 4.18，为用户提供一个稳定、安全和一致的基础平台，它跨越混合云部署，并支持传统和新兴的工作负载所需的工具。下面介绍此次发布的版本的主要亮点。

1. 桌面环境

CentOS 8 的 GNOME Shell 的 GUI 版本已经更新到 3.28 版本。
GNOME 会话和 GNOME 显示管理器使用 WayLand 作为默认的显示服务器。CentOS 7

中的 X.org 显示服务器也是可用的。

2．网络功能

CentOS 8 的网络功能部分已经进行了以下更新：

- CentOS 8 是使用 TCP 网络堆栈版本 4.16 版发布的，该版本性能更高，可伸缩性更好，稳定性更高。
- nftables 框架取代 iptables 框架，成为默认的网络包过滤工具。
- firewalld 守护进程现在使用 nftables 作为默认的后端。
- 支持 IPVLAN 虚拟网络驱动程序，并支持多个容器的网络连接。
- NetworkManager 现在支持单根 I/O 虚拟化（SR-IOV）虚拟函数（VF）。NetworkManager 允许配置 VFS 的一些属性，如 Mac 地址、VLAN、欺骗检查设置和允许的比特率等。

3．软件管理

CentOS 8 默认安装了基于 DNF 技术的 YUM 包管理器。此外，CentOS 8 还提供了对模块化内容的支持，提高了性能，并与工具集成提供了设计良好且稳定的 API。可以通过基于 DNF 技术（YUM v4）的新版本 YUM 工具安装软件，其配置文件与 YUM v3 兼容。

4．语言、Web服务器和数据库

- CentOS 8 默认安装了 Python 3.6 环境，保留了对 Python 2.7 的有限支持。
- CentOS 8 默认提供对最新版 Node.js、PHP 7.2、Ruby 2.5、Perl 5.26 和 SWIG 3.0 的支持。
- CentOS 8 默认支持的数据库服务为 MariaDB 10.3、MySQL 8.0、PostgreSQL 10、PostgreSQL 9.6 和 Redis 5。
- Web 服务器升级为 Apache HTTP Server 2.4 和 Nginx 1.14。
- Squid 已更新到 4.4 版，该版本还包括一个新的代理缓存服务器 Varnish Cache 6.0。

5．虚拟化技术

- CentOS 8 与 qemu-kvm 2.12 一起发布，并自动配置更现代的基于 PCI Express 的计算机类型 Q35。
- 使用 KVM 虚拟化管理程序的 AMD EPYC 主机，在 CentOS 8 下可以支持安全加密的虚拟化（SEV）特性。
- QEMU 仿真器引入了沙箱特性。QEMU 沙箱为系统调用 QEMU 操作提供了可配置的限制功能，从而使虚拟机更加安全。
- KVM 虚拟化在 CentOS 8 下支持用户模式指令预防（UMIP）特性，这个特性可以将用户空间的应用程序与系统隔离。

- KVM 虚拟化在 CentOS 8 下支持 5 级分页功能，这显著增加了主机和来宾系统可使用的物理空间和虚拟地址空间。
- 在所有由 Red Hat 支持的 CPU 架构上安装 CentOS 8 时，KVM 虚拟化可以支持 Ceph 存储。

6. 安装和创建镜像

- Anaconda 安装程序可以使用 LUKS2 磁盘加密，它支持 NVDIMM 设备。
- Image Builder 工具可以创建不同格式的自定义系统镜像，包括满足云平台的各种格式。
- 支持使用硬件管理控制台 HMC 从光盘驱动器安装，同时提供 IBM Z 主机的支撑软硬件（Support Element，SE）。

7. 安全特性

- CentOS 8 支持 OpenSSL 1.1.1 和 TLS 1.3，这使得用户能够使用最新的密码保护标准来保护客户的数据。
- CentOS 8 提供系统级的密码策略，可以帮助用户管理密码的遵从性，而不需要修改和调优特定的应用程序。
- OpenSSH 升级到 7.8p1 版本后，不再支持 SSH V1、Blowfish/CAST/RC4 密码和 HMAC RIPEMD160 消息身份验证代码等特性。

8. 内核

- 扩展 Berkeley Packet Filtering（eBPF）特性，支持在用户空间的各个点（包括 Sockets、Trace Points、Packet Reception）上附加自定义程序，以接收和处理数据。目前该特性还处于特性预览阶段。
- BPF Compiler Collection（BCC）是一个用来创建高效内核跟踪和操作的工具，该工具目前处于技术预览阶段。

9. 编译器和开发工具

- GCC 编译器更新到 8.2 版本，该版本支持更多的 C++标准、更好的优化及代码增强技术，提升了编译器和硬件的特性。
- 不同的代码生成、操作和调试工具在 CentOS 8 下可以处理 DWARF5 调试信息格式（目前处于体验阶段）。
- 核心支持 eBPF 调试的工具包括 BCC、PCP 和 SystemTap。
- glibc 库升级到 2.28 版本，该版本支持 Unicode 11，并支持更多的 Linux 系统调用，可提升 DNS 根解析器的性能。

以上是 CentOS 8 发布的一些新特性，这些特性也同时存在于 CentOS Stream 中。更多关于 CentOS 8 的特性介绍，请参考 Red Hat 官方网站上该版本的发布说明文档，网址为 https://access.redhat.com/documentation/en-us/red_hat_enterprise_linux/8/html/8.0_release_notes/index。

14.2　升级到 CentOS 8

因为 CentOS 8 相比之前的版本，将软件包管理工具 YUM 更新为 DNF，所以从 CentOS 7 升级到 CentOS 8 时不能使用切换发行版本号的方式。经过笔者的不断尝试，整理出的升级笔记如下：

在升级之前，首先要确保 CentOS 7 已经启动并且配置好了网络连接，然后使用远程终端工具连接到 CentOS 7 系统上，或者在运行 CentOS 7 的计算机上直接操作。

1）查看系统版本，在终端输入以下命令，查看内核版本和当前发行版的版本：

```
[root@bogon ~]# uname -a
Linux bogon 3.10.0-1160.el7.x86_64 #1 SMP Mon Oct 19 16:18:59 UTC 2020 x86_64
x86_64 x86_64 GNU/Linux
[root@bogon ~]# cat /etc/redhat-release
CentOS Linux release 7.9.2009 (Core)
[root@bogon ~]#
```

如果当前发行版的版本低于 CentOS release 7.6，则不能直接升级到 CentOS 8，而需要将版本先升级到 CentOS release 7.6 以上。当前官网的源支持将 CentOS 7 的低版本升级到 CentOS release 7.9。

2）安装 EPEL 源。EPEL（Extra Packages for Enterprise Linux）是用于 Red Hat 操作系统的服务器端软件包项目。其安装命令和显示结果如下：

```
[root@bogon ~]# yum install epel-release -y
已加载插件：fastestmirror
Loading mirror speeds from cached hostfile
……
Running transaction
正在安装    : epel-release-7-11.noarch          1/1
验证中      : epel-release-7-11.noarch          1/1
已安装：
  epel-release.noarch 0:7-11
完毕！
[root@bogon ~]#
```

3）安装 yum-utils。安装命令和显示结果如下：

```
[root@bogon ~]# yum install yum-utils -y
已加载插件：fastestmirror
……
已安装：
  yum-utils.noarch 0:1.1.31-54.el7_8
```

```
作为依赖被安装:
  libxml2-python.x86_64 0:2.9.1-6.el7.5    python-chardet.noarch
0:2.2.1-3.el7
  python-kitchen.noarch 0:1.1.1-5.el7

完毕!
[root@bogon ~]#
```

4) 安装 rpmconf 并清理 RPM 资源缓存。安装命令和显示结果如下:

```
[root@bogon ~]# yum install rpmconf -y
已加载插件: fastestmirror
......
已安装:
  rpmconf.noarch 0:1.0.22-1.el7

作为依赖被安装:
  libtirpc.x86_64 0:0.2.4-0.16.el7            python3.x86_64 0:3.6.8-18.el7
  python3-libs.x86_64 0:3.6.8-18.el7      python3-pip.noarch 0:9.0.3-8.el7
  python3-setuptools.noarch 0:39.2.0-10.el7 python36-rpm.x86_64
0:4.11.3-9.el7
  python36-rpmconf.noarch 0:1.0.22-1.el7      rpmconf-base.noarch
0:1.0.22-1.el7

完毕!
[root@bogon ~]# rpmconf -a
[root@bogon ~]# package-cleanup --leaves
已加载插件: fastestmirror
libsysfs-2.1.0-16.el7.x86_64
[root@bogon ~]# package-cleanup --orphans
已加载插件: fastestmirror
Loading mirror speeds from cached hostfile
 * base: mirror01.idc.hinet.net
 * epel: d2lzkl7pfhq30w.cloudfront.net
 * extras: centos.mirror.hostinginside.com
 * updates: centos.mirror.hostinginside.com
[root@bogon ~]#
```

根据笔者的升级经验,以上清理资源包的步骤是非常重要的。如果没有执行清理操作,那么在后续的升级过程中可能会出现大量的错误,导致无法继续升级。

5) 安装 DNF 工具。安装命令和显示结果如下:

```
[root@bogon ~]# yum install dnf -y
已加载插件: fastestmirror
Loading mirror speeds from cached hostfile
......
已安装:
  dnf.noarch 0:4.0.9.2-2.el7_9

作为依赖被安装:
  deltarpm.x86_64 0:3.6-3.el7
......
  python2-libdnf.x86_64 0:0.22.5-2.el7_9
```

```
完毕!
[root@bogon ~]#
```

DNF 工具是 CentOS 提供的包管理工具，用于替代现有的 YUM 工具。

6）移除 YUM 工具。移除命令和显示结果如下：

```
[root@bogon ~]# dnf -y remove yum yum-metadata-parser
依赖关系解决
……
已移除：
  yum-3.4.3-168.el7.centos.noarch
  yum-metadata-parser-1.1.4-10.el7.x86_64
  yum-plugin-fastestmirror-1.1.31-54.el7_8.noarch
    yum-utils-1.1.31-54.el7_8.noarch
完毕!
```

7）使用 DNF 工具升级组件包，此步骤会花费较多时间。升级命令和显示结果如下：

```
[root@bogon ~]# dnf upgrade -y
依赖关系解决
……
已升级：
  epel-release-7-13.noarch
  NetworkManager-1:1.18.8-2.el7_9.x86_64
  NetworkManager-libnm-1:1.18.8-2.el7_9.x86_64
……
  util-linux-2.23.2-65.el7_9.1.x86_64
  vim-minimal-2:7.4.629-8.el7_9.x86_64
  wpa_supplicant-1:2.6-12.el7_9.2.x86_64
  zlib-1.2.7-19.el7_9.x86_64

已安装：
  kernel-3.10.0-1160.31.1.el7.x86_64

完毕!
[root@bogon ~]#
```

8）安装 CentOS 8 的安装源。随着 CentOS 8 小版本的发布，其镜像源地址也发生了变化，网络上各种文章所说的方式都已经无效。通过笔者的尝试，找到了查找正确安装源的方式：在任意 CentOS 8 的下载镜像网站上，进入版本 8 的目录，以 ustc.edu.cn 源为例，下载地址为 https://mirrors.ustc.edu.cn/centos/8/BaseOS/x86_64/os/Packages/。

通过搜索功能，在打开的页面上查找以 centos 开头的包名，如图 14.1 所示。

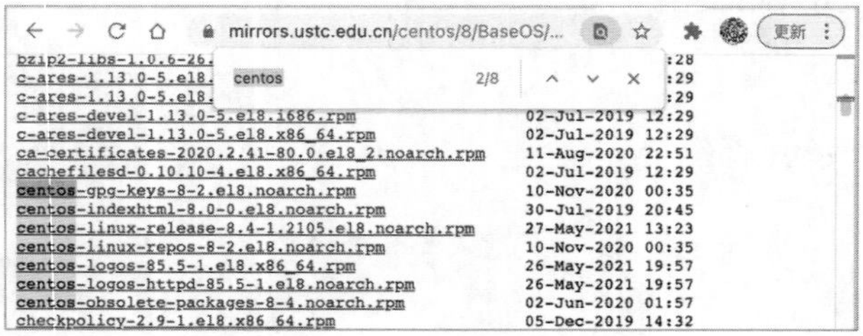

图 14.1　CentOS 安装源

如图 14.1 所示，找到了 7 个以 centos 开头的包名，在升级时需要用到其中的 3 个包，分别是 centos-gpg-keys-8-2.el8.noarch.rpm、centos-linux-release-8.4-1.2105.el8.noarch.rpm 和 centos-linux-repos-8-2.el8.noarch.rpm。

在图 14.1 中，以上包名的版本号部分是随着 CentOS 8 小版本的发布而变化的，因此在查找包名时不能直接使用网络文章中提供的地址，必须到 CentOS 的镜像网站上查找。

在如图 14.1 所示的页面上，分别右击 3 个包名称，弹出快捷菜单，然后选择"复制链接地址"命令，如图 14.2 所示。

图 14.2　复制链接地址

接着在终端使用 CURL 工具将安装包下载到 CentOS 7 的用户目录下。命令如下：

```
[root@bogon ~]# curl -O 'https://mirrors.ustc.edu.cn/centos/8/BaseOS/
x86_64/os/Packages/centos-gpg-keys-8-2.el8.noarch.rpm'
  % Total    % Received % Xferd  Average Speed   Time    Time     Time  Current
                                 Dload  Upload   Total   Spent    Left  Speed
100 12316  100 12316    0     0  26618      0 --:--:-- --:--:-- --:--:-- 26600
[root@bogon ~]# curl -O 'https://mirrors.ustc.edu.cn/centos/8/BaseOS/
x86_64/os/Packages/centos-linux-release-8.4-1.2105.el8.noarch.rpm'
  % Total    % Received % Xferd  Average Speed   Time    Time     Time  Current
                                 Dload  Upload   Total   Spent    Left  Speed
100 22176  100 22176    0     0  28735      0 --:--:-- --:--:-- --:--:-- 28762
[root@bogon ~]# curl -O 'https://mirrors.ustc.edu.cn/centos/8/BaseOS/
x86_64/os/Packages/centos-linux-repos-8-2.el8.noarch.rpm'
  % Total    % Received % Xferd  Average Speed   Time    Time     Time  Current
                                 Dload  Upload   Total   Spent    Left  Speed
100 19972  100 19972    0     0  47021      0 --:--:-- --:--:-- --:--:-- 46992
[root@bogon ~]# ls
anaconda-ks.cfg             centos-linux-release-8.4-1.2105.el8.noarch.rpm
centos-gpg-keys-8-2.el8.noarch.rpm  centos-linux-repos-8-2.el8.noarch.rpm
[root@bogon ~]#
```

下载完成后，使用 ls 命令可以查看已下载的 RPM 包文件。使用 DNF 安装下载的 RPM 包，相关命令和显示结果如下：

```
[root@bogon ~]# sudo dnf install -y centos-gpg-keys-8-2.el8.noarch.rpm
centos-linux-release-8.4-1.2105.el8.noarch.rpm centos-linux-repos-8-
2.el8.noarch.rpm
……
已安装:
```

```
   centos-gpg-keys-1:8-2.el8.noarch                centos-linux-release-8.4-
1.2105.el8.noarch
   centos-linux-repos-8-2.el8.noarch
```

```
完毕!
[root@bogon ~]#
```

9）更新 **EPEL** 源。更新命令和显示结果如下：

```
[root@bogon ~]# dnf -y upgrade https://dl.fedoraproject.org/pub/epel/
epel-release-latest-8.noarch.rpm
......
已升级:
   epel-release-8-11.el8.noarch

完毕!
[root@bogon ~]#
```

10）清理 DNF 缓存。清理命令和显示如下：

```
[root@bogon ~]# dnf clean all
62 文件已删除
[root@bogon ~]#
```

11）卸载旧版的 Linux 内核。卸载命令和显示结果如下：

```
[root@bogon ~]# rpm -e --nodeps `rpm -qa|grep -i kernel`
[root@bogon ~]#
```

12）查看系统版本。查看命令和显示结果如下：

```
[root@bogon ~]# cat /etc/redhat-release
CentOS Linux release 8.4.2105
```

此时，系统显示的版本表明系统已经升级为 CentOSrelease 8.4，但升级工作还没有完成，以上查找到的仅仅是因为安装源改变而生成的信息变更，而 Linux 内核和应用软件也需要升级。

13）升级系统。相关命令如下：

```
[root@bogon ~]# dnf -y --releasever=8 --allowerasing --setopt=deltarpm=
false distro-sync
```

以上命令可以更新 CentOS 系统中大部分的应用软件包，而且会因为软件包的冲突而报错。例如：

```
运行事务检查
错误: 事务检查与依赖解决错误:
(NetworkManager >= 1.20 or dhclient) 被 dracut-network-049-135.git20210121.
el8.x86_64 需要
rpmlib(RichDependencies) <= 4.12.0-1 被 dracut-network-049-135.git20210121.
el8.x86_64 需要
要诊断问题，尝试运行: 'rpm -Va --nofiles --nodigest' 。
RPM 数据库可能出错，请尝试运行'rpm --rebuilddb'进行恢复。
下载的软件包保存在缓存中，直到下次成功执行事务。
您可以通过执行 'dnf clean packages' 删除软件包缓存。
```

根据以上报错信息可以看出，软件包 NetworkManager 和 rpmlib 的版本不满足包 dracut-network-049-135.git20210121.el8.x86_64 的要求。执行以下命令查看包的版本信息：

```
[root@bogon ~]# dnf info NetworkManager
已安装的软件包
名称        : NetworkManager
时期        : 1
版本        : 1.18.8
发布        : 2.el7_9
......
可安装的软件包
名称        : NetworkManager
时期        : 1
版本        : 1.30.0
发布        : 7.el8
```

从包的版本信息可以发现，已安装的 NetworkManager 版本为 1.18.8，发布信息为 2.el7_9，可安装的软件包版本为 1.30.0，发布信息为 7.el8。使用以下命令升级软件包，相关命令及结果如下：

```
[root@bogon ~]# dnf -y upgrade --best --allowerasing NetworkManager
 file /usr/lib/python3.6/site-packages/pip/vcs/__pycache__/subversion.
cpython-36.opt-1.pyc from install of platform-python-pip-9.0.3-19.el8.
noarch conflicts with file from package python3-pip-9.0.3-8.el7.noarch
     file /usr/lib/python3.6/site-packages/pip/vcs/__pycache__/subversion.
cpython-36.pyc from install of platform-python-pip-9.0.3-19.el8.noarch
conflicts with file from package python3-pip-9.0.3-8.el7.noarch
错误汇总
-------------

[root@bogon ~]#
```

在升级的过程中出现了大量的错误。从错误信息中可以发现一个特点：某个名称包含 el8 的软件包和名称包含 el7 的软件包有冲突。在这种情况下，应卸载名称带有 el7 的软件包。例如，在本例中执行以下命令：

```
[root@bogon ~]# dnf remove -y python3-pip-9.0.3-8.el7.noarch
已移除：
  python3-pip-9.0.3-8.el7.noarch              rpmconf-1.0.22-1.el7.noarch
  python3-3.6.8-18.el7.x86_64              p ython3-libs-3.6.8-18.el7.x86_64
  python3-setuptools-39.2.0-10.el7.noarch         python36-rpm-4.11.3-
9.el7.x86_64
  python36-rpmconf-1.0.22-1.el7.noarch

完毕！
[root@bogon ~]#
```

然后再次执行安装软件包 NetworkManager 的命令：

```
[root@bogon ~]# dnf -y upgrade --best --allowerasing NetworkManager
 file /usr/share/man/man1/wall.1.gz from install of util-linux-2.32.1-
27.el8.x86_64 conflicts with file from package sysvinit-tools-2.88-
14.dsf.el7.x86_64
```

此时还可能出现类似的报错信息。采用同样的方式，将产生冲突的包文件反复地进行安装，直到 NetworkManager 安装成功为止。

本次操作卸载了以下冲突包：

```
[root@bogon ~]# dnf remove -y python3-pip-9.0.3-8.el7.noarch
[root@bogon ~]# dnf remove -y sysvinit-tools-2.88-14.dsf.el7.x86_64
[root@bogon ~]# dnf remove -y iptables-1.4.21-35.el7.x86_64
[root@bogon ~]#
```

最终，软件包 NetworkManager 被安装成功，结果如下：

```
[root@bogon ~]# dnf -y upgrade --best --allowerasing NetworkManager
已移除：
  deltarpm-3.6-3.el7.x86_64              libxml2-python-2.9.1-6.el7.5.x86_64
  python-2.7.5-90.el7.x86_64            python-chardet-2.2.1-3.el7.noarch
  python-kitchen-1.1.1-5.el7.noarch  python-libs-2.7.5-90.el7.x86_64
  python-linux-procfs-0.4.11-4.el7.noarch        python-schedutils-0.4-
6.el7.x86_64
  python-urlgrabber-3.10-10.el7.noarch              python2-dnf-4.0.9.2-
2.el7_9.noarch
  python2-libcomps-0.1.8-14.el7.x86_64        pyxattr-0.5.1-5.el7.x86_64
  rpm-python-4.11.3-45.el7.x86_64        systemd-sysv-219-78.el7_9.3.x86_64

完毕！
[root@bogon ~]#
```

解决完软件包的冲突后，再次执行升级系统的命令：

```
[root@localhost ~]# dnf -y --releasever=8 --allowerasing --setopt=
deltarpm=false distro-sync
……
已移除：
  libselinux-python-2.5-15.el7.x86_64        newt-python-0.52.15-4.el7.x86_64
  python-firewall-0.6.3-13.el7_9.noarch        python-slip-0.4.0-4.el7.noarch
  python-slip-dbus-0.4.0-4.el7.noarch

完毕！
[root@localhost ~]#
```

此步骤是整个升级过程中最复杂和最关键的步骤。当发生错误时，一般会有足够多的提示消息，可以帮助我们判断如何解决问题。

14）查询 Linux 的内核版本，安装新的 Linux 内核。相关命令和显示结果如下：

```
[root@localhost ~]# uname -a
Linux localhost.localdomain 3.10.0-1160.el7.x86_64 #1 SMP Mon Oct 19
16:18:59 UTC 2020 x86_64 x86_64 x86_64 GNU/Linux
[root@localhost ~]# dnf -y install kernel-core
验证    :kernel-core-4.18.0-305.3.1.el8.x86_64                1/1

已安装：
  kernel-core-4.18.0-305.3.1.el8.x86_64
```

15）打开 CentOS 8 标准化安装包。相关命令和显示结果如下：

```
[root@localhost ~]# dnf -y groupupdate "Core""Minimal Install"
```

```
......
失败：
  yum-4.4.2-11.el8.noarch

错误：事务失败
[root@localhost ~]#
```

执行标准化安装命令后，终端会显示一个失败信息，包名为 yum-4.4.2-11.el8.noarch。该软件包不属于 CentOS 8，因此即使失败，也不影响整个系统会升级成功。

16）使用 reboot 命令重启系统，然后再次检查内核版本：

```
[root@localhost ~]# cat /etc/redhat-release
CentOS Linux release 8.4.2105
[root@localhost ~]# uname -a
Linux localhost.localdomain 4.18.0-305.3.1.el8.x86_64 #1 SMP Tue Jun 1
16:14:33 UTC 2021 x86_64 x86_64 x86_64 GNU/Linux
[root@localhost ~]#
```

可以看出，系统升级为 CentOS Linux release 8.4.2105 版本，内核升级为 4.18.0-305.3.1 版本，证明系统升级成功。

14.3　初识 CentOS Stream

在介绍 CentOS Stream 之前，我们先回顾一下 Red Hat 的产品布局。

Red Hat 是著名的 Linux 供应商，其下有 3 个主要的 Linux 发行版，分别是 RHEL、Fedora 和 CentOS。

- RHEL 是 Red Hat 公司发布的面向企业用户的 Linux 操作系统发行版，它是商用服务器使用最多的操作系统，以稳定和安全著称。
- Fedora 是 Red Hat 重点支持的社区版本，是最新代码的试验田，开源对其贡献巨大。RHEL 会定期提取 Fedora 的一些特性代码，通过完善的开发和测试，覆盖原有代码，并发布新版本。
- CentOS 是由 RHEL 依照开放源代码的规定发布的源代码编译而成，它与 RHEL 出自同样的代码。因此很多追求高度稳定性的服务器使用 CentOS Linux 替代商业版本的 RHEL。CentOS 的代码修改主要指移除 RHEL 的闭源软件和商标等商业因素，CentOS 与 RHEL 高度兼容。

以上 3 个 Linux 发行版的关系如图 14.3 所示。

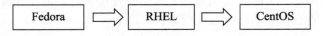

图 14.3　Red Hat 的 3 个发行版的关系

在推出 CentOS Stream 之后，Red Hat 将不再发布基于 RHEL 源码构建的 CentOS。

CentOS Stream 成为 RHEL 的开发分支，它采用滚动发行的模式，即它是介于 Fedora 和 RHEL 中间的版本。由 CentOS Stream 团队验证来自 Fedora 的特性代码，并将其提供给 RHEL。Red Hat 发行版的最新关系如图 14.4 所示。

图 14.4　Red Hat 发行版的最新关系

从发行版的上下游关系来看，CentOS Stream 并不是 CentOS 的替代品，而是 RHEL 的特性预览版本。因此，CentOS Stream 适用于以云服务为中心的公司，用来部署容器化应用和云原生服务，将软件生态系统转向软件即服务（SaaS）。CentOS Stream 为社区层面的快速创新提供了一个平台，同时它有足够稳定的基础来了解生产动态。

而 Red Hat 并未提供 CentOS 的替代产品，因为 CentOS 的创始人发起了 Rocky Linux 项目，用来弥补 CentOS Linux 所对应的需求。有兴趣的读者可以去 Rocky Linux 官网（https://rockylinux.org/）查找更多的资料。

14.4　升级到 CentOS Stream

完全安装 CentOS Stream 的方式与安装 CentOS 7 的方式相似，都是先使用光盘引导，然后根据图形化的界面向导按步骤安装即可。具体步骤可参考 1.4.4 小节。

在现有系统上升级 CentOS Stream 时，首先要确保现有的系统是 CentOS 8 或更高版本。如果现有系统的版本低于 CentOS 8，那么先要将系统升级到 CentOS 8 系列的最新版。为了保证在生产环境下部署的 Linux 系统的稳定性，一般很少做大版本的升级。但在个别情况下，升级系统版本也是有必要的，例如：

- 当前发行版的 Linux 内核版本不满足某些软件的最低要求，如 CentOS 5 支持的 Linux 内核的最高版本为 2.6，而 Docker 软件要求的 Linux 内核版本最低是 3.10。
- 当前发行版的版本停止维护，官方不再提供安全补丁。必须要将版本升级到维护期内的发行版本。例如，CentOS 6 停止维护的日期是 2020 年 11 月 30 日，在此之后，运行 CentOS 6 的服务器将得不到任何安全补丁，这会造成巨大的安全隐患。再如，CentOS 7 停止维护的日期是 2024 年 6 月 30，CentOS 8 停止维护的日期是 2021 年 12 月 31 日。
- 因服务器硬件变更引起驱动变更，导致当前使用系统的版本不在驱动兼容范围内。
- 因测试或其他原因主动升级系统版本。

从 CentOS 8 升级到 CentOS Stream 的主要操作是切换安装源和更新安装包。具体步骤如下：

1）切换安装源。相关命令和显示结果如下：

```
[root@localhost ~]# dnf -y swap centos-linux-repos centos-stream-repos
已安装:
  centos-stream-repos-8-2.el8.noarch
已移除:
  centos-linux-repos-8-2.el8.noarch

完毕!
[root@localhost ~]#
```

2）将安装源同步至最新版本。相关命令和显示结果如下:

```
[root@localhost ~]# dnf -y distro-sync
已安装:
  centos-stream-release-8.5-3.el8.noarch              kernel-core-4.18.0-
310.el8.x86_64

完毕!
[root@localhost ~]#
```

3）检查系统版本。相关命令和显示结果如下:

```
[root@localhost ~]# uname -a
Linux localhost.localdomain 4.18.0-305.3.1.el8.x86_64 #1 SMP Tue Jun 1
16:14:33 UTC 2021 x86_64 x86_64 x86_64 GNU/Linux
[root@localhost ~]# cat /etc/redhat-release
CentOS Stream release 8
[root@localhost ~]#
```

系统已经成功升级为 CentOS Stream 8。

14.5　初识 Rocky Linux

Rocky Linux 是一个社区化的企业级操作系统。因为 CentOS 团队将发展方向转移到 CentOS Stream，所以 Rocky Linux 的设计目标是与 RHEL 达到 100%Bug 级兼容，以替代 CentOS 直接用于生产环境。

Rocky Linux 由 CentOS 项目的创始人 Gregory Kurtzer 领导，在最早获取亚马逊的支持后，又与微软和 Google 达成合作协议，两大公有云厂商成为 Rocky Linux 所在基金会的主要赞助商。

Rocky Linux 团队在 2021 年 6 月 22 日发布了第一个可用于生产环境的版本 Rocky Linux 8.4，它在 72 小时内被下载了 8 万次。2021 年 7 月 2 日，Rocky Linux 发布了迁移工具，可将 CentOS、Alma Linux、RHEL 或 Oracle Linux 迁移至 Rocky Linux 系统。

Rocky Linux 的官方网址为 https://rockylinux.org/，在其官网主页上可以找到 Rocky Linux 的下载按钮，如图 14.5 所示。单击如图 14.5 所示的 Download 按钮，打开下载页面，如图 14.6 所示。

　　Rocky Linux 的安装过程与 CentOS 的安装过程基本相同，这里不再重复介绍。图 14.7 和图 14.8 是 Rocky Linux 的启动界面和相关介绍（About）界面。

图 14.5　Rocky Linux 主页

图 14.6　Rocky Linux 下载页面

　　图 14.7　Rocky Linux 的启动界面　　　　　　图 14.8　Rocky Linux 的相关介绍界面

　　经过笔者的测试，Rocky Linux 的操作与 CentOS 没有区别。自从 Rocky Linux 项目成立，到发布第一个生产环境的可用版本，越来越多的大公司从 CentOS 转向 Rocky Linux。Rocky Linux 能否再次创造辉煌呢？让我们拭目以待！

14.6　迁移到 Rocky Linux

Rocky Linux 官网提供从 CentOS 迁移到 Rocky Linux 的工具，接下来看一下具体的迁移步骤。

1）确认当前操作系统的版本。

根据 Rocky Linux 的官方文档，目前提供的迁移工具仅支持与 RHEL 8.4 版本兼容的 Linux 进行迁移，如 CentOS 8.4、RHEL 8.4 和 Oracle Linux 8.4 等。如果当前运行的操作系统版本比较低，请先升级到 8.4 版本。

2）更新当前系统。

在命令行终端执行以下命令，将当前操作系统更新到最新版本：

```
# dnf -y update
```

3）下载迁移脚本。

Rocky Linux 的迁移脚本存放在 GitHub 上的 rocky-tools 仓库中，如图 14.9 所示。

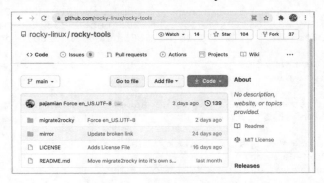

图 14.9　Rocky Linux 的 rocky-tools 仓库

可以使用 Git 命令拉取脚本。首先确保系统中已经安装了 Git 工具，如果没有安装，则可以使用以下命令安装：

```
# dnf -y install git-core
```

然后使用 Git 工具复制迁移工具软件库：

```
# git clone https://github.com/rocky-linux/rocky-tools.git
```

完成后，进入工具目录，给迁移脚本增加执行权限：

```
# cd rocky-tools
# cd migrate2rocky
# chmod +x migrate2rocky.sh
```

4）修改迁移脚本，改用国内源。

现有迁移脚本中设置的是 Rocky 的官方源，在国内使用时网速慢，且容易丢失链接。为了能够顺利地执行迁移过程，需要将脚本中的下载地址修改为国内的镜像地址。

在 https://mirrors.rockylinux.org/mirrormanager/mirrors 镜像地址列表中可以找到地区为中国的源，如图 14.10 所示。

图 14.10　Rocky Linux 镜像网站

使用文件编辑器打开 migrate2rocky.sh，在代码中找到 3 处设置地址的代码：

```
……
gpg_key_url="https://dl.rockylinux.org/pub/rocky/RPM-GPG-KEY-rockyofficial"
gpg_key_sha512="88fe66cf0a68648c2371120d56eb509835266d9efdf7c8b9ac8fc10
1bdf1f0e0197030d3ea65f4b5be89dc9d1ef08581adb068815c88d7b1dc40aa1c32990f6a"

sm_ca_dir=/etc/rhsm/ca
unset tmp_sm_ca_dir

# all repos must be signed with the same key given in $gpg_key_url
declare -A repo_urls
repo_urls=(
    [rockybaseos]="https://dl.rockylinux.org/pub/rocky/${SUPPORTED_
MAJOR}/BaseOS/$ARCH/os/"
    [rockyappstream]="https://dl.rockylinux.org/pub/rocky/${SUPPORTED_
MAJOR}/AppStream/$ARCH/os/"
)
……
```

将代码中的 dl.rockylinux.org/pub/替换为国内的镜像源地址，例如将

```
gpg_key_url="https://dl.rockylinux.org/pub/rocky/RPM-GPG-KEY-rockyofficial"
```

替换为

```
gpg_key_url="https://mirrors.sjtug.sjtu.edu.cn/rocky/RPM-GPG-KEY-
rockyofficial"
```

另外两处也以同样的方式来处理。替换完成后保存文件。

5）执行迁移。

在命令行中执行迁移命令：

```
# ./migrate2rocky.sh -r
```

此步骤会耗时半小时到一小时，最终耗时与网速和计算机的运行速度有关。最终完成

迁移的结果如图 14.11 所示。

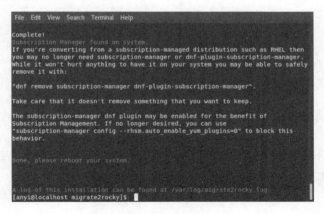

图 14.11　迁移到 Rocky Linux

6）重新启动系统。

根据提示，执行 reboot 命令重新启动系统。系统重新启动后即进入 Rocky Linux。至此，迁移操作完成。

14.7　练习和实验

一．练习

1．填空题

1）CentOS 8 的主要功能和（　　　）是一致的，其基于 Linux 内核版本（　　　）。

2）CentOS 8 提供的默认 Python 版本是（　　　）。

3）Red Hat 是著名的 Linux 供应商，其下有 3 个主要的 Linux 发行版，分别是（　　　）、（　　　）和（　　　）。

4）CentOS 8 相比之前的版本，它将软件包管理工具 YUM 更新为（　　　）。

5）CentOS 8 将在（　　　）停止维护。

2．判断题

1）CentOS Stream 是 CentOS 的延续，可用于生产环境。　　　　（　　　）

2）CentOS 和 RHEL 一样，都是免费使用的。　　　　（　　　）

3）Rocky Linux 可用于生产环境。　　　　（　　　）

4）CentOS 8 的下一个版本是 CentOS 9。　　　　（　　　）

5）CentOS 即使停止维护，也可以正常使用，不会有任何问题。　　　　　　（　　）

二．实验

实验 1：深入了解 CentOS。

1）上网搜集 CentOS 的相关资料，如成立的背景和里程碑事件等，归纳 CentOS 的发展时间线。

2）挑选自己喜好的 Linux 发行版，将该发行版与 CentOS 7 的功能做对比，形成报告。

3）根据以上分析，推断哪个发行版有可能取代 CentOS 7 并给出理由。

实验 2：在虚拟机上动手安装 Rocky Linux。

1）确定虚拟机软件 Virtual Box、VMWare、Hyper-V 或其他软件，并简述其使用场景和理由。

2）在所述虚拟机上安装 Rocky Linux 软件并记录安装过程。

3）Rocky Linux 能否取代 CentOS 7？写出至少 3 个理由。

附 录　命 令 索 引

表 1　常用的 Linux 操作命令

序　号	命　　令	说　　明	所在章节
1	alias	用于设置指令的别名	4.2.3
2	at	指定同一时间执行一个进程任务	7.4.5
3	bc	任意精度计算器语言，通常在 Linux 中当计算器用	8.4.2
4	bg	后台进程调度	7.4.3
5	break	跳出循环	9.4.4
6*	cat	显示文本数据	4.3.1
7*	cd	切换当前的工作目录	4.1.2
8	chattr	改变文件或目录的属性	6.1.3
9	chgrp	变更文件所属的用户组	6.1.2
10*	chmod	控制用户对文件的权限	6.1.2
11*	chown	设置文件所有者和关联组	6.1.2
12	chpasswd	创建用户和密码	6.3.5
13	col	过滤控制字符	8.6.4
14	continue	跳出当前循环	9.4.4
15*	cp	复制文件	4.2.3
16*	crontab	循环定时执行进程任务	7.4.6
17*	curl	利用 URL 规则在命令行下工作的文件传输工具	14.2
18	cut	内容筛选	8.6.2
19*	df	统计文件系统磁盘的使用情况	5.2.1
20	dmesg	查看开机信息	7.5.3
21	dnf	替代 YUN 的新软件包管理工具	14.2
22*	du	查看文件所占用的磁盘空间	5.2.2
23*	env	显示环境变量和当前的用户变量	8.2.2
24	exit	终止当前 Shell 界面的任务，回到 Shell 的登录状态	2.1.3
25	expand	字符转换命令，把 Tab 键转换为空格键	8.6.4
26	export	显示和设置环境变量	8.2.2
27	fdisk	磁盘管理	5.1.1

续表

序　号	命　令	说　明	所在章节
28	fg	将后台工作恢复到前台执行	7.4.2
29*	find	查找文件	4.4.2
30	firewall-cmd	防火墙管理	7.2.2
31	free	显示系统内存状态	7.5.2
32	fsck	检查和维护不一致的文件系统	5.3.3
33	getfacl	查看文件的ACL权限	6.4
34*	grep	使用正则表达式对一行文本进行匹配	8.6.2
35	groupadd	添加组	6.2.2
36	groupdel	删除组	6.2.2
37	groupmod	修改组	6.2.2
38	groups	查看用户的对应用户组	6.5
39	gzip	压缩命令	5.4.4
40	halt	关机	2.1.3
41	head	查看文件开头的内容	4.3.3
42*	history	显示命令的历史信息	8.1.2
43	id	查询某人或自己的相关UID和GID等信息	6.3.1
44	jobs	查看当前终端放入后台的工作	7.4.1
45	join	将两个文件有相同数据的一行或相同字段放在前面	8.6.4
46*	kill	终止执行中的程序或工作	7.1.5
47	ldconfig	重新读取/etc/ld.so.conf文件中的函数库	11.5
48	ldd	查看可执行程序调用的函数库	11.5
49*	less	用于分页显示文本，同more命令	4.3.2
50*	ln	链接文件	4.5.1
51	locate	查找符合条件的文档	4.4.2
52	logrotate	日志轮替	7.3.3
53	logwatch	日志分析	7.3.4
54*	ls	列出当前路径的内容	2.1.2
55	lsattr	显示文件的隐藏权限	6.1.3
56	lsblk	查看磁盘分区的使用情况	5.2.3
57*	mkdir	创建目录	4.1.2
58	mkfs	格式化分区	5.3.2
59	mkswap	创建交换分区	5.4.2
60*	more	分页显示文本，同less命令	4.3.2

序 号	命 令	说 明	所在章节
61	mount	挂载文件系统	5.3.4
62*	mv	移动文件	4.2.4
63	mysqldump	对MySQL进行备份	8.6.1
64	nano	轻量级文本编辑器	3.3
65	newgrp	切换用户组	6.2.2
66	newusers	批量创建用户	6.3.5
67	nohup	在后台运行程序	7.4.4
68*	passwd	修改密码	6.2.1
69	paste	将两个文件的内容粘贴在一起，中间以Tab键隔开	8.6.4
70	poweroff	关机	2.1.3
71*	ps	查看进程	7.1.1
72	pwconv	将密码编码为shadow password，并将结果写入/etc/shadow，配合pwunconv使用	6.3.5
73*	pwd	查看当前目录	4.1.2
74	pwunconv	将 /etc/shadow 产生的shadow密码解码，然后回写到/etc/passwd中	6.3.5
75	readonly	将变量定义为只读	8.2.3
76	reboot	重启系统	2.1.3
77*	rm	删除文件	4.2.5
78*	rmdir	删除目录	4.1.2
79	rpmbuild	安装或编译SRPM软件包	11.4
80	scp	使用SSH协议远程传送文件	8.6.1
81	set	查看本地变量	8.2.2
82	setfacl	设置文件的ACL权限	6.4
83	shutdown	关机	2.1.3
84	sort	以行为单位对数据进行排序	8.6.3
85	split	将一个大文件按照文件大小或行数切割为小文件	8.6.4
86	stat	查看文件（包括目录）的详细属性	4.2.1
87*	su	用户身份切换	6.5
88	sync	强制把内存里缓存的数据写入磁盘	2.1.3
89*	systemctl	服务管理器工具	7.2.1
90	tail	查看文件尾部	4.3.3
91*	tar	打包工具，可以配合gzip和bz2等工具使用	5.4.4

续表

序　号	命　　令	说　　明	所在章节
92	tee	双重定向，在数据流的处理过程中将某段信息保存下来，使其既能输出到屏幕上又能保存到某一个文件中	8.6.4
93	test	检查某个条件是否成立	9.2.9
94*	top	实时查看系统资源的使用情况	7.1.2
95*	touch	修改文件的时间戳，如果目标文件不存在，则创建一个新的空文件	4.2.2
96	tree	查看目录树	4.1.1
97	umount	卸载文件系统	5.3.4
98	uniq	以整行为单位进行排序，排序之后重复的行只显示一行	8.6.3
99	unset	删除变量	8.2.4
100	useradd	添加用户	6.2.1
101	userdel	删除用户	6.2.1
102	usermod	修改用户	6.2.1
103*	vi	Vi文本编辑器	3.2.2
104*	vim	Vim文本编辑器	3.2.2
105	vmstat	查看系统资源使用情况	7.5.1
106	w	查看服务器上目前已登录的用户信息	7.5.4
107	wc	输入重定向	8.5.2
108	whereis	在特定目录中查找符合条件的文件	4.4.2
109*	which	查找脚本或程序所在的绝对路径	4.4.1
110	who	同w命令，返回格式有所不同	7.5.4
111*	yum	软件安装包管理器	11.3

说明：标"*"的命令为部署软件系统常用的 Linux 命令。

后记

很荣幸跟刘勇和安义老师联合编写本书。他们既有丰富的教学经验，又有扎实的实战经验，这是写好本书的保证——让我有充分的信心，在讲三酷猫的故事的同时，能把 Linux 知识娓娓道来。

在本书的编写过程中我曾与他们深入交流 Linux 的使用经验，我们有两点共识。

一点是学习 Linux 很重要。在商业环境下，推荐在 Linux 操作系统下使用大量的开发工具；人工智能工具，如 TensorFlow、PyTorch、Keras 和 Theano 等大多应用于 Linux 系统下；大的软件公司、企业和政府单位的主流应用环境是 Linux；目前国内操作系统也主推 Linux 系列产品。

另外一点是学习 Linux 操作系统难度比学习 Windows 系统大。如果想要熟练使用 Linux 操作系统，则需要持续使用半年以上才能得心应手。这对于初学者来说，需要有足够的耐心。关键是要多使用 Linux 常用的操作命令，熟能生巧。本书附录给出了常用的 Linux 命令列表，希望读者能勤加练习。

最后，祝大家学习快乐！

刘瑜

于天津